21世纪高等教育计算机规划教材

C# 程序设计实用教程（第2版）

C# Programming

谷涛 主编

人 民 邮 电 出 版 社

北 京

图书在版编目（CIP）数据

C#程序设计实用教程 / 谷涛主编. -- 2版. -- 北京
: 人民邮电出版社, 2013.5(2022.1重印)
21世纪高等教育计算机规划教材
ISBN 978-7-115-30104-8

Ⅰ. ①C… Ⅱ. ①谷… Ⅲ. ①C语言—程序设计—高等
学校—教材 Ⅳ. ①TP312

中国版本图书馆CIP数据核字(2013)第048754号

内 容 提 要

本书循序渐进地介绍了 C#的基础知识和基本应用。全书分为 14 章，内容包括 C#与.NET 框架、C#语法基础、面向对象设计、数组和集合、字符串和正则表达式、文件操作、数据库开发技术、Windows 窗体应用、Web 网络应用、LINQ 技术、WPF 智能客户端、Silverlight 交互式开发技术等。书中涉及的每一个知识要点都通过具体的实例加以阐述，使读者更容易理解。

本书可作为普通高等院校计算机科学与技术、网络工程、软件工程等专业 C#相关课程的教材，也适合 C#初学者及相关培训机构使用。

◆ 主　　编　谷　涛
责任编辑　刘　博
◆ 人民邮电出版社出版发行　　北京市丰台区成寿寺路 11 号
邮编　100164　　电子邮件　315@ptpress.com.cn
网址　http://www.ptpress.com.cn
北京九州迅驰传媒文化有限公司印刷
◆ 开本：787×1092　　1/16
印张：19　　2013 年 5 月第 2 版
字数：497 千字　　2022 年 1 月北京第 9 次印刷
ISBN 978-7-115-30104-8

定价：39.80 元

读者服务热线：(010) 81055256　印装质量热线：(010) 81055316
反盗版热线：(010) 81055315
广告经营许可证：京东市监广登字 20170147 号

第 2 版 前言

C#（C Sharp）作为微软公司专为.NET Framework 量身定做的编程语言，在 Web 系统、Web Service 开发、桌面应用、类库及 COM 开发等多个领域，都显示了强大的功能。对于普通高等院校计算机科学与技术、网络工程、软件工程等专业的学生，掌握 C#开发技术将有助于满足目前软件开发、系统集成、Web 开发等领域的企业对于 C#开发能力的要求，提高就业阶段自身的竞争力；与此同时，对于从事应用软件开发的从业人员或者将要进入该领域的初学者，掌握 C#开发技术将有助于更快地完成易维护、高效率、运行稳定的系统的开发工作，并在开发的过程中体会到工作的乐趣。

本书遵循由浅入深、循序渐进的学习规律。所以，在开始本书的学习之前，读者可以不必有其他语言的学习使用经验。如果同学们在前期学习了其他高级语言，如 C/C++、Java 等，则可以更快速地掌握本书的重点。

本书从细节到整体，从内容编排到目录组织，都力图合理。在每一小节的内容编排上，首先给出清晰易懂的基本概念，然后试图挖掘更为深层的设计、编程和部署思想，最后通过独立而有趣的示例使读者学以致用。全书共分 14 章，在大多数章节中，将首先对基础知识进行介绍，然后重点讲解相关的实例。

第 1、2、3、4 章对 C#的基础知识（包括 C#与.NET 的关系、C#语言的特点、基本语法、条件结构、循环判断等）进行了介绍。

第 5 章对 C#的面向对象特性进行了介绍，读者可以从这一章中了解如何在 C#中实现基本的面向对象特性，如封装、继承、多态等。

第 6 章讲解了 C#的数组和集合的相关知识。

第 7 章介绍了 C#的字符串和正则表达式的相关知识。

第 8 章是 C#的界面编程，其中介绍了 Windows 窗体应用，重点讲解了几个常用窗体控件、菜单和 GDI+绘图技术。

第 9 章讲解了文件操作的各种方法，重点是对文件流的理解，读者要学会对文件的读取、写入和删除操作。

第 10 章介绍了数据库技术应用，主要讲解了与 SQL Server 数据库的交互和 XML 技术的应用。

第 11 章介绍了 C#新的数据库访问技术：LINQ，其中包括 LINQ 对数据集（Dataset）的操作，以及 LinqDataSource 控件实现数据的增、删、改。

第 12 章介绍了 C#的 Web 网络应用。其中重点讲解了 ASP.NET 语法、内置对象和常用控件等。在该章最后，还以在线投票系统为例，深入剖析了 ASP.NET 的实际开发。

第 13 章讲解了 WPF 智能客户端，其中包括 WPF 的关键控件以及布局版式的应用方法。

第 14 章讲解了 Silverlight 交互式开发技术，使用该技术，可以让网页更加绚丽多彩，达到 Flash 的效果，读者要好好掌握。

本书在每章之后都配有习题，并且设计了上机指导，供上机实验和实践操作使用。

本书由天津工业大学的谷涛组织编写，其中谷涛编写了本书的第 1~第 5 章，空军航空大学的扶晓编写了本书的第 6~第 8 章，黑龙江广播电视大学的毕国锋编写了本书的第 9~第 14 章。此外，参与本书整理、审校和代码调试的还有伍云辉、伍远明、戴艳、杜友丽、袁小艳、吴琼、赵红梅、周颖等，在此，编者对以上人员致以诚挚的谢意！本书中所有例题和相关代码都已调试通过，并制作了与本书配套的多媒体课件，供老师教学参考使用，可从人民邮电出版社教学服务与资源网（www.ptpedu.com.cn）上免费下载。

由于时间仓促和编者的水平有限，书中错误和不妥之处在所难免，敬请读者批评指正。

编　者

2012 年 10 月

目　录

第 1 章 C#与.NET 框架

自从微软公司进入.NET 时代之后，互联网领域已经发生了很大的变化。.NET 的目标是使任何人从任何地方、在任何时间、使用任何装置都能使用互联网上的服务。作为本书的开篇，首先介绍.NET 及 C#开发语言的基本知识。

1.1 .NET 框架简介

互联网从静态页面到能够与用户交互的动态页面，已经能够实现更强大的功能，现在的 Web 应用系统能够根据用户的要求动态处理数据，给用户提供个性化的服务。

在互联网模式中，信息被存储在 Web 服务器内，用户的各项请求都要通过服务器。但是现在的浏览器页面各自独立，互不相干，无法让不同的网页互相合作，传递有意义的信息，提供更深层次的服务。

于是，微软公司设想把整个互联网变成一个操作系统，用户在互联网上开发应用程序，使用互联网上的所有应用，就好像在自己的 PC 上一样，感觉不到是在互联网上。微软公司希望“Code Once，Run Anywhere”，即写好一个程序，然后能够将其应用到任何地方，这就是.NET 的目标。整体上，.NET Framework 如图 1-1 所示。

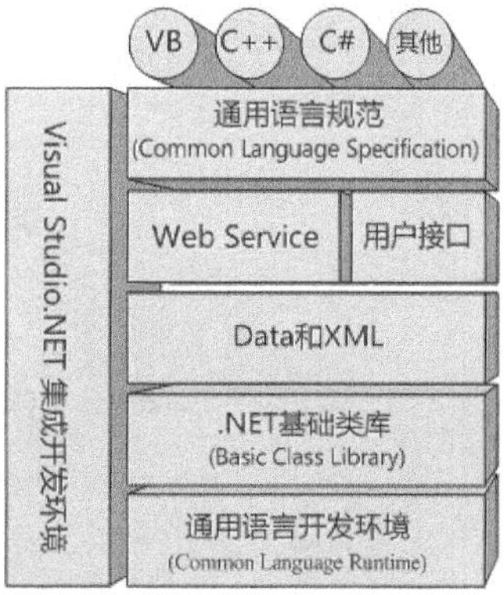

图 1-1 .NET Framework

由图 1-1 可见，.NET Framework 主要分为 4 个部分：通用语言开发环境、.NET 基础类库、.NET 开发语言和 Visual Studio.NET 集成开发环境。

1. 通用语言开发环境（Common Language Runtime）

开发程序时，如果使用符合通用语言规范（Common Language Specification，CLS）的开发语言，那么所开发的程序将可以在任何有通用语言开发环境的操作系统（包括 Windows 95/98、Windows CE 及 Windows NT/2000/XP 等）下执行。

2. .NET 基础类库（Basic Class Library）

.NET 基础类库是一套函数库，以结构严密的树状层次组织，并由命名空间（Namespace）和类（Class）组成。其功能强大，使用简单，并具有高度的可扩展性。

3. .NET 开发语言

.NET 是多语言开发平台，所谓的.NET 开发语言指的是符合通用语言规范(Common Language

Specification，CLS）的程序语言。目前微软公司提供 Visual Basic.NET、C#、C++以及 JScript.NET，其他厂商也提供了很多对.NET 的语言支持，其中有 APL、COBOL、Pascal、Eiffel、Haskell、ML、Oberon、Perl、Python、Scheme、Smalltalk 等。

4. Visual Studio.NET 集成开发环境

Visual Studio.NET 集成开发环境是开发.NET 应用的利器，秉承了 Microsoft IDE 一贯的易用性，功能非常强大。

1.2　C#与.NET 的关系

首先，来了解一下 C#的诞生。C 和 C++一直是最有生命力的编程语言，这两种语言提供了强大的功能、高度的灵活性以及完整的底层控制能力；缺点是开发周期较长，学习和掌握这两种语言比较困难。而许多开发效率更高的语言，如 Visual Basic，在功能方面又有局限性。于是，在选择开发语言时，许多程序设计人员面临着两难的抉择。

针对这个问题，微软公司发布了称之为 C#（C Sharp）的编程语言。C#是为.NET 平台量身定做的开发语言，采用面向对象的思想，支持.NET 最丰富的基本类库资源。C#提供快捷的开发方式，又没有丢掉 C 和 C++强大的控制能力。C#与 C 和 C++非常相似，熟悉 C 和 C++的程序设计人员能够很快掌握 C#。C#的诞生汲取了目前所有开发语言的精华，其家谱如图 1-2 所示。

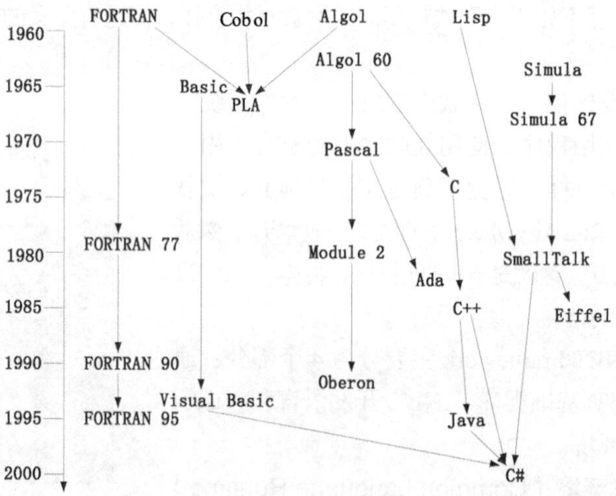

图 1-2　C#家谱

1.3　C#的特点

C#是专门为.NET 应用而开发的语言，是与.NET 框架的完美结合。在.NET 类库的支持下，C#能够全面地体现.NET Framework 的各种优点。总地来说，C#具有以下突出的优点。

1. 语法简洁

C#源自 C 和 C++。与之相比，C#最大的特色是不允许直接操作内存，去掉了指针操作。另外，C#简化了 C++中一些冗余的语法，如“const”和“#define”，使语法更加简洁。

2. 彻底的面向对象设计

C#是彻底的面向对象语言，每种类型都可以看作一个对象。C#具有面向对象语言所应有的一切特征，包括封装、继承和多态，并且精心设计。C#极大地提高了程序设计人员的效率，缩短了开发周期。读者在学习和实践中，定会感受到这一点。

3. 与 Web 应用紧密结合

C#与 Web 紧密结合，支持绝大多数的 Web 标准，如 HTML、XML、SOAP 等。利用简单的 C#组件，程序设计人员能够快速地开发 Web 服务，并通过 Internet 使这些服务能被运行于任何操作系统上的应用所调用。

4. 强大的安全机制

C#具有强大的安全机制，可以消除软件开发中许多常见错误，并能够帮助程序设计人员尽量使用最少的代码来完成功能，这不但减轻了程序设计人员的工作量，同时有效地避免了错误的发生。另外，.NET 提供的垃圾回收器能够帮助程序设计人员有效地管理内存资源。

5. 完善的错误、异常处理机制

对错误的处理能力的强弱是衡量一种语言是否优秀的重要标准。在开发中，即使最优秀的程序设计人员也会出现错误。C#提供完善的错误和异常触发机制，使程序在交付应用时更加健壮。

6. 灵活的版本处理技术

在大型工程的开发中，升级系统的组件非常容易出现错误。为了处理这个问题，C#在语言本身内置了版本控制功能，使程序设计人员更加容易地开发和维护各种商业应用。

7. 兼容性

C#遵守.NET 的通用语言规范，从而保证能够与其他语言开发的组件兼容。

1.4 Visual Studio 2010

本书主要使用 Visual Studio.NET（后面简称为 VS.NET）作为开发环境，所以需要首先介绍一下这个集成开发工具（IDE）。VS.NET 是一个非常复杂、庞大的产品，但其秉承了微软公司开发环境的一贯风格，使用起来非常简单。在正确地安装配置之后，启动 VS.NET，如图 1-3 所示。

VS.NET 具有以下最基本的功能。

（1）把光标放在隐藏的窗口上，便会自动弹出这些窗口。

（2）“工具箱”窗口显示常用的窗体控件，通过简单的拖曳操作，可以快速开发图形化界面工程。

（3）“解决方案资源管理器”窗口显示当前解决方案的信息（解决方案即一个或多个工程及其配置的综合），窗口中可以查看解决方案中工程的各种视图，如其中的文件等。

（4）“属性”窗口显示工程内容更详细的信息，可以对工程中的单个控件或其他对象进行配置。例如，可以使用“属性”窗口改变 Windows 工程中一个按钮的外观、大小等。

（5）“任务列表”窗口和“输出”窗口显示编译工程时的信息，以及开发环境已经完成的任务。

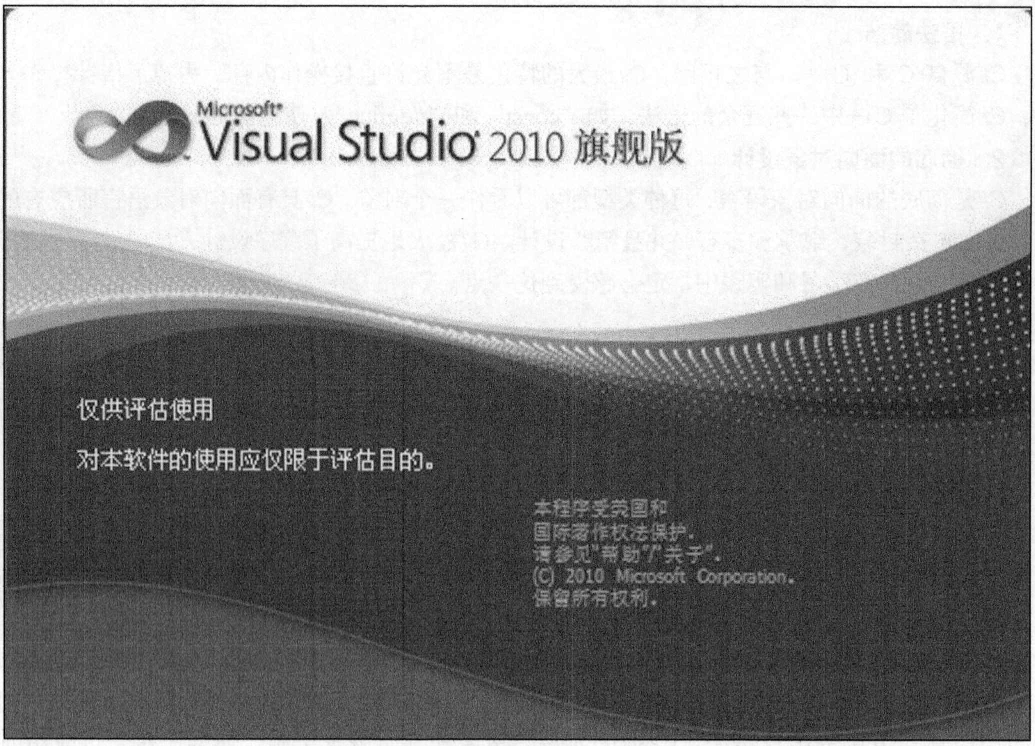

图 1-3　VS.NET 2010 启动界面

1.5　第一个 C#程序：Hello World

上面两小节介绍了.NET Framework 和 C#的基本知识。本节将带领读者实现一个最简单的应用：Hello World。

1.5.1　第一个 Windows 控制台应用程序

.NET 可以实现多种应用，包括控制台程序、Windows Form 程序以及 Web 应用。首先来实现最简单的控制台程序：Hello World。实现步骤如下所述。

（1）启动 VS.NET。

（2）单击主窗口上“新建项目”命令，或者单击“文件”|“新建”|“项目”命令。

（3）弹出“新建项目”对话框，如图 1-4 所示。在左侧“已安装的模板”中选择“Visual C#”项目，在右侧“模板”中选择“控制台应用程序”，在“名称”输入框中输入“HelloWorld_Console”，通过单击“浏览”按钮，选择工程所在的目录，单击“确定”按钮。最后，把“为解决方案创建目录”前复选框中的勾去掉。

（4）查看“解决方案资源管理器”面板，如图 1-5 所示。右击“Programe.cs”文件，在打开的菜单中单击“重命名”命令，将其改名为“HelloWorld.cs”。

（5）查看主窗口，里面应该有 VS.NET 自动生成的代码，如下所示：

```
using System;
using System.Collections.Generic;
using System.Text;
```

```
namespace HelloWorld_Console
{
    class Program
    {
        static void Main(string[] args)
        {
        }
    }
}
```

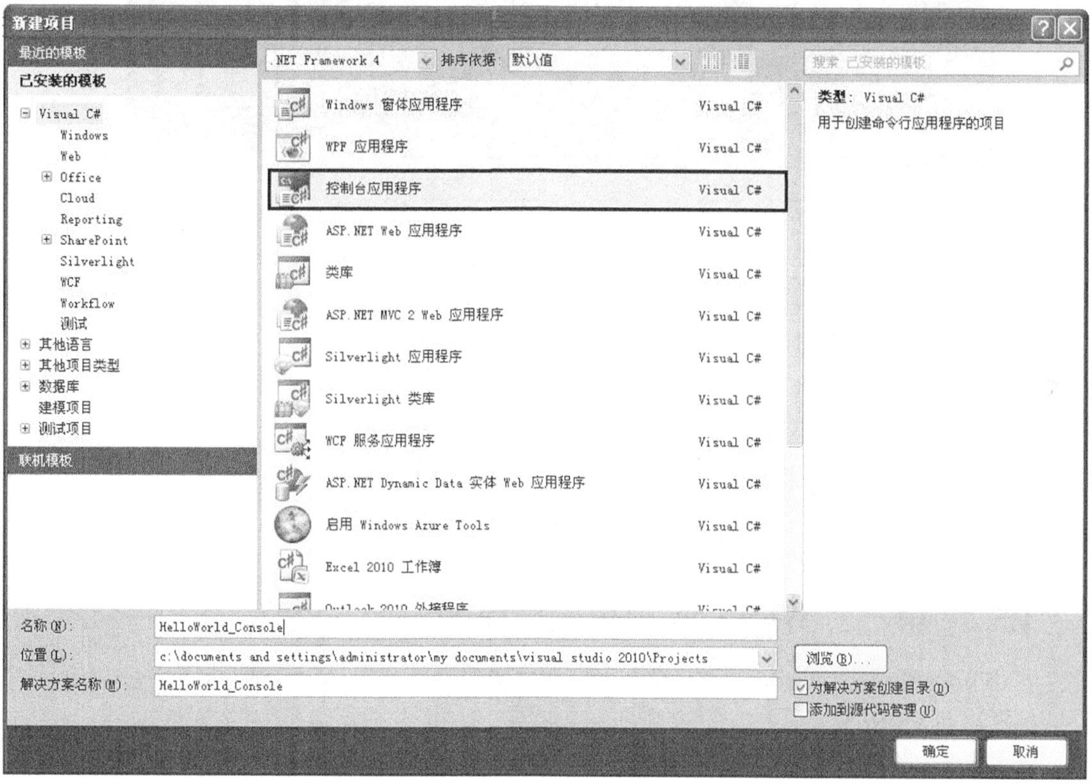

图 1-4　“新建项目”对话框

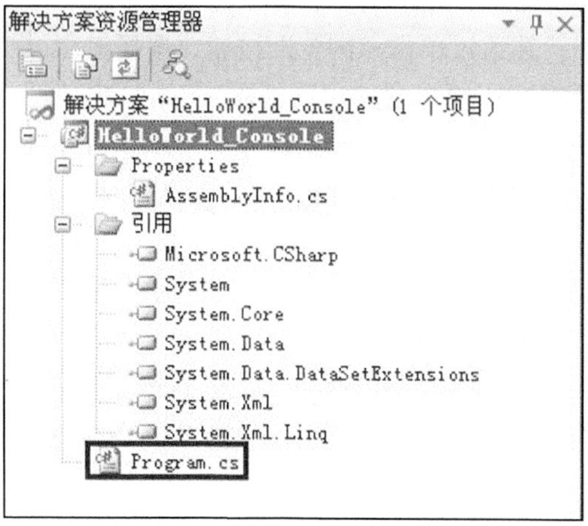

图 1-5　HelloWorld_Console 的资源管理器窗口

在第 7 行，将“class Program”改为“class HelloWorld”；在第 10～11 行中间，添加如下代码：

```
Console.WriteLine("Hello World, Console Application.");
Console.ReadLine();
```

（6）按快捷键“Ctrl+F5”，或者单击“调试”|“开始执行”命令，启动程序，运行结果如图 1-6 所示。

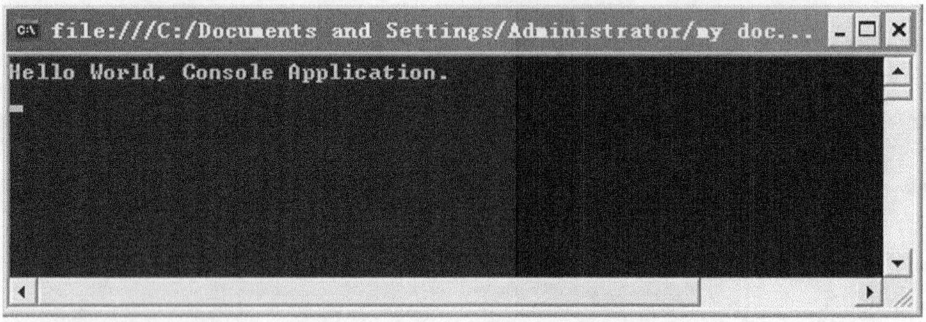

图 1-6　HelloWorld_Console 运行结果

（7）查看工程文件。在目录“D:\示例代码\C01”下，将会发现文件夹“HelloWorld_Console”，这是 VS.NET 为本工程所建立的工程文件夹。进入后发现会包含许多文件，此处需要了解下面的文件。

- HelloWorld_Console.sln：解决方案文件，后缀“sln”为 solution 缩写，双击可以打开本工程。
- HelloWorld.cs：工程代码文件，后缀“cs”为 C Sharp 的缩写，并非 Counter-Strike。
- 在子目录“\bin\Debug”下，可以发现可执行文件“HelloWorld_Console.exe”，双击可以执行。

（8）如果想关闭解决方案，可单击“文件”|“关闭解决方案”命令。

至此，第一个 Windows 控制台应用就完成了。

1.5.2　第一个 Windows 窗体应用程序

本小节介绍如何在 Windows 图形化界面应用中实现 Hello World。实现步骤如下。

（1）启动 VS.NET。

（2）单击主窗口上“新建项目”命令，或者单击“文件”|“新建”|“项目”命令。

（3）弹出“新建项目”对话框。在左侧“项目类型”中选择“Visual C#项目”，在右侧“模板”中选择“Windows 应用程序”，在下侧“名称”输入框中输入“HelloWorld_WinForm”，并通过单击“浏览”按钮，选择工程所在目录“D:\示例代码\C01”；单击“确定”按钮。

（4）查看“解决方案资源管理器”窗口，如图 1-7 所示。右击“Form1.cs”文件，在弹出的菜单中单击“重命名”命令，将其改名为“HelloWorld.cs”。

（5）查看主窗口，里面有一个自动生成的窗体 From1。单击该窗体，然后单击右侧“属性”面板，该面板如图 1-8 所示。修改 Name 属性为“frmHelloWorld”，修改 Text 属性为“Hello World!”。

（6）单击主窗口左侧的“工具箱”面板，出现一些 Windows 控件，如图 1-9 所示。

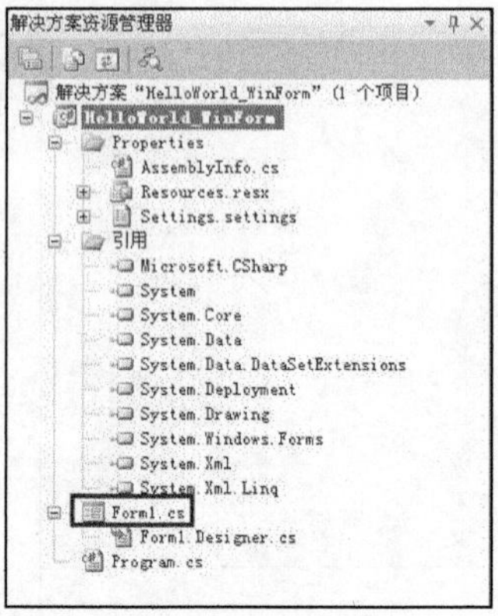

图 1-7　资源管理器窗口

（7）双击“Label”控件，或者单击后按住左键将其拖曳至主窗口的窗体中，并修改其属性。

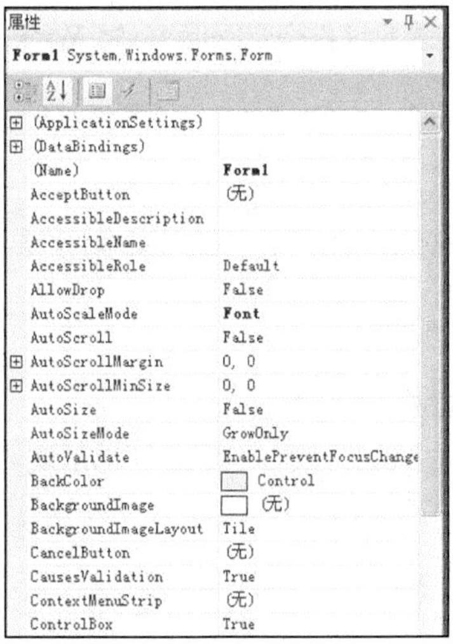

图 1-8　Form1 的“属性”窗口

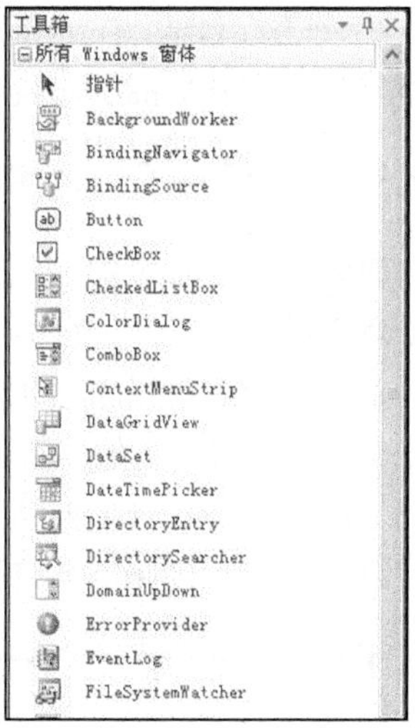

图 1-9　Windows Form 工具箱

- Name：lblDisplay。
- Text：空。
- BackColor：Window。

（8）双击“Button”控件，或者单击后按住左键将其拖曳至主窗口的窗体中，并修改其属性。

- Name：btnShow。
- Text：“显示”。

最后效果如图 1-10 所示。

（9）双击“显示”按钮，将进入代码窗口（通过主窗口上侧的标签可以在代码窗口和窗体窗口间进行切换），可以看到 VS.NET 已经自动生成了很多代码，在此不必关心。

（10）进入代码窗口后光标自动位于方法“btnShow_Click()”内部（即单击“显示”按钮会触发这个方法），在光标处添加如下代码：

```
this.lblDisplay.Text="Hello World, WinForm Application.";
```

（11）按快捷键“Ctrl+F5”，或者单击“调试”|“开始执行”命令，启动程序后，单击“显示”按钮，在标签中就会出现如图 1-11 所示的结果。

图 1-10　添加 Label 和 Button 后的窗体

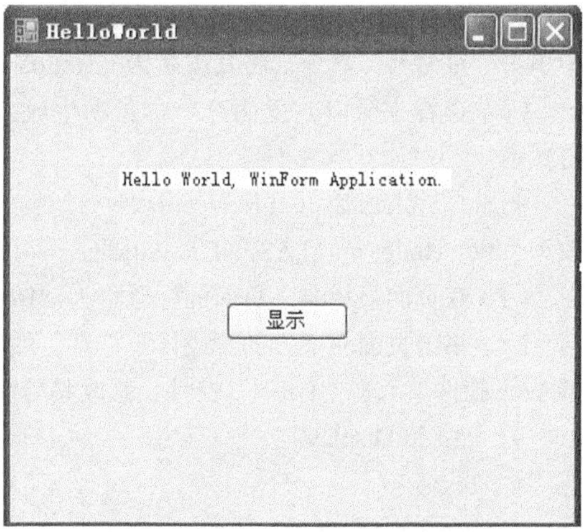

图 1-11　HelloWorld_WinForm 运行结果

（12）查看在目录“D:\示例代码\C01”下的工程文件，将会发现文件夹“HelloWorld_WinForm”。至此，第一个 Windows Form 应用就完成了。

1.5.3　第一个 ASP.NET 应用程序

前面两个应用都是 Windows 应用，下面介绍使用 C#实现的 Web 应用，即 ASP.NET 程序。后面第 9 章会详细讲解，此处先举个示例。本例实现步骤如下。

（1）启动 Visual Studio.NET 2010。

（2）单击主窗口上的“新建项目”链接，弹出“新建网站”对话框。

（3）选择“ASP.NET 网站”项，在下侧“位置”下拉框中选择“文件系统”，然后输入“D:\示例代码\HelloWorld_ASPNET”。在“语言”下拉框中选择“Visual C#”，如图 1-12 所示。

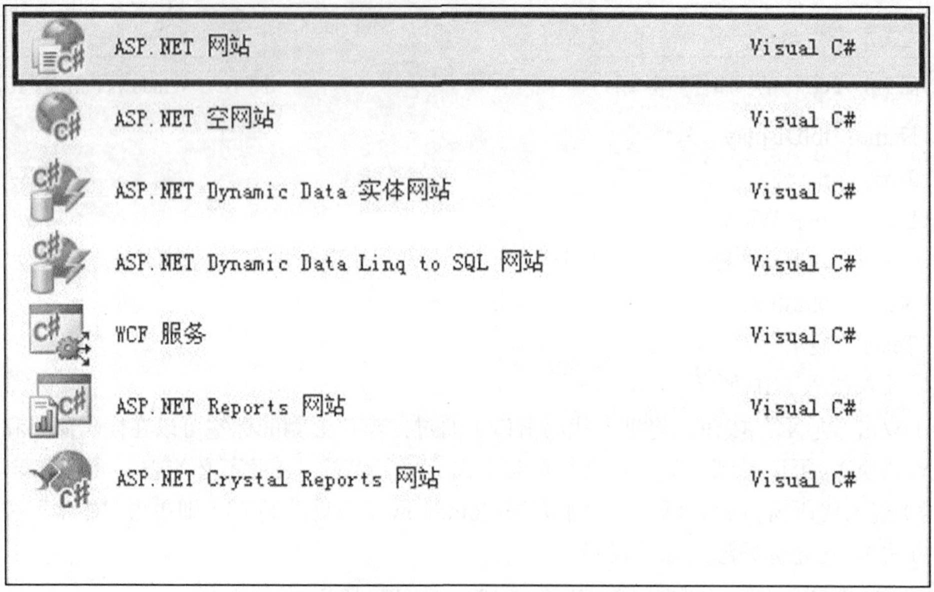

图 1-12　新建 ASP.NET 网站

（4）单击“确定”按钮，等待 Visual Studio.NET 创建新的工程成功。

（5）查看 IDE 中的“解决方案资源管理器”面板，右击“Default.aspx”文件，在弹出的菜单中单击“重命名”命令，将其改名为“HelloWorld.aspx”。

（6）查看主窗口，里面有一个自动生成 aspx 页面，单击页面左下方的“源”标签，然后将代码

```
<title>无标题页</title>
```

改为<title> Hello World,ASPNET.</title>。

（7）在页面显示时，页面的标题将为“Hello World,ASPNET.”。

（8）单击页面左下方的“设计”标签，然后单击主窗口左侧的“工具箱”面板，默认出现标准 Web 控件。双击“Label”控件，修改其属性。

- ID：lblDisplay。
- Text：空。
- BackColor：Silver。

同样地，双击“Button”控件，并修改其属性。

- ID：btnShow。
- Text：“显示”。

最后效果如图 1-13 所示。

（9）双击“显示”按钮，进入代码窗口（通过主窗口上侧的标签可以在代码窗口和窗体窗口间进行切换），可以看到 Visual Studio.NET 已经自动生成了很多代码。进入代码窗口后光标自动位于方法“btnShow_Click ()”内部（即单击“显示”按钮，会触发这个方法），在光标处添加如下代码：

```
this.lblDisplay.Text="Hello World, ASP.NET.";
```

（10）在“资源管理器”中，右击“HelloWorld.aspx”文件，在弹出的快捷菜单中选择“设为起始页”命令。

（11）按快捷键“Ctrl+F5”启动程序，单击“显示”按钮，在标签中就会出现如图 1-14 所示的结果。

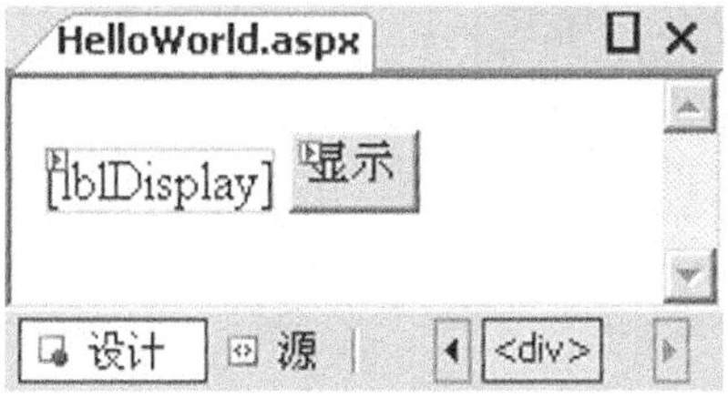

图 1-13　添加 Label 和 Button 后的 aspx 页面

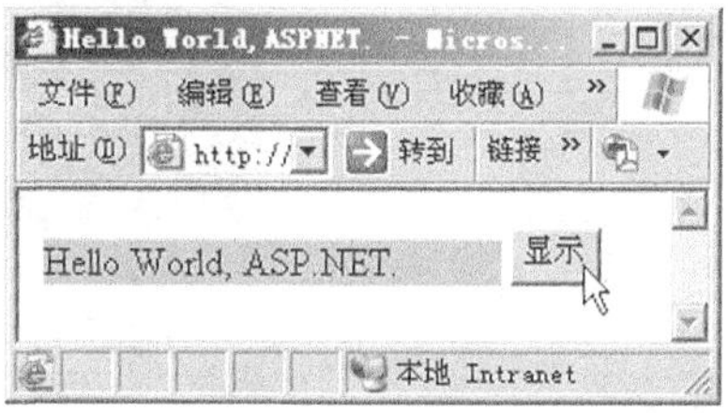

图 1-14　HelloWorld_ASPNET 运行结果

（12）查看在目录“D:\示例代码\C01”下的工程文件，将会发现工程文件夹“HelloWorld_ASPNET”。其中：

- .aspx：页面文件。
- .cs：代码文件。

至此，第一个 ASP.NET Web 应用就完成了。

小　　结

本章主要介绍了 C#与.NET 框架的基本知识，并且使用开发工具 Visual Studio 2010 创建了 3 种不同类型的应用程序示例。通过本章的学习，读者可以初步了解 C#语言和.NET 框架，以及使用 Visual Studio 2010 创建简单的应用程序。

习　　题

1-1　.NET 的目标是什么？.NET 能做什么？

1-2　简述 C#与.NET 的关系。

1-3　简述 C#的特点。

上机指导

.NET 可以实现多种应用，包括控制台程序、Windows Form 程序以及 Web 应用。开发这些应用程序时，绝大多数程序设计人员或者团队都会选择微软公司的集成开发环境 Visual Studio 2010。

实验一　Windows 控制台应用程序

实验内容

本实验主要使用 Visual Studio 2010 开发一个 Windows 控制台应用程序，输出一个简单的字符串“Hello Tom”。效果如图 1-15 所示。

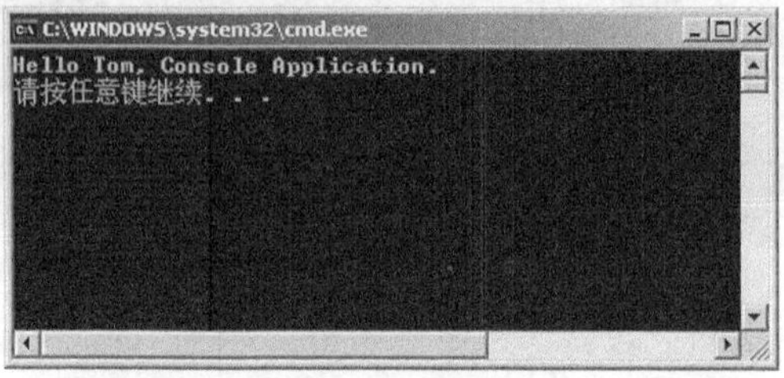

图 1-15　HelloTom_Console 运行结果

实验目的

能够使用 Visual Studio 2010 工具开发简单的 Windows 控制台应用程序。

实验思路

在 1.5.1 小节中介绍了如何了使用 Visual Studio 2010 开发 Windows 控制台应用程序，输出一个简单的字符串“Hello World”。根据这个设计思路，修改一下输出的字符串，就可以输出所需要的结果“Hello Tom”。

实验二　Windows 窗体应用程序

实验内容

本实验主要使用 Visual Studio 2010 开发一个 Windows 窗体应用程序，输出一个简单的字符串“Hello Tom”。效果如图 1-16 所示。

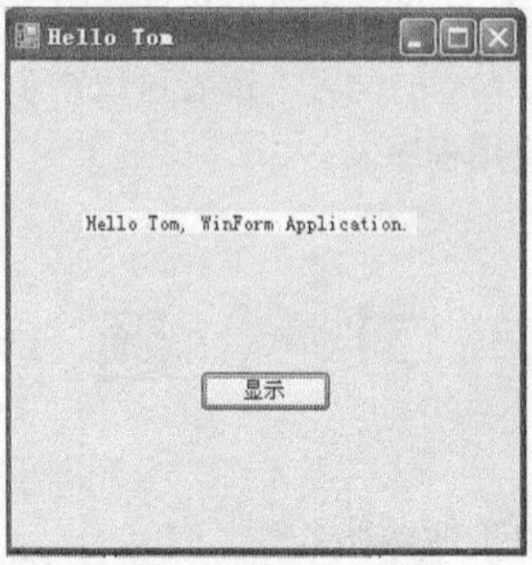

图 1-16　HelloTom_WinForm 运行结果

实验目的

能够使用 Visual Studio 2010 工具开发简单的 Windows 窗体应用程序。

实验思路

在 1.5.2 小节中介绍了如何使用 Visual Studio 2010 开发 Windows 窗体应用程序，输出一个简单的字符串“Hello World”。根据这个设计思路，修改一下输出的字符串，就可以输出所需要的结果“Hello Tom”。

实验三　ASP.NET 应用程序

实验内容

本实验主要使用 Visual Studio 2010 开发一个 ASP.NET 应用程序，输出一个简单的字符串“Hello Tom”。效果如图 1-17 所示。

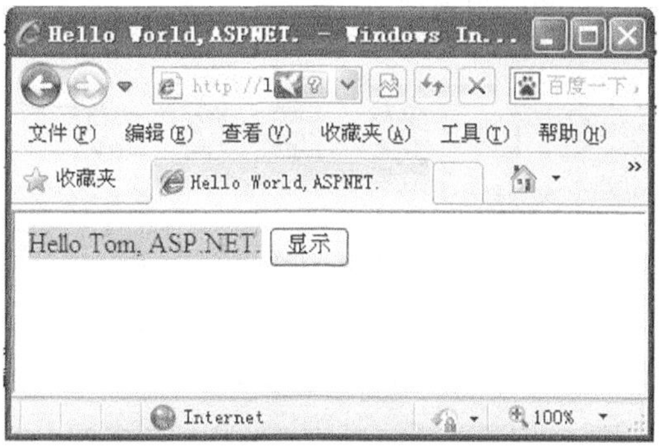

图 1-17　HelloTom_ASPNET 运行结果

实验目的

能够使用 Visual Studio 2010 工具开发简单的 ASP.NET 应用程序。

实验思路

在 1.5.3 小节中介绍了如何了使用 Visual Studio 2010 开发 ASP.NET 应用程序，输出一个简单的字符串“Hello World”。根据这个设计思路，修改一下输出的字符串，就可以输出所需要的结果“Hello Tom”。

第2章 C#语法基础

C#的语法设计有很多地方与 C/C++相似。本章介绍 C#程序设计基础知识，包括数据类型、常量和变量、类型转换、运算符和语句结构。

2.1 数据类型

.NET Framework 是一种跨语言的框架。为了在各种语言之间交互操作，部分.NET Framework 指定了类型中最基础的部分，这称为通用类型系统（Common Type System，CTS）。

C#支持 CTS，其数据类型包括基本类型（类型中最基础的部分），如 int、char、float 等，也包括比较复杂的类型，如 string、decimal 等。作为完全面向对象的语言，C#中的所有数据类型是一个真正的类，具有格式化、系列化以及类型转换等方法。根据在内存中存储位置的不同，C#中的数据类型可分为以下两类。

- 值类型：该类型的数据长度固定，存放于栈内。
- 引用类型：该类型的数据长度可变，存放于堆内。

2.1.1 值类型

C#内置的值类型是最基本的数据类型，例如整数、浮点数、字符、布尔类型等。

1. 整数类型

C#支持 8 种整数类型，具体含义如表 2-1 所示。

表 2-1　整数类型

名　称	CTS 类型	说　明	范　围
sbyte	System.SByte	8 位有符号整数	−128～127（-2^7～2^7-1）
short	System.Int16	16 位有符号整数	−32768～32767（-2^{15}～$2^{15}-1$）
int	System.Int32	32 位有符号整数	-2^{31}～$2^{31}-1$
long	System.Int64	64 位有符号整数	-2^{63}～$2^{63}-1$
byte	System.Byte	8 位无符号整数	0～255（0～2^8-1）
ushort	System.Uint16	16 位无符号整数	0～65535（0～$2^{16}-1$）
uint	System.Uint32	32 位无符号整数	0～$2^{32}-1$
ulong	System.Uint64	64 位无符号整数	0～$2^{64}-1$

2．浮点数类型

C#支持 3 种浮点数类型，如表 2-2 所示。

表 2-2　　浮点数类型

名　称	CTS 类型	说　明	范　围
float	System.Single	32 位单精度浮点数	$\pm1.5\times10^{-45}$～$\pm3.4\times10^{38}$
double	System.Double	64 位双精度浮点数	$\pm5.0\times10^{-324}$～$\pm1.7\times10^{308}$
decimal	System.Decimal	128 位双精度浮点数	$\pm1.0\times10^{-28}$～$\pm7.9\times10^{28}$

3．布尔型

C#的布尔型是 bool，其取值包括 True 和 False，如表 2-3 所示。

表 2-3　　布尔型

名　称	CTS 类型	值　域
bool	System.Boolean	True/False

在 C#中，bool 类型的数据和整数不能互相转换，即如果声明变量为 bool 型，就只能对其赋值为 True 或 False，而不能使用 1 或者 0。这与 C 和 C++不同。

4．字符型

C#的字符型可以保存单个字符的值，如表 2-4 所示。

表 2-4　　字符型

名　称	CTS 类型	说　明
char	System.Char	表示一个 16 位的 Unicode 字符

在 C#中，char 类型的值需要放在单引号中，例如 'A'。另外，对于一些特殊的字符，例如单引号，可以通过转义字符来表示。C#中的转义字符如表 2-5 所示。

表 2-5　　C#转义字符

转义字符	意　义	转义字符	意　义
\'	单引号	\f	换页符
\"	双引号	\n	换行符
\\	反斜杠	\r	回车符
\0	空字符	\t	水平制表符
\a	警告	\v	垂直制表符
\b	退格符		

5．结构

除去上面介绍的简单值类型之外，用户还可以定义复合值类型。常用的复合值类型包括结构和枚举。首先来看结构。

一个结构（struct）是包含多个基本类型或复合类型的统一体。在 C#中可以使用 struct 关键字创建结构，例如，一个学生信息结构如下：

```
/// <summary>
/// 学生信息结构
/// </summary>
public struct Student
{
```

```
    public long Sid;           //学号
    public string SName;       //姓名
    public double Score;       //成绩
}
```

在这里使用了结构，而不是类，这是因为与类相比，结构有如下的优点。

- 结构占用栈内存，对其操作的效率要比类高。
- 结构在使用完后能够自动释放内存分配。
- 结构很容易复制，只需要使用等号就可以把一个结构赋值给另一个结构，如下例所示（而类是不能够这样做的）：

```
Student s1=new Student();
Student s2;

s1.Sid=1;
s1.SName="张三";
s1.Score=80;

s2=s1;
```

6. 枚举

枚举（enum）其实是一个整数类型，用于定义一组基本整数数据，并可以给每个整数指定一个便于记忆的名字。以下代码声明了一个星期枚举类型：

```
/// <summary>
/// 星期枚举
/// </summary>
public enum enumWeek
{
    Sunday=0,
    Monday=1,
    Tuesday=2,
    Wedensday=3,
    Thursday=4,
    Friday=5,
    Saturday=6
}
```

建立这个星期枚举之后，便可以使用名称来表示特定的整数值，例如，Week.Monday 即代表整数 1。下面是一个使用 Week 枚举的示例代码：

```
int i=0;
switch(i)
{
        case (int) enumWeek.Sunday:        //返回 0
            Console.WriteLine("菲菲的生日");
            break;
        case (int) enumWeek.Monday:        //返回 1
            //...
}
```

从长远来看，在编程中创建枚举可以节省大量时间，因此要适当地使用枚举。

2.1.2 引用类型

C#不允许在安全代码中使用指针，因此要处理堆中的数据就需要使用引用数据类型，使用 new

关键字实例化引用数据类型的对象，并指向堆中的对象数据。例如：

```
Obj1 = new Obj();
```

Obj1 即指向堆中的 Obj 对象。对象的使用方法将在第 3 章详细介绍，此处，首先了解一下 C#中内置的一些引用数据类型。

1. 内置引用类型

C#支持两个预定义的引用类型，如表 2-6 所示。

表 2-6　　C#中的预定义引用类型

名　称	CTS 类型	说　明
object	System.Object	基类型，CTS 中的其他类型都是从它派生而来
String	System.String	Unicode 字符串类型

其中：

- object 类型是 C#所有数据类型的基类型，具有一些通用的方法，如 Equal()、GetHashCode()、GetType()以及 ToString()。
- String 类型可以方便地处理字符串操作，该类型的值需要放在双引号中。有许多非常好用的方法可用来完成如字符串连接、字符定位、子串定位等操作。

2. 数组

C#把数组看作一个带有方法和属性的对象，并存储在堆内存中。同 C 语言风格类似，声明数组时，要在变量类型后面加一组方括号。例如下面语句定义一个整数数组：

```
int[] nVar;
```

这里只是定义了数组变量 nVar，并没有初始化，即并没有为其开辟内存空间。若要初始化特定大小的数组，需要使用 new 关键字，如下所示：

```
int[] nVar=new int[100];
```

同 C 语言一样，C#使用下标来引用数组元素，其下标从 0 开始。另外，C#还可以使用数组的实例来初始化数组，如 int[] nVar={0,1,2,3}等价于：

```
int[] nVar=new int[] {0,1,2,3};
```

数组作为一个对象，有自己的属性和方法，常用的属性如下。

- .Length：一维数组的长度。
- .Rank：数组的维数。

常用的方法是.GetLength（int dimension），用来获取多维数组中指定维的长度。

3. 类、接口

类在 C#和.NET Framework 中是最基本的用户自定义类型。类也是一种复合数据类型，包括属性和方法。本书将在第 3 章对其进行详细介绍。

接口用于实现一个类的定义，包括属性、方法的定义等，但没有具体的实现，也不能实例化接口。接口将在第 3 章详细讨论。

2.2　变量和常量

变量是用来描述一条信息的名称，在变量中可以存储各种类型的信息。举一个简单的例子来说明数据和变量的关系，假设某人身高是180cm，那么“180”便是数据，而“身高”是变量。可以说“身高增加1”，即对变量进行操作，这时“身高”将改变为“181”，而不会说“180增加1”。

2.2.1 变量

在C#中，使用变量的基本原则是：先定义，后使用。C#中的变量命名规范如下：

（1）必须以字母或下画线开头；

（2）只能由字母、数字、下画线组成，不能包含空格、标点符号、运算符，以及其他符号；

（3）不能与C#关键字（如class、new等）同名。

需要注意的是，C#中的变量名可以以“@”作为前缀，这时就可以使用“@”+关键字作为变量名，如“@class”。但是，“@”本身并不是变量名的一部分，例如在本例中，真正的变量名仍然是“class”。

下面是一些合法的变量命名示例：

```
1.  int i;
2.  string error_message;
3.  char @new;
```

下面是一些不合法的变量命名示例：

```
1.  int No.1;          //不能包含标点符号
2.  char 1_new;        //以数字开头
3.  string static;     //与关键字同名
```

变量的声明非常简单，只需要在数据类型后面加上变量名即可，如：

```
1.  int i;
2.  string s1,s2;
```

另外，还可以使用变量类型关键字（如“static”）来定义变量的类型。

2.2.2 常量

同变量一样，常量也用来存储数据。它们的区别在于，常量一旦初始化就不再发生变化，可以理解为符号化的常数。使用常量可以使程序变得更加灵活易读，例如，可以用常量PI来代替3.1415926，一方面程序变得易读，另一方面，需要修改PI精度的时候无需在每一处都修改，只需在代码中改变PI的初始值即可。

常量的声明和变量类似，需要指定其数据类型、常量名，以及初始值，并需要使用const关键字，例如：

```
[public] const double PI=3.1415;
```

其中，[public]关键字可选，是常量的作用域，并可用private，protected，internal或new代替。这5个关键字的含义如下。

- public：全局常量。
- private：局部常量。
- protected：受保护常量。
- internal：可在同一个链接库中访问。
- new：创建新常量，不继承父类同名常量。

声明常量并赋值后，就可以通过直接引用变量名来使用它，代码如下：

```
double r=3.2;
double area=PI*r*r;
Console.WriteLine(area);
```

2.3　类 型 转 换

在高级语言中，数据类型是很重要的一个概念，只有具有相同数据类型的对象才能够互相操作。很多时候，为了进行不同类型数据的运算（如整数和浮点数的运算等），需要把数据从一种类型转换为另一种类型，即进行类型转换。C#有两种转换方式。

- 隐式转换：无需指明转换，编译器自动将操作数转换为相同的类型。
- 显式转换：需指定把一个数据转换成其他类型。

2.3.1　隐式转换

当两个不同类型的操作数进行运算时，编译器会试图对其进行自动类型转换，使两者变为同一类型。但是，从 2.1.1 小节可以看出，不同的数据类型具有不同的存储空间，如果试图将一个需要较大存储空间的数据转换为存储空间较小的数据，就会出现错误。例如：

```
int result;
long val1=1;
long val2=2;
result=val1 + val2;
```

将会出现错误：无法将类型“long”隐式转换为“int”。

C#支持的隐式类型转换如表 2-7 所示。

表 2-7　　C#支持的隐式类型转换

源　类　型	目 的 类 型
sbyte	short，int，long，float，double，decimal
byte	short，ushort，int，uint，ulong，float，double，decimal
short	int，long，float，double，decimal
ushort	int，uint，long，ulong，float，double，decimal
int	long，float，double，decimal
uint	long，ulong，float，decimal
long、ulong	float，double，decimal
float	double
char	ushort，int，uint，long，ulong，float，double，decimal

2.3.2　显式转换

显式类型转换又叫做强制类型转换。在有些情况下，编译器不能够隐式转换数据类型，例如下面的代码就无法隐式转换：

```
int result;
long val1=1;
long val2=2;
result=val1 + val2;
```

但由于某种原因，程序设计人员必须要进行这样的操作，那么，这时就需要显式转换数据类型，强迫编译器进行转换。简单数据类型转换的一般语法如下所示：

```
nval1=(int)val1;
```

即把所要转换的目的数据类型放在圆括号内，并置于源数据之前。

另外，复杂的数据类型，如类、结构等，往往具有类型转换的方法，相关内容将在第3章详细介绍。

2.3.3 装箱和拆箱

前两个小节介绍了数据类型的转换。在下面的代码中：

```
1.  int i=10;
2.  string s=i.ToString();
```

i是一个值类型数据，存放在栈内存中；s是一个引用类型的String对象，存放在堆中。要进行它们之间的转换，需要使用封箱（boxing）和拆箱（unboxing）来实现，具体的方法如下。

（1）封箱：把值类型转换为引用类型，可以隐式转换，代码如下：

```
1.  int i=0;
2.  object o=i;
```

（2）拆箱：把引用类型转换为值类型，需显式转换。代码如下：

```
1.  object o=new onbject();
2.  int j=(int)o;
```

2.4 运 算 符

C#中的运算符是用来对变量、常量或数据进行计算的符号，指挥计算机进行某种操作。可以将运算符理解为交通警察的命令，用来指挥行人或车辆等不同的运动实体（运算数），最后达到一定的目的。例如“+”是运算符，而“2+3”完成两数求和的功能。

2.4.1 算术运算符

算术运算符（arithmetic operators）用来处理四则运算的符号，是最简单、最常用的符号，尤其数字的处理几乎都会使用到算术运算符。C#中的算术运算符如表2-8所示。

表2-8　C#的算术运算符

符　号	示　例	意　义
+	a+b	加法运算
–	a–b	减法/取负运算
*	a*b	乘法运算
/	a/b	除法运算
%	a%b	取余数
++	a++	累加
– –	a– –	递减

2.4.2 字符串运算符

字符串运算符（string operator）只有一个，就是加号“+”。它除了作为算术运算符之外，还可以将字符串连接起来，变成合并的新字符串。示例代码如下：

```
string s="Hello";
s=s+", World.";
Console.WriteLine(s);    //输出：Hello, World.
```

2.4.3 赋值运算符

赋值运算符（assignment operator）把其右边表达式的值赋给左边变量或常量。C#中的赋值运算符如表 2-9 所示。

表 2-9　　C#中的赋值运算符

符　号	示　例	意　义
=	a=b	将右边的值赋值到左边
+=	a+=b	将右边的值加到左边（数字或字符串都可）
−=	a−=b	将右边的值减到左边
*=	a=*b	将左边的值乘以右边
/=	a/=b	将左边的值除以右边
%=	a%=b	将左边的值对右边取余数

使用上面的赋值运算符往往可以使代码更为简洁，而且更重要的是能够比先运算再赋值具有更高的执行效率。

2.4.4 逻辑运算符

逻辑运算符（logical operators）通常用来测试真假值。C#中的逻辑运算符如表 2-10 所示。

表 2-10　　C#中的逻辑运算符

符　号	示　例	为 真 条 件
<	a<b	当 a 的值小于 b 值时
>	a>b	当 a 的值大于 b 值时
<=	a<=b	当 a 的值小于或等于 b 值时
>=	a>=b	当 a 的值大于或等于 b 值时
= =	a==b	当 a 的值等于 b 值时
!=	a!=b	当 a 的值不等于 b 值时
&&	a&&b	当 a 为真并且 b 也为真时
||	a||b	当 a 为真或者 b 也为真时
!	!a	当 a 为假时

2.4.5 位运算符

位运算符（bitwise operators）用于进行一些快速的数字运算，共有 6 个，如表 2-11 所示。

表 2-11　　C#的位运算符

符　号	示　例	意　义
&	a&b	按位与运算
|	a|b	按位或运算
^	a^b	按位异或运算
<<	a<<	向左移位
>>	a>>	向右移位
～	～a	按位取反

2.4.6　其他运算符

除上面 5 种运算符之外，C#还包括一些特殊的运算符。其使用和意义如表 2-12 所示。

表 2-12　　C#的其他运算符

符　号	示　例	意　义
new	new Class1();	创建一个类的实例
typeof	typeof(int);	获取数据类型说明
.	Obj.method();	获取对象的方法或属性
? :	(expr1)?(expr2) : (expr3);	若 expr1 则 expr2；否则 expr3

2.4.7　运算符的优先级

运算符的优先级是指在表达式中哪一个运算符应该首先计算。算术中四则运算时“先乘除，后加减”便是运算符优先级的很好体现。

C#根据运算符的优先级确定表达式的求值顺序：优先级高的运算先做，优先级低的操作后做，相同优先级的操作从左到右依次做，同时用小括号控制运算顺序，任何在小括号内的运算最优先进行。表 2-13 所示为 C#运算符的优先级。

表 2-13　　C#运算符的优先级

级　别	运　算　符	级　别	运　算　符
1	new，typeof	8	<<，>>
2	赋值运算符	9	++，—
3	‖，&&	10	+，–，（正、负号运算符）!
4	|，^	11	= =，!=，<>
5	&	12	<，<=，>，>=
6	+，–（加、减运算符）	13	? :
7	/，*，%		

小　　结

本章主要介绍了 C#语法的基础知识，包括数据类型及类型之间的相互转换、变量和常量、运算符。通过本章的学习，读者应该对 C#语法有一初步的了解，可以编写较简单的语句结构。

习　　题

2-1　C#有哪些数据类型？

2-2　C#有哪些运算符？其优先级别是如何排序的？

2-3　如何定义一个 C#的变量和常量？

上机指导

C#语法基础包括其数据类型、常量和变量、类型转换、运算符和语句结构。这些基础知识都是在实际应用中经常能用到的。

实验　类型转换

实验内容

本实验把 2.3.1 小节和 2.3.2 小节的示例代码整合到一起，构成一个新的示例，用来说明隐式转换和显式转换的应用。效果如图 2-1 所示。

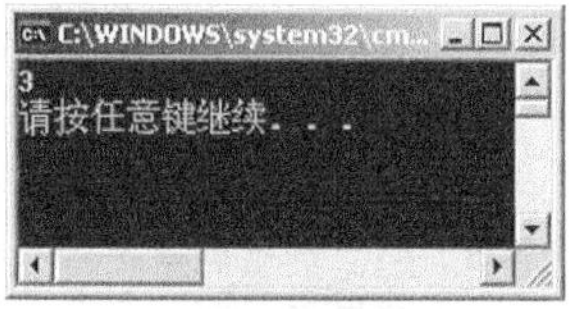

图 2-1　类型转换输出结果

实验目的

巩固知识点——显式转换和隐式转换。隐式转换无需指明转换，编译器自动将操作数转换为相同的类型；显式转换需指定把一个数据转换成其他类型。

实验思路

在 2.3.1 小节和 2.3.2 小节中分别讲述了隐式转换和显式转换，其中分别以一个小的示例来说明。根据 2.3.1 小节和 2.3.2 小节中的代码示例，整合这两个小节的代码，步骤如下所述。

（1）新建控制台项目，命名为 TypeConvert。

（2）整合后的代码如下：

```
class TypeConvert
{
    static void Main(string[] args)
    {
            int result;
            long val1 = 1;
            long val2 = 2;
            // 强制转换
            result = (int)val1 + (int)val2;

            Console.WriteLine(result);
    }
}
```

第3章 C#中的条件结构

学习第2章时，相信读者或多或少碰到过一些疑问，遇到过一些挫折。不用焦急，只要冷静，多思，这些问题都会迎刃而解的。这是很多入门者都经历过的，只要度过了这段时期，就可以发现“天依旧是那么的蓝”。

接下来，本书将继续C#的学习，在已经学习bool类型、条件运算符、比较运算符和逻辑运算符的基础上，重点学习条件结构和条件结构的几种形式，让程序可以进行条件判断，根据判断结果执行相应的语句，而不是再像前面那样，从程序入口开始执行每条语句直到执行完最后一条语句结束。

3.1 bool类型

在前面学习C#常用的数据类型的时候，读者已经接触过bool类型了。如：

```
bool ifTheMinority;              //声明布尔型变量ifTheMinority是否是少数民族
ifTheMinority = false;           //存储false，表示不是
```

这段代码通过声明一个布尔类型的变量来表示“是否是少数民族”。生活中，还有着许多其他的判断，如“这次考试及格了吗？”、“明天放假吗？”、“今晚上晚自习吗？”等。这些问题都需要经过判断。程序也一样，有时候也需要判断，只有让程序进行条件判断，程序才能够处理一些问题。比如有这么一段代码：

```
string message = testScore >= lastScore ?
"学习进步了，值得奖励！" : "革命尚未成功，同志仍需努力！";
```

程序根据testScore和lastScore的比较结果进行判断，将相应的字符串赋给string类型变量message。

3.1.1 bool类型概述

上面提及了很多生活中需要判断的问题，但这些问题有一个共性，就是结果唯一，要么“是”（为真），要么“否”（为假）。在C#中，使用bool类型来表示真假。布尔类型是用来表示“真”和“假”这两个概念的。这虽然看起来很简单，但实际应用非常广泛。

注意 bool类型有两个值，而且只有这两个值，即true和false。其他数据类型和布尔类型之间不再存在任何转换，将其他数据类型转换成布尔类型是不合法的。

3.1.2　使用 bool 类型来表示真假

在程序中怎么利用 bool 类型来表示真假呢？其实在前面已经多次使用过，为了让读者加强理解，以便于本章的学习，本书将对此知识点继续讲解。首先请看一个问题：老顽童和欧阳锋碰到一起了，两人就谁大谁小这个问题吵起来了，争得不可开交，请读者制作一个控制台应用程序，从控制台输入两者的年龄进行比较，然后输出“老顽童比欧阳锋大吗？”这句话的判断结果。

分析：程序要实现的功能可以分为两个部分。

（1）实现从键盘获取数据。

（2）比较数据，并将比较结果打印输出。

分析之后，其实挺简单的，所运用的知识点有控制台输入和输出、bool 类型。示例代码如下。

```
class TestOfBool
{
    static void Main(string[] args)
    {
        int ageOfLaoWantong;                                  //老顽童的年龄
        int ageOfOuYangfeng;                                  //欧阳锋的年龄
        bool isBig;                                           //声明一个 bool 类型变量
        Console.WriteLine("请输入老顽童的年龄：");
        ageOfLaoWantong =int.Parse( Console.ReadLine());     //接收老顽童的年龄
        Console.WriteLine("请输入欧阳锋的年龄：");
        ageOfOuYangfeng =int.Parse( Console.ReadLine());     //接收欧阳锋的年龄
        //将结果保存在 isBig 变量中
        isBig = ageOfLaoWantong > ageOfOuYangfeng;
        Console.WriteLine("老顽童比欧阳锋大吗？");
        Console.Write(isBig);                                 //输出比较结果
        Console.ReadLine();
    }
}
```

执行和输出结果如图 3-1 所示。

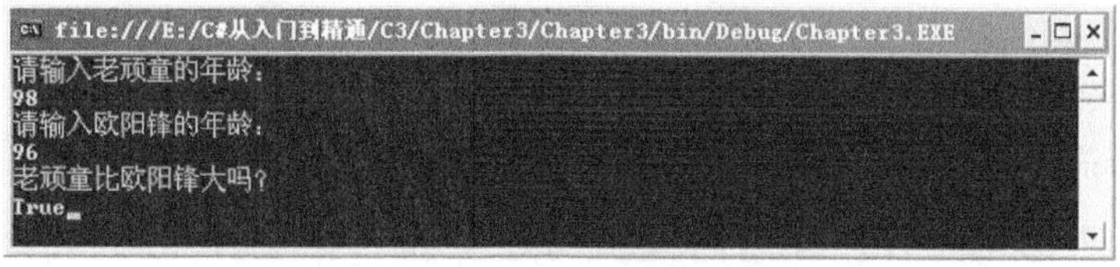

图 3-1　输出结果

如代码所示，为了表示刚才的问题的真与假，先后进行了声明和赋值：

```
bool isBig;                                   //声明一个 bool 类型的变量
isBig = ageOfLaoWantong > ageOfOuYangfeng;    //将比较结果保存在 bool 变量中
```

简单的两行代码实现了对刚才这个问题的判断，即 true 或 false。

3.2 if 条件结构

在刚才的问题中，读者可能想到过这种情况：已经判断出老顽童和欧阳锋谁大谁小了，要是可以根据判断结果输出相应的语句那该有多好啊。例如，如果老顽童大于欧阳锋就输出“哈哈，你癞蛤蟆没我大！快叫我爷爷!”，否则输出“哈哈，小朋友，爷爷带你去买糖吃!”。这可以做到吗?

3.2.1 C#中的“如果”

前面说过，在生活中人们经常需要判断，往往还会根据判断结果去决定是否做某件事。例如，如果刷牙没有牙膏了，就得去买牙膏；如果停电了，电脑就无法工作；如果生病了，就不用去上学。在编写程序时，也经常要进行条件判断。回到前言中讲到的那个问题，该怎么解决呢?

分析：读者已经知道怎样编写控制台应用程序了，但是有时在程序中需要先判断一下条件。条件满足则输出，条件不满足，就不输出。针对这个问题，读者可以使用在上一章学到的条件运算符来解决。不过使用条件运算符有其局限，并且只要执行的事较多就不好办了。对于这种“需要先判断条件，条件满足后执行”的程序，可以使用 if 条件结构。

3.2.2 if 条件结构概述

if 条件结构是根据条件判断后再做处理的一种语法结构。通过前面的学习，读者已经知道怎么判断条件，例如，老顽童是否比欧阳锋大。那么现在一起来关注 if 条件结构的语法。首先需要了解的是 if 条件结构的最基本的语法。

```
语法
if（表达式）          //针对刚才的问题的条件就是：老顽童是否比欧阳锋大
{
//语句                //条件成立后要执行的语句，可以是一条语句，也可以是一组语句
}
```

了解了其语法结构，再看看图 3-2。结合图 3-2 来看 if 条件结构的含义和执行过程就一目了然了。图示中带箭头的线条表示的是流程线，也就是程序执行的过程。首先，执行表达式，计算出表达式的值。如果其结果是真，则执行相应的语句，否则，跳过这些语句执行后面的部分。

因此,关键字 if 后面的小括号里的条件必须是一个条件表达式(也称布尔表达式)，即表达式的值必须为布尔类型 true 或 false。

程序执行时，先判断条件。当条件表达式的值为 true 时，程序先执行大括号里面的语句，再执行 if 结构块（即{}部分）后的语句。当条件值为 false 时，不执行大括号里的语句，直接执行 if 结构块后的语句。

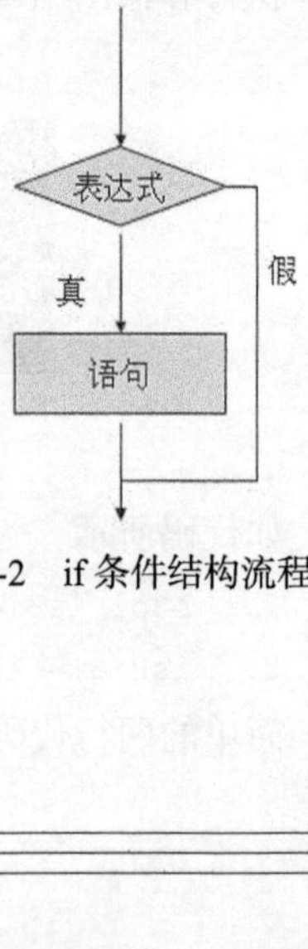

图 3-2　if 条件结构流程图

假如有下面一段代码，这段代码将如何执行呢?

```
static void Main(string[] args)
{
```

```
    语句 1;
    语句 2;
    if(条件)
    {
        语句 3
    }
    语句 4
)
```

回想第 1、2 章所编写的程序，Main()方法是程序的入口，Main()方法中的语句将逐条顺序地执行，所有的语句都执行完毕后程序结束。因此程序开始执行后，首先语句 1 和语句 2 执行，然后进行条件判断，如果成立，就执行语句 3，然后跳出 if 条件结构块执行语句 4。如果不成立，语句 3 不执行，直接执行语句 4。

经验：当 if 关键字后的一对大括号里只有一句语句时，可以省略大括号，但是为了避免有多个语句时遗忘大括号，以及为了保持程序整体风格一致，建议不要省略 if 结构的大括号。

刚才提及了流程图，现在一起来了解其基本知识。流程图是逐步解决指定问题的步骤和方法的一种图形化表示方法。流程图直观、清晰地帮助用户分析问题或是设计解决方案，是程序开发人员的好帮手。流程图使用一组预定义的符号来说明如何执行特定任务。图 3-3 是常用符号汇总。

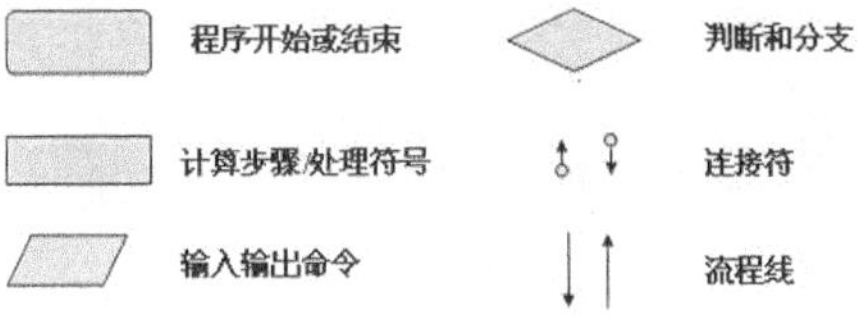

图 3-3　常用符号汇总

3.2.3　使用基本的 if 条件结构

已经了解了 if 结构的基本语法以及其含义和执行过程，现在一起来解决上次的遗留问题，即根据老顽童和欧阳修的年龄的判断结果输出相应的语句。如果老顽童大于欧阳锋，就输出“哈哈，你癞蛤蟆没我大！快叫我爷爷！”，否则输出“哈哈，小朋友，爷爷带你去买糖吃！”。下面使用 if 条件结构解决该问题，代码如下。

```
class TestOfIf
    {
        public void ShowTestOfIf()
        {
          int ageOfLaoWantong;                              //老顽童的年龄
          int ageOfOuYangfeng;                              //欧阳锋的年龄
           //声明一个 bool 类型的变量
          bool isBig;
          Console.WriteLine("请输入老顽童的年龄：");
          ageOfLaoWantong = int.Parse(Console.ReadLine());//接收老顽童的年龄
          Console.WriteLine("请输入欧阳锋的年龄：");
          ageOfOuYangfeng = int.Parse(Console.ReadLine());//接收欧阳锋的年龄
           //将结果保存在 isBig 变量中
          isBig = ageOfLaoWantong > ageOfOuYangfeng;
```

```
            Console.WriteLine("老顽童比欧阳锋大吗？ ");
            if (isBig == true)                          //如果老顽童大，即 isBig 为真时
            {
                Console.WriteLine("哈哈，你癞蛤蟆没我大！快叫我爷爷！");
            }
            if (isBig == false)                         //如果欧阳锋大，即 isBig 不为真时
           {
                Console.WriteLine("哈哈，小朋友，爷爷带你去买糖吃！");
            }
            Console.ReadLine();
        }
    }
```

在 Main()方法中写入代码后，运行时输入老顽童和欧阳的年龄后，通过判断得知两者到底哪个大。如果老顽童大些会输出“哈哈，你癞蛤蟆没我大！快叫我爷爷！”，而不会输出“哈哈，小朋友，爷爷带你去买糖吃！”，如图 3-4 所示。如果老顽童小些，就不会输出第一句话而是输出第二句话。通过这个简单的例子，请读者体会下 if 条件结构这种先判断后执行的方式。

图 3-4　运行结果

3.2.4　复杂条件下的 if 条件结构

很多时候，问题往往没有那么简单，比如这个问题：假如杨过的体育成绩大于 90 分，而且音乐成绩大于 80 分，小龙女就奖励他一罐玉蜂浆；或者体育成绩为 100 分，音乐成绩大于 60 分，小龙女也可以奖励他；如果不是上面这两种情况，小龙女就要罚他每天晨练 1 小时。

分析：先考虑下怎么连接问题中的条件，还记得在前面学到的逻辑运算符吗？于是前两种情况是否可以这样编写条件？

- 第一种写法：体育成绩>90 && 音乐成绩>80 || 体育成绩==100 && 音乐成绩>60。
- 第二种写法：(体育成绩>90 && 音乐成绩>80) || (体育成绩==100 && 音乐成绩>60)。

显然第二种写法真实地描述了上个问题的条件。

经验：当条件表达式中运算符很多，而且表达式很长，无法确定其执行的顺序时，可以使用小括号控制一下顺序。就如同数学里面控制运算式的执行一样。

前两种情况已经解决了，那么第三种情况呢？如果再用一个 if 条件结构，里面的条件将会很复杂，而且一旦考虑不周将导致结果达不到理想的效果。其实有一种语法结构可以更好地解决这个问题，就是 if-else 结构。

和上面一样，在很多情况下，除了要实现条件成立执行的操作，同时，还要实现条件不成立时的的操作。这些情况都可以使用 if-else 结构，表示“如果……，就……；否则……，就……”。这看起来像是小学时的造句，其实使用 C#程序语言编写程序的过程就是造句的过程，只不过使用

的是 C#这门语言进行造句。if-else 结构的语法如下：

```
语法
if（表达式）
{
    //语句 1
}
else
{
    //语句 2
}
```

图 3-5 形象地展示了 if-else 结构的执行过程。

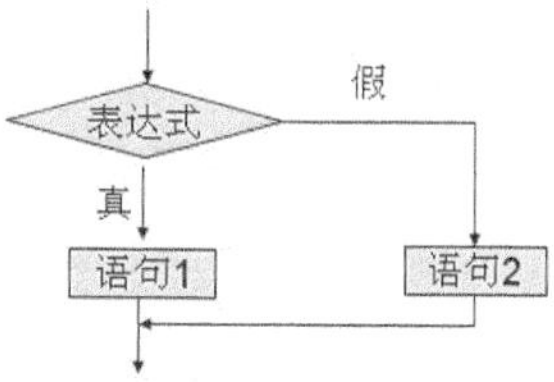

图 3-5　if-else 结构流程图

3.2.5　多重 if 结构和嵌套 if 结构的使用

读者先看看这个问题：为了使奖罚更加合理，小龙女决定对奖罚条件进行完善。如果总分等于 200 分，教杨过玉女心经；总分大于等于 170 分，奖励玉蜂浆一瓶；如果总分小于 170 分，根据下面三种情况进行惩罚：两门成绩均小于 70 分，罚每天晨练两小时；只有一门小于 70 分，罚每天晨练一小时；其他的情况，进行鼓励。

分析：首先要对杨过的总分进行判断，如果总分等于 200 分，教杨过玉女心经；总分大于等于 170 分，奖励玉蜂浆一瓶；如果总分小于 170 分，再进行分类惩罚。然后确定杨过的总分属于哪个阶段，可以使用多重 if 结构解决。其次，当总分小于 170 分时，需要根据条件再次判断，可以使用嵌套 if 结构。所谓的嵌套 if 结构，就是在 if 里面再嵌入 if 结构。

首先一起来了解下多重 if 结构，其语法如下：

```
语法
if（条件表达式 1）
{
    代码块 1
}
else if（条件表达式 2）
{
    代码块 2
}
else if（条件表达式 3）
{
    代码块 3
}
else
{
    代码块 4
}
```

下面来看下多重 if 结构的流程图，如图 3-6 所示。

了解了多重 if，再来了解下嵌套 if。其语法如下：

```
语法
if（条件表达式 1）
{
    if（条件表达式 2）
```

```
    {
        代码块 1
    }
    else
    {
        代码块 2
    }
}
else
{
    代码块 3
}
```

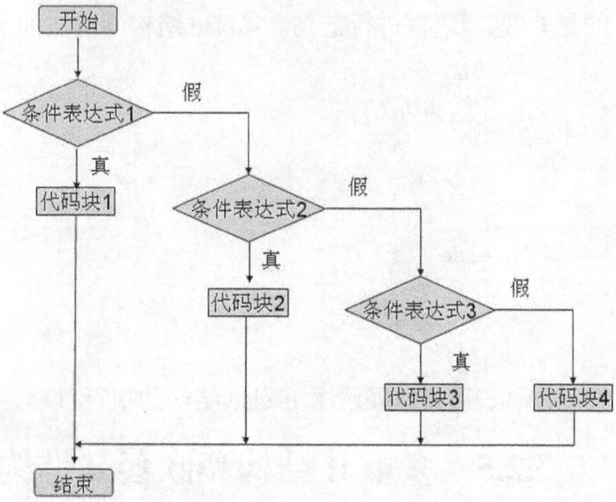

图 3-6　多重 if 的流程图

> **注意**
> （1）只有当满足外层 if 的条件时，才会判断内层 if 的条件。
> （2）else 与离它最近的那个缺少 else 的 if 相匹配。

为了便于读者理解，依旧给出流程图，如图 3-7 所示。

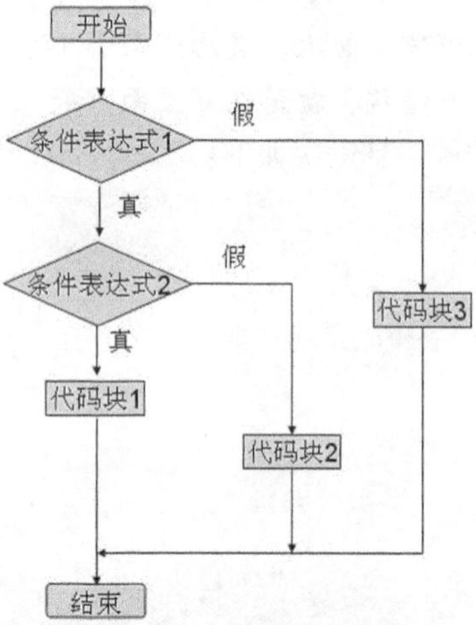

图 3-7　嵌套 if 的流程图

了解了多重 if 结构和嵌套 if 结构的语法以及执行过程，现在回到刚才的问题。代码中使用了多重 if 结构和嵌套 if 结构。

```
class ComprehensiveUsingOfIf
{
    public void ShowComprehensiveUsingOfIf()
    {
    Console.WriteLine("请输入杨过的体育成绩：");
     int sportsScore;                                  //体育成绩
     sportsScore = int.Parse(Console.ReadLine());
     Console.WriteLine("请输入杨过的音乐成绩：");
     int musicScore;                                   //音乐成绩
     musicScore = int.Parse(Console.ReadLine());
```

```
        int totalScores = sportsScore + musicScore;      //总分
        //总分等于 200，教玉女心经
        if (totalScores == 200)
        {
            Console.Write("小龙女：");
            Console.Write("不错，过儿真棒，我们一起来练玉女心经吧。");
        }
        //总分小于 200 大于等于 170 时，奖励玉蜂浆
        else if (totalScores >= 170)
        {
            Console.Write("小龙女：");
            Console.Write("不错，过儿继续加油，这是给你的玉蜂浆。");
        }
        //小于 170 分时，再进行判断
        else
        {
            //两科均小于 70 分时，罚晨练 2 小时
            if (sportsScore < 70 && musicScore < 70)
            {
                Console.Write("小龙女：");
                Console.Write("一定是你偷懒了，罚你从明天起每天晨练两小时。");
            }
            //只有一科小于 70 分时，罚晨练 1 小时
            else if (sportsScore < 70 || musicScore < 70)
            {
                Console.Write("小龙女：");
                Console.Write("一定是你偷懒了，罚你从明天起每天晨练一小时。");
            }
            //其他情况，进行鼓励
            else
            {
                Console.Write("小龙女：");
                Console.Write("过儿可以做得更好啊。好好加油！");
            }
        }
        Console.ReadLine();
    }
}
```

多重 if 的使用并不难，读者是否理解了呢？如果还没有理解，建议大家画出这段代码运行的流程图，执行过程就清清楚楚了。

if 结构的书写规范如下。

- 为了使 if 结构更加清晰，应该把每个 if 或应该把每个 if 或 else 包含的语句都用大括号括起来。
- 相匹配的一对 if 和 else 应该左对齐。
- 内层的 if 结构相对于外层的 if 结构要有一定的缩进。

3.3 switch 结构

学过了 if 结构，读者是否可以解决下面这个问题呢？由于杨过的努力，获得了奥运会的参赛资格。小龙女说：如果杨过取得金牌，就马上成亲；如果杨过取得银牌，就教杨过玉女心经；如果杨过取得铜牌，就奖励玉蜂浆 3 瓶；否则，就不要回来见她。

3.3.1 C#中的等值判断

对于刚才这个问题，使用多重 if 结构解决并不难，代码如下所示。

```
class EquivalenceJudgmentSample
    {
        public void ShowEquivalenceJudgmentSample()
        {
        int ranking = 1;                    //第一名，即获得金牌
        if (ranking == 1)             //拿到金牌时
        {
            Console.Write("小龙女：");
            Console.Write("过儿，我们成亲吧！");
        }
        else if (ranking == 2)              //拿到银牌时
        {
             Console.Write("小龙女：");
            Console.Write("不错，过儿真棒，我们一起来练玉女心经吧。");
        }
        else if (ranking == 3)              //拿到铜牌时
        {
            Console.Write("小龙女：");
            Console.Write("不错，过儿继续加油，这是给你的玉蜂浆。");
        }
        else                          //什么也没拿到时
        {
            Console.Write("小龙女：");
            Console.Write("你太令我失望了，我不想再见到你。");
        }
        }
    }
```

代码虽然解决了这个问题，可是看上去很啰嗦。这个问题跟上一个问题（对杨过的考试成绩进行奖惩）比起来有什么不同？显然，这个问题是等值的判断，上一个问题是区间判断。对此，C#为程序员提供了另一种结构，可以方便地解决等值的判断问题，这就是 switch 结构。

3.3.2 switch 结构概述

上面提到了 switch 结构可以更好地解决等值判断的问题，那么 switch 结构是什么样的呢？

```
语法
switch（int/char/string 表达式）
{
```

```
case 常量表达式 1:
    语句 1
    break;
case 常量表达式 2:
    语句 2
    break;
...
default:
    语句 n;
    break;
}
```

这里的 switch、case、default、break 都是 C#关键字。switch 结构一下子用到了 4 个关键字，不要慌，这些都是很好理解的。下面一起来认识。

- switch：表示“开关”，这个开关就是 switch 关键字后面小括号里的值，小括号里要放一个整型变量或字符型变量或字符串型变量。
- case：表示“情况，情形”，case 后必须是一个整型或字符型或字符串型的常量表达式，通常是一个固定的字符、字符串、数字。例如，8、‘a’、“金牌”。case 块可以有多个，顺序可以改变，但是每个 case 后常量值必须各不相同。
- break：表示“停止”，即跳出当前结构。

> **注意**　C#语言要求每个 case 和 default 语句中都必须有 break 语句，除非两个 case 中间没有其他语句，那么前一个 case 结构可以不包含 break。这一点是与 Java 语言有区别的。

知道了 switch 结构的语法，那么 switch 结构的执行过程是怎样的呢？具体如下所述。先根据 switch 后面小括号里的变量的值按顺序跟每个 case 后的常量比较，当遇到二者相等的时候，执行这个 case 块中的语句，遇到 break 时就跳出 switch 结构，执行 switch 结构之后的语句。如果没有任何一个 case 后的常量跟小括号中的值相等，则执行 switch 末尾部分的 default 块中的语句。

知道了执行过程，读者是否可以根据笔者的描述画出流程图呢？

3.3.3　使用 switch 结构进行等值判断

了解了 switch 结构的语法和执行过程之后，就用 switch 结构来解决刚才提及的那个等值判断的问题。具体代码如下。

```
class SwitchStructureSample
    {
        public void ShowSwitchStructureSample()
        {
          int ranking = 1;                  //第一名，即获得金牌
          switch (ranking)
          {
              case 1:                   //拿到金牌时
                  Console.Write("小龙女：");
                  Console.Write("过儿，我们成亲吧！");
                  break;
              case 2:                   //拿到银牌时
                Console.Write("小龙女：");
```

```
14.                 Console.Write("不错，过儿真棒，我们一起来练玉女心经吧。");
15.                 break;
16.             case 3:                          //拿到铜牌时
17.                 Console.Write("小龙女：");
18.                 Console.Write("不错，过儿继续加油，这是给你的玉蜂浆。");
19.                 break;
20.             default:                         //什么也没拿到时
21.                 Console.Write("小龙女：");
22.                 Console.Write("你太令我失望了，我不想再见到你。");
23.                 break;
24.         }
25.     }
26. }
```

输出结果如图 3-8 所示。

图 3-8　输出结果

可见，代码中第 6 行代码，括号中的 ranking 的值为 1，与第一个 case 后的值匹配，因此执行其后面的语句，打印输出“小龙女：过儿，我们成亲吧！”。然后执行语句 break;，执行结果是跳出整个 switch 结构。

和 3.3.1 节中的代码比起来，3.3.3 节的代码是不是看起来更清晰一些？其实两者完成的功能是完全一样的。但是，并非所有的多重 if 结构都可以使用 switch 结构代替。通过观察不难看出，switch 结构的条件只能是等值的判断，而且只能是整型或字符型或字符串型的等值判断。也就是说，switch 结构只能判断一个整型变量是否等于某个整数值的情况，或是一个字符型变量是否等于某个字符的情况，或是一个字符串型是否等于某个字符串的情况，并且每一个 case 后面的值都不同。而多重 if 结构既可以判断条件等值的情况，也可以判断条件是区间的情况。

经验：每个 case 后可以有多个语句，也就是说可以有一组语句，而且不需要用“{ }”括起来，case 和 default 后都有一个冒号，不要忘记了，否则编译无法通过。还有一点需要注意的是，不要漏写 break。

上面笔者提到过，有一种情况下可以不写 break，就是几个 case 之间没有其他语句的情况。在上机指导实验三中一起来看一个关于这种情况的问题。

3.4　综合运用：模拟会员幸运抽奖

学了这么多，该练练手了，请看下面这个问题。购物中心为了酬谢广大客户，推出礼品馈赠活动，凡具有一定积分（要求积分大于 3000）的会员均有机会获奖，一等奖奖励苹果笔记本电脑一台，二等奖奖励诺基亚 N73 手机一个，三等奖奖励 MP3 一个，其他则赠送精美挂历一份。

分析：首先要处理用户输入的会员号（长度不等于 4 为不合法），可以使用 String 类中的 Lenth 属性得到字符串的长度进行判断；其次需要判断用户输入的积分，如果积分大于 3000 才有机会参加抽奖，这可以使用 if 结构进行判断；再次，需要获得一个随机数来决定奖项，可以使用 Random 类获得，然后再用 switch 结构来判断输出。哇，要处理的还真多，读者不要被吓到了，一起来试试吧！

根据分析，笔者动手编程了，写出了以下代码。

```
class MemberLuckyDraw
 {
 public void ShowMemberLuckyDraw()
 {
 Console.WriteLine("请输入您的会员号（4位）：");
 string members = Console.ReadLine().Trim();     //接收会员号
 //当输入的会员号长度不为4时
 if (members.Length != 4)
 {
     Console.WriteLine("对不起，您输入的会员号不合法！");
 }
 else
 {
     Console.WriteLine("请输入您的积分：");
    int integral = int.Parse(Console.ReadLine().Trim()); //接收积分
    if (integral > 3000)                     //积分大于3000才进行抽奖
    {
       Console.WriteLine("尊敬的客户：");
       Console.WriteLine("您好，您将参与本中心推出的幸运抽奖活动！");
       Console.WriteLine("请按下回车键开始幸运抽奖...");
       Console.ReadLine();                   //等待用户按键
       Console.WriteLine("\n\n\n");  //换4行
       Console.WriteLine("****************幸运抽奖*****************");
       //获得一个大于等于0小于100的随机数
       int random = new Random().Next(0, 100);
       switch (random)                       //根据获得的随机数判断输出
       {
           case 1:                     //当随机数为1时
               Console.WriteLine("尊敬的{0}号会员：", members);
               Console.WriteLine("您好！恭喜您获得一等奖，"+
                   "请速来中心领取苹果笔记本电脑一台。");
               break;
           case 2:                     //当随机数为2时
               Console.WriteLine("尊敬的{0}号会员：", members);
               Console.WriteLine("您好！恭喜您获得二等奖，"+
               "请速来中心领取诺基亚N73手机一个。");
               break;
           case 3:                     //当随机数为3时
               Console.WriteLine("尊敬的{0}号会员：", members);
               Console.WriteLine("您好！恭喜您获得三等奖，"+
               "请速来中心领取MP3一个。");
               break;
           default:                          //当随机数不是1或2或3时
               Console.WriteLine("尊敬的{0}号会员：", members);
                Console.WriteLine("您好！恭喜您获得精美挂历一份。");
                break;
        }
```

```
48.         }
49.         else                                    //积分小于 3000，不参与抽奖
50.         {
51.             Console.WriteLine("尊敬的{0}号会员：", members);
52.             Console.WriteLine("您好，谢谢您对中心的支持！");
53.         }
54.     }
55.     Console.ReadLine();
56.     }
57. }
```

运行后，输出结果如图 3-9 所示。

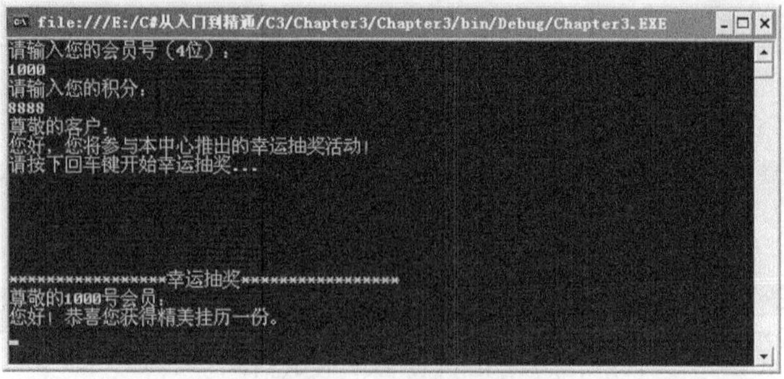

图 3-9　输出结果

在代码中，第 13 行到第 52 行语句都包含在第一个 if 结构的 else 里面，当会员号的长度正确时，就会执行这些语句。第二个 if 结构嵌套在第一个 if 结构的 else 里，而第 17 行到第 46 行代码包含在这个 if 结构的 if 里，当该会员的积分大于 3000 才会执行这些语句，笔者写的 switch 结构就放在这一块里面。获得随机数后，根据随机数进行判断输出。读者理清了思路了吗？如果还不清楚，画个流程路看看吧。

注意　在 C#中是怎么产生随机数的呢？在代码中，读者发现了吗？第 20 行代码中的"new Random().Next(0,100)"就是用来产生大于等于 0 而小于 100 的随机整数的。其语法如下：

```
new Random().Next(minValue,MaxValue);
```

其中，minValue 表示返回的随机数的下界（随机数可取该下界值），maxValue 表示要生成的随机数的上界（随机数不能取该上界值），并且 maxValue 必须大于等于 0。

3.5　常见错误

学了这么多，估计读者早就跃跃欲试了，但是有时候为什么自己做的小程序非但无法达到理想的效果，编译器还报错了，这是怎么回事呢？笔者列出一些常见错误，希望读者能够从中获取经验。

（1）条件结构没有写在 Main()方法里，如：

```
错误示例 1
    class Program
    {
        int number=8;
        if(number>8)
        Console.WriteLine(number);
```

```
        static void Main(string[] args)
        {
        }
    }
```

运行时，编译器会显示如图 3-10 所示的错误信息。

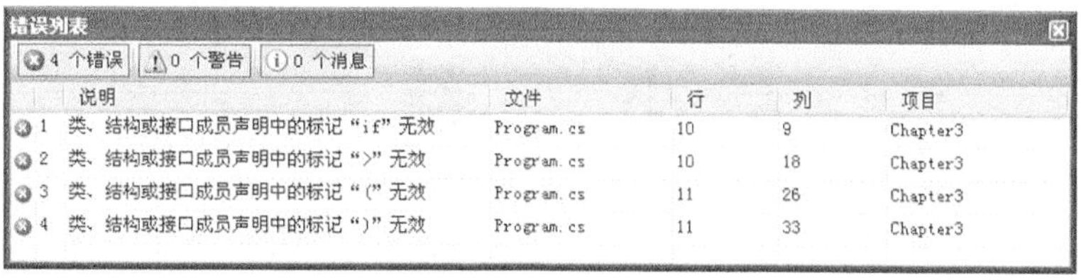

错误列表
4 个错误　0 个警告　0 个消息
说明　文件　行　列　项目
1　类、结构或接口成员声明中的标记“if”无效　Program.cs　10　9　Chapter3
2　类、结构或接口成员声明中的标记“>”无效　Program.cs　10　18　Chapter3
3　类、结构或接口成员声明中的标记“(”无效　Program.cs　11　26　Chapter3
4　类、结构或接口成员声明中的标记“)”无效　Program.cs　11　33　Chapter3

图 3-10　错误示例 1 的错误列表

解决方法：将这段语句写在 Main()方法的大括号里面。

（2）写 switch 结构时，忘记了写 break 语句。比如把代码中的 break 去掉，编译时，VS 提示了如图 3-11 所示的错误。

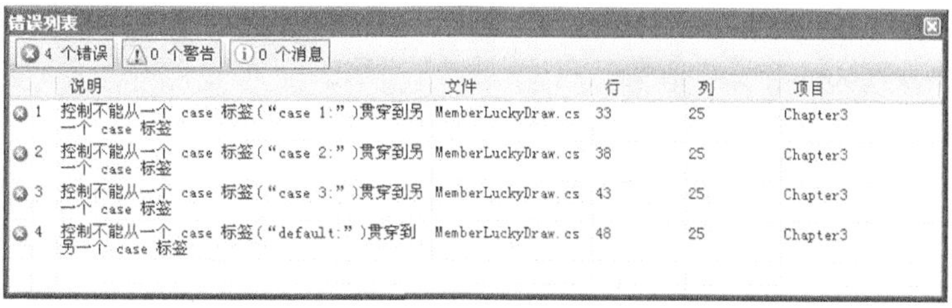

错误列表
4 个错误　0 个警告　0 个消息
说明　文件　行　列　项目
1　控制不能从一个 case 标签(“case 1:”)贯穿到另一个 case 标签　MemberLuckyDraw.cs　33　25　Chapter3
2　控制不能从一个 case 标签(“case 2:”)贯穿到另一个 case 标签　MemberLuckyDraw.cs　38　25　Chapter3
3　控制不能从一个 case 标签(“case 3:”)贯穿到另一个 case 标签　MemberLuckyDraw.cs　43　25　Chapter3
4　控制不能从一个 case 标签(“default:”)贯穿到另一个 case 标签　MemberLuckyDraw.cs　48　25　Chapter3

图 3-11　缺少 break 语句的错误列表

解决方法：在每个 case 后面补上 break。

（3）if 后面的小括号里放的不是一个条件表达式。如：

```
错误示例 2
    int number1 = 1;
    int number2 = 2;
    if(number1+number2)
    {
        Console.WriteLine(number1+number2);
    }
```

编译时，就报错了，如图 3-12 所示。

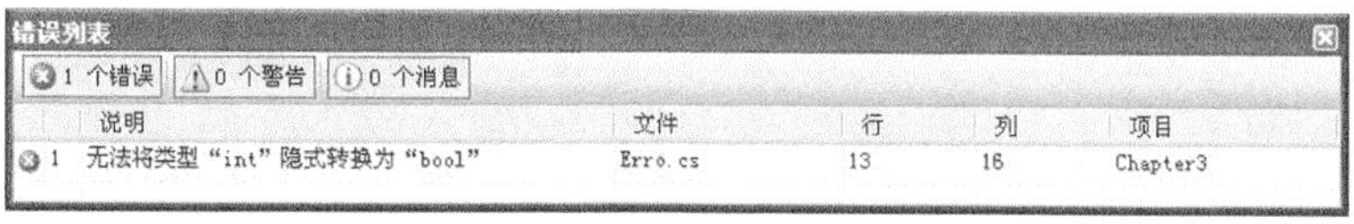

图 3-12　错误示例 2 的错误列表

从图 3-12 可以得知，关键字 if 后面的小括号里的条件必须是一个条件表达式（也称布尔表达式），即表达式的值必须为布尔类型 true 或 false。

解决方法：将 if 后面的小括号里的表达式修改为条件表达式，比如 number1+number2 > 0。

在编程时，读者一定要细心、冷静，不要被一堆错误吓倒，而要在错误中吸取教训。下面是笔者的一些经验。

- 出现一大堆错误时，要先找到最关键的错误。
- 改正错误时，往往从最上面的一条错误信息开始。
- 仔细观察错误列表，结合代码进行思考。
- 双击错误列表中的信息，可以快速定位到出错的代码。

小　结

本章主要学习了 C#中的语句结构，包括 bool 类型，if 条件结果和 switch 结构，其中重点应该掌握 if 判断语句和多重 if 嵌套判断语句以及 switch 判断语句，这些都是基本的学习要点。读者私下可以多多练习。通过本章的学习，读者可以编写简单的判断小程序，为下面的学习做好铺垫准备。

习　题

3-1　如何为一个 bool 变量赋值？

3-2　if 结构和 switch 结构分别用在什么情况下？

3-3　谈谈 if 结构和 switch 结构的区别？

3-4　什么是等值判断？

3-5　说说多重 if 结构和嵌套 if 结构的区别。

3-6　如果 switch 结构中没有以 break 语句结束，会出现什么情况？

上机指导

实验一　if-else 结构

实验内容

根据输入的成绩，输出相应的语句，如果杨过的体育成绩大于 90 分，而且音乐成绩大于 80 分，输出奖励；如果杨过的体育成绩为 100 分，音乐成绩大于 60 分，也输出奖励；其他成绩则不输出奖励。

实验目的

巩固知识点——if-else 结构。根据实验内容我们可以了解到首先有输出奖励和不输出奖励，那么我们可以使用 if-else 结构来判断。

实验思路

结合 if-else 流程图，使用 if-else 结构来进行造句吧！写出下面代码来解决刚才的问题。

```
class TestOfIfAndElse
{
        public void ShowTestOfIfAndElse()
        {
        Console.WriteLine("请输入杨过的体育成绩：");
```

```
        int sportsScore;                  //体育成绩
        sportsScore = int.Parse(Console.ReadLine());
        Console.WriteLine("请输入杨过的音乐成绩：");
        int musicScore;                   //音乐成绩
        musicScore = int.Parse(Console.ReadLine());
        /*如果杨过的体育成绩大于 90 分，而且音乐成绩大于 80 分，输出奖励
        * 如果杨过的体育成绩为 100 分，音乐成绩大于 60 分，也输出奖励
        */
        if ((sportsScore > 90 && musicScore > 80) ||
            (sportsScore == 100 && musicScore > 60))
        {
          Console.Write("小龙女：");
            Console.Write("不错，过儿继续加油，这是给你的玉蜂浆。");
        }
        else                          //如果上面的条件不成立，则输出惩罚
        {
            Console.Write("小龙女：");
            Console.Write("一定是你偷懒了，罚你从明天起每天晨练一小时。");
        }
         Console.ReadLine();
       }
   }
```

运行后，输出结果如图 3-13 所示。

图 3-13　输出结果

实验二　选择判断

实验内容

本实验根据学生成绩的多少，来判断是优、良、及格和不及格，成绩在 85 分以上属于优，70～85 分之间属于良，60～70 分属于及格，60 分以下的属于不及格。大家根据情况使用 if 结构语句或者 switch 结构语句。

实验目的

巩固知识点——多重 if 条件结构，有上实验内容可知，在判断有选择区间的时候是适合 if 条件结构的，而 switch 结构可以更好地解决等值判断类的问题，所以在这个实验中我们选择 if 条件结构。

实验思路

有上实验可以得出要进行 4 次判断，分别是优、良、及格和不及格，那么我们可以使用多重 if 条件结构。下面是操作步骤。

（1）新建控制台项目，命名为 TypeScore。

（2）整理思路后，代码如下：

```
class TypeScore
{
    static void Main(string[] args)
    {
        int score= 45;       //分数
        if (score >= 85)
        {
            Console.WriteLine("成绩优！");
        }
        else if(score >=70)
        {
            Console.WriteLine("成绩良。");
        }
        else if (score >= 60)
        {
            Console.WriteLine("成绩及格。");
        }
        else
        {
            Console.WriteLine("成绩不及格。需努力哦");
        }
    }
}
```

实验三　switch 结构

实验内容

输入一个时间（整数），首先判断是不是有效时间（即是不是属于 1～24）。接下来再判断，如果时间在 6～10 点之间，输出“上午好”；时间在 11～13 点之间，输出“中午好”；时间在 14～18 之间，输出“下午好”；其他情况输出“休息时间”。

实验目的

巩固知识点——switch 结构。当 case 满足其的条件都做相同的事情，就可以把这些 case 放在一起，在最后一个 case 中编写处理代码。

实验思路

根据实验内容可知，我需要做等值判断，那么根据以上条件我们整理代码如下：

```
class Time
    {
        public void ShowTime()
        {
          Console.WriteLine("请输入当前时间（整点）：");
          string time = Console.ReadLine(); //接收输入
          //判断是否是有效时间
          if (int.Parse(time) < 1 || int.Parse(time) > 24)
          {
              Console.WriteLine("您输入的不是有效时间！");
          }
          else
          {
             switch (time)                    //根据时间范围判断输出
```

```
            {
                //当时间在 6~10 点之间，输出“上午好！”
        case "6":                    //没有语句，可以不要 break，下面的类似
                case "7":
                case "8":
                case "9":
         case "10":
                    Console.WriteLine("上午好！");
                    break;
                //当时间在 11~13 点之间，输出“中午好！”
                case "11":
                case "12":
                case "13":
                    Console.WriteLine("中午好！");
                break;
                //当时间在 14~18 点之间，输出“下午好！”
                case "14":
                case "15":
                case "16":
                case "17":
                case "18":
                     Console.WriteLine("下午好！");
                    break;
                default:              //其他情况输出休息时间
                     Console.WriteLine("休息时间！");
                    break;
            }
        }
    }
}
```

代码运行后，输出如图 3-14 所示。

图 3-14　输出结果

在这个例子中可以看出，如果有几个 case，当满足其条件时都做相同的事情，就可以把这些 case 放在一起，在最后一个 case 中编写处理代码。case 中如果不包含其他语句，就不需要 break。

第 4 章 C#中的循环

在第 3 章的学习中，读者已经掌握了条件结构。使用条件结构可以使程序实现判断逻辑。但是，这些还不够，在本章，读者将学习循环结构。有了循环结构，有利于利用计算机强大的计算能力，让程序实现繁重的计算任务。同时循环结构还可以简化程序编码，更好地实现理想的效果。

4.1 基本循环

为什么需要循环？先一起来看一个问题：李逍遥决定对赵灵儿说 10000 遍“我爱你”，以表达自己对赵灵儿的真心。想好了以后，李逍遥打算用 C#程序写给赵灵儿看。10000 遍不是一个小数目，但是李逍遥说到做到，坚持把 10000 遍写完了，如下代码所示。

```
class ILoveYou1
  {
  public static void ShowILoveYou()
  {
  static void Main(string[] args)
   {
     Console.WriteLine("第 1 遍说：我爱你！");
     Console.WriteLine("第 2 遍说：我爱你！");
     Console.WriteLine("第 2 遍说：我爱你！");
     //此处省略 9995 条输出语句
     Console.WriteLine("第 9999 遍说：我爱你！");
     Console.WriteLine("第 10000 遍说：我爱你！");
   }
  }
 }
```

这个工程有些巨大，李逍遥写了 1 天才完成。拿给赵灵儿看后，赵灵儿果然被感动了，但是赵灵儿绝顶聪明，说事情还有更简单的做法。于是给李逍遥指点了一招：循环结构。那么循环结构是什么呢？一起来见识下。

4.1.1 while 循环

首先回到刚才这个问题。李逍遥得到赵灵儿指点后，马上就学会了。刚才上万行的代码只需要短短几句就搞定了，如下代码所示。

```
class ILoveYou2
    {
        public static void ShowILoveYou()
        {
          int i = 1;
          //使用while循环，当i<10000时执行循环执行
          while (i<=10000)
          {
              Console.WriteLine("第"+i+"遍说：我爱你");
              i++;  //i+1
          }
          Console.ReadLine();
        }
    }
```

屏幕闪动，输出了 10000 条“我爱你”，如图 4-1 所示。

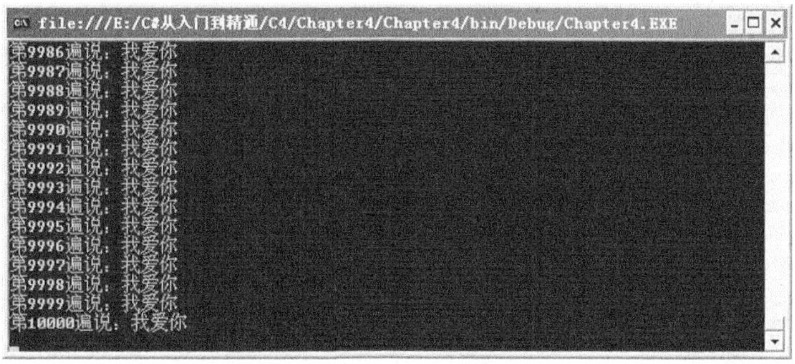

图 4-1　10000 遍“我爱你”

已经见识了循环结构的威力，可到底什么是循环结构呢？分析上面的例子，就可以得知，循环就是重复地做一件事：重复地说“我爱你！”。无论是生活中还是 C#中，所有的循环结构都有这样的特点：首先，循环不是无休止进行的，满足一定条件的时候循环才会继续，称为“循环条件”，循环条件不满足的时候，循环退出；其次，循环结构是反复进行相同的或类似的一系列操作，称为“循环操作”。

例如，打印 50 份试卷、滚动的车轮，这些是生活中的循环结构。表 4-1 列举了这两个循环结构的共同特征。

表 4-1　循环结构的共同特征

循环结构	循环条件	循环操作
打印 50 份试卷	只要打印的试卷份数不足 50 份就继续打印	打印一份试卷，打印过的总份数加 1
滚动车轮	没有到目的地就继续	车轮滚一圈，离目的地更近一点

已经了解了循环结构的构成和特点。那么程序中的循环结构是什么样子呢？回来看看刚才的代码，其中使用了 while 循环。C#中的循环结构有 4 种实现方式：while 循环、do-while 循环、for 循环和 foreach 循环。本章将介绍这 4 种循环结构。

现在一起来看看 while 循环是怎么使用的。

```
语法
while(循环条件)
{
```

```
    循环操作
}
```

关键字 while 后的小括号中是循环条件，循环条件是一个布尔表达式，其值为布尔类型‘真’或‘假’，比如 i<=100。{}中的语句统称为循环操作，又称循环体。如图 4-2 所示，while 循环的执行顺序如下：首先，判断循环条件是否满足，如果满足就执行循环操作，否则退出循环；执行完循环操作后，回来再次判断循环条件，决定继续执行循环或推出循环。

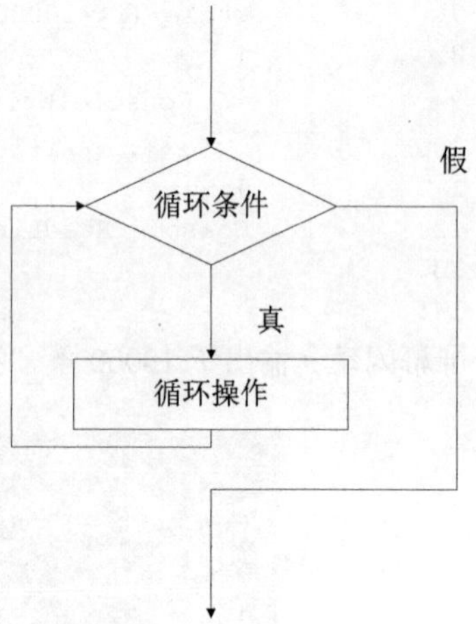

图 4-2　while 循环的流程图

规范：注意换行和代码缩进，大括号要和 while 关键字对齐。循环体部分保持对齐，要与 while 关键字保持一定的缩进。

大家思考：如果第一次判断循环条件就不满足，循环操作会不会执行？结合流程图可以看出，while 循环首先判断循环条件是否满足，如果第一次循环条件就不满足，直接跳出循环，循环操作一遍都不会执行。这是 while 循环的一个特点：先判断，后执行。

可见，流程图是帮助大家理解循环结构和体会几种循环区别的很好工具，大家要好好利用。

4.1.2　while 的使用

问题总是接踵而来：

李逍遥为了打败拜月教主，锲而不舍地练习。赵灵儿在旁边指导。

李逍遥：“灵儿，可以了吗？我可以捏死拜月了。”。

赵灵儿：“逍遥哥哥，还差得远呢，加油啊！”。

李逍遥：“灵儿，我一定会打败拜月的。然后我们一起开开心心、快快乐乐地去浪迹天涯！李逍遥，加油！”。

李逍遥更努力了：继续每天刻苦训练，连喝咖啡的时间都用来练剑。

经验：采用 while 循环解决问题的时候通常采用这样的步骤。（1）分析循环条件和循环操作；（2）套用 while 语法写出代码；（3）检查循环是否能够退出。

那么如何用程序来讲述这个故事呢？这个故事明显是一个反复的过程，符合循环结构特点。那么，这个问题的循环条件是：赵灵儿没有给出满意的评价，李逍遥就继续努力练剑。循环操作是：每天刻苦练剑。可以通过控制台输入 y 或 n 来描述灵儿的评价是“满意”还是“不满意”，根据这个条件，决定是否执行循环操作。套用 while 语法，代码如下。

```
class WhileSample1
{
    public static void ShowWhileSample()
    {
        Console.WriteLine("李逍遥：我可以打败拜月了吗？(y/n)");
        //获取用户输入，去掉空格，将输入的字母转化成小写
        string answer = Console.ReadLine().Trim().ToLower();
        while (answer != "y")  //只要输入的不是“y”，就执行循环操作
        {
```

```
                Console.WriteLine("李逍遥：");
                Console.WriteLine("训练训练坚持训练！");
                Console.WriteLine("抓紧抓紧抓紧时间！咖啡以后可以喝。");
                Console.WriteLine("加油！我李逍遥一定能打败拜月");
                Console.WriteLine("李逍遥：我可以打败拜月了吗？(y/n)");
                //获取用户输入，去掉空格，将输入的字母转化成小写
                answer = Console.ReadLine().Trim().ToLower();
            }
            Console.WriteLine("灵儿：逍遥哥哥，你真棒！");
            Console.ReadLine();
        }
    }
```

在运行该程序时，只有当用户输入 y（不分大小写）的时候，循环才退出。运行效果如图 4-3 所示。

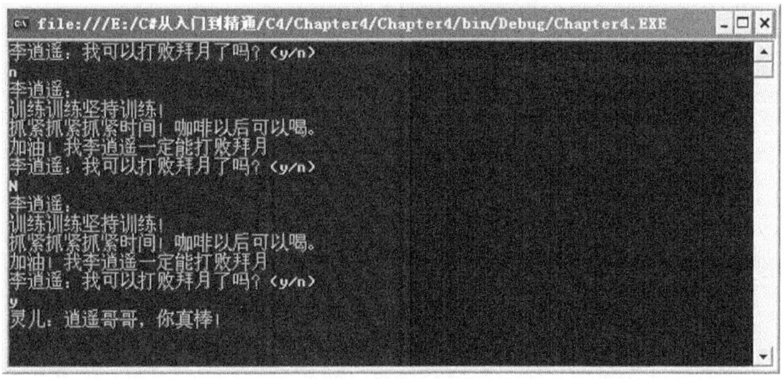

图 4-3 运行结果

看到循环结构的强大威力了吧！使用好循环结构不仅可以简化代码，还可以帮助程序员解决很多以前力所不能及的问题。

4.1.3 while 循环常见错误

已经学会如何使用 while 循环了，现在一起来看一下用 while 循环容易犯的错误。大家要好好体会，以免重蹈覆辙。

问题：打印 8 遍“我能行”。

张三根据问题写出了如代码所示。

```
static void Main(string[] args)          //程序入口
{
    int i = 1;                           //定义循环变量
    while (i < 8)                        //使用 While 循环
    {
        Console.WriteLine("我能行！");
        i++;
    }
    Console.Read();
}
```

代码运行效果如图 4-4 所示，只打印了 7 遍。

图 4-4　运行结果

张三的代码错在哪里呢？仔细查看示例中的代码，从 i 的值为 1 的时候开始循环，根据循环条件 i<8，i 的值等于 7 的时候打印第 7 遍，到 i 的值为 8 的时候，循环条件已经不满足，循环就退出了，所以打印了 7 遍。

排错方法：将循环条件修改为 i<=8，或者将“int i=1”修改为“int i=0”。

同样的问题，李四写出了代码。

```
static void Main(string[] args)                   //程序入口
{
    int i = 0;                                     //定义循环变量
    while (i > 8)                                  //使用 While 循环
    {
        Console.WriteLine("我能行! ");
        i++;
    }
    Console.Read();
}
```

运行代码，结果一次都没有输出，如图 4-5 所示。

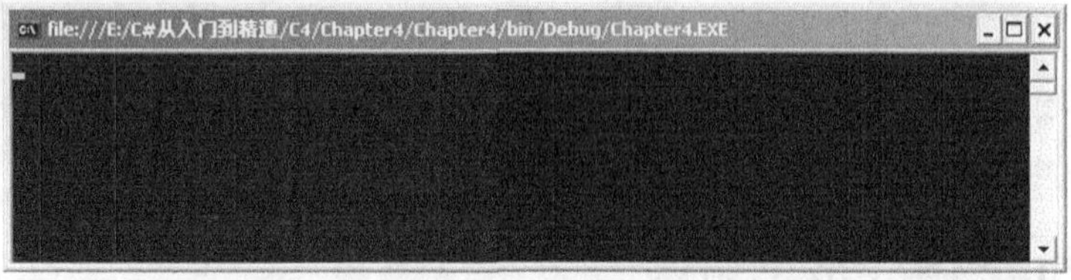

图 4-5　运行结果

这可更坏了，张三的好歹能输出 7 次，可李四编写的竟然一次都不输出，错在哪里呢？不要急躁，一起来分析程序的执行过程，i 的初始值为 0，执行循环前首先判断循环条件 i>8，循环条件不满足，循环退出。

排错方法：将循环条件改为 i<8。

经验：编写循环结构的代码出错时，仔细分析循环的初始条件和循环条件，分析循环的执行过程，往往就能发现问题，解决问题。

老是出错，估计读者都有些厌烦了。其实，对于一个软件工程师来说，花在写代码和排除程序错误的时间几乎是对等的，甚至花在排错上的时间更多。就像常听说的“编码经验”这个词，一般不是体现在写程序上，而是体现在代码排错的能力上。所以，读者一定要从一开始就注意培养这方面的能力。

代码排错的能力不是仅仅靠书本上的知识就能培养起来的，一定要多编代码，有错误一定要亲身体会一下印象才会深刻。代码编得越多，解决过的各种各样的程序问题也就越多，编码经验也就越丰富。

4.1.4　do-while 循环

通过前面的学习可以得知，当一开始循环条件不满足的时候，while 循环一遍也不会执行。但是有的时候，又有这样的需求：无论如何循环都要执行一遍，再判断循环条件是否继续执行。do-while 循环就满足了这样的需求。也就是说，do-while 循环是一种至少要执行一遍循环操作的循环结构。为了更好地让读者理解，仍然针对问题进行讲解。

问题：杨过苦练了数月，眼看奥运会在即，小龙女提议“咱俩比试下吧，如果你能胜我，以后就不需要晨练了，否则每天都要训练，每天都要比试，直到你胜了我为止！”杨过欣然同意。

分析： 这次和代码 4-3 中的情况不同了，要先比试一次（执行循环操作），然后再根据比赛结果（判断循环条件）看是否要继续训练，继续比试。while 循环的特点是先判断，再执行，已经不适合这种情况了，这时候需要 do-while 循环来解决问题。

那么什么是 do-while 循环？一起来看看 do-while 循环是什么样子的。

```
语法
do
{
   循环操作
}while(循环条件);
```

从语法可以看出，和 while 循环不同，do-while 循环以关键字 do 开头，然后是大括号括起来的循环操作；然后才是 while 关键字，和紧随的小括号括起来的循环条件。最后需要注意的是，do-while 以分号结尾。

do-while 循环的执行顺序如图 4-6 所示：首先，执行一遍循环操作，然后判断循环条件，如果循环条件满足，循环继续执行，否则退出循环。do-while 循环的特点是：先执行，再判断。根据 do-while 循环的执行过程可以看出，循环操作至少被执行一遍。

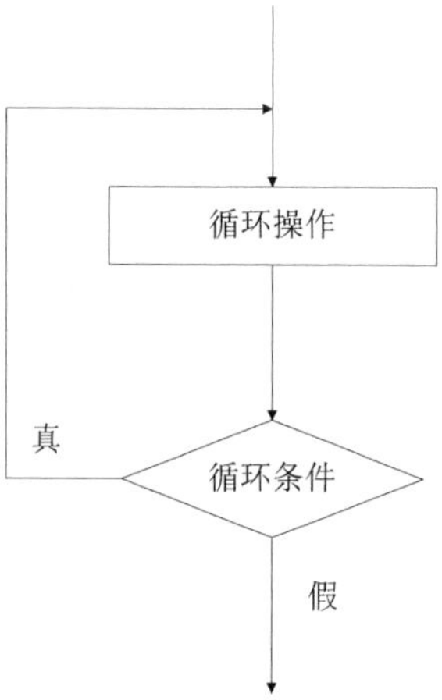

图 4-6　do-while 循环的流程图

4.1.5　do-while 循环的使用

现在笔者就使用 do-while 循环解决 4.1.4 小节提出的问题。使用 do-while 循环解决问题的步骤与采用 while 循环解决问题的步骤是类似的：（1）分析循环条件和循环操作；（2）套用 do-while 语法写出代码；（3）检查循环是否能够退出。

循环条件是：打不过小龙女。循环操作：继续训练，和小龙女比试。套用 do-while 语法写出的代码。

```
class DoWhileSample
    {
        public static void ShowDoWhileSample()
        {
            string answer = "";       //回答
            do                        //执行一遍
            {
                Console.WriteLine("杨过：训练训练坚持训练！");
                Console.WriteLine("早上跑步，中午练剑，晚上学习！");
                Console.WriteLine("可以打败姑姑了吗？（y/n）：");
```

```
                answer = Console.ReadLine().Trim().ToLower(); //接收用户输入
            } while (answer != "y");  //只要输入的不是“y”，继续循环
            Console.WriteLine("过儿真厉害，可以参加比赛了！");
            Console.ReadLine();
        }
    }
```

最后检查一下，当输入 y 的时候，循环可以退出。搞定！运行效果如图 4-7 所示。

图 4-7 运行结果

下面拿起笔来写一个小程序吧！

问题：连续输入武侠剧里面的侠士或侠女的名字，直到输入 s 时停止。

请读者先不要看下面的代码，检验一下自己是否已经理解了 do-while 循环结构。

```
class Wuxia
    {
        public static void ShowWuxia()
        {
            string name;    //姓名
            do
            {
                Console.WriteLine("请输入你心中的侠士（侠女）的名字：");
                name = Console.ReadLine().Trim(); //接收名字
            } while (name != "s");     //只要输入的不是“s”，继续执行循环操作
            Console.WriteLine("程序结束！");
        }
    }
```

4.1.6 while 循环和 do-while 循环的区别

学了 while 循环和 do-while 两种循环，做了这么多练习，相信读者已经有所体会了。那么，这两种循环结构具体有什么异同呢？

（1）相同处：都是循环结构，使用“while（循环条件）”表示循环条件，使用大括号将循环操作括起来。

（2）不同处。

- 语法不同。与 while 循环相比，do-while 循环将 while 关键字和循环条件放在后面，而且前面多了 do 关键字，后面多了一个分号。
- 执行次序不同。while 循环先判断，再执行；do-while 循环先执行，再判断。
- 一开始循环条件就不满足的情况下，while 循环一次也不会执行，do-while 循环则不管什么情况都至少执行一遍。

往往将可以比较的知识点进行对比，可以使自己对这些知识点更明了，以便自己掌握得更加牢固。比如刚才的 while 循环和 do-while 循环的对比。其实还有许多可以对比的知识点，比如条件结构中的 if 结构和 switch 结构。当然对比还可以不局限于 C#知识，如果学过其他编程语言，也可将相近的知识点拿来对比。比如 Java 中的 switch 结构就和 C#中的 switch 结构有许多异同，在这里笔者就不列举了，只是希望读者能够多使用对比的方法，多总结。

4.1.7 for 循环

使用 while 循环，李逍遥最终很轻松地解决了一个难题，说一万遍“我爱你”，充分显示了李逍遥对赵灵儿的一片深情。读者仔细观察下 4.1.1 小节的代码，就会发现，这里的循环次数 10000 已经固定，这是可以用 for 循环来实现。

```
class ILoveYou3
    {
        public static void ShowILoveYou()
        {
            for (int i = 0; i < 10000; i++)
            {
                Console.WriteLine("我爱你! ");
            }
            Console.ReadLine();
        }
    }
```

读者仔细比较 4.1.1 小节的代码和本节的代码，将两者运行后，是不是运行结果相同呢？没错，运行结果完全一致。而且本节代码看起来也更加简洁。这就是 for 循环。for 循环将循环结构的 4 个组成部分集中体现在一个 for 结构中，更加清晰。因此，在解决有固定循环次数的问题时，就可以首选 for 循环结构。接触了 for 循环，再来分析下循环结构。总结起来，循环可以划分成 4 个部分。

- 初始部分：设置循环的初始状态，比如设置记录循环次数的变量 i 为 0。
- 循环体：重复执行的代码，如前面输出的“我爱你!”。
- 迭代部分：下一次循环开始前要执行的部分，在 while 循环中其包含在循环体中，比如“i++;”进行循环次数的累加。
- 循环条件：判断是否继续循环的条件。比如使用“i<10000”判断循环次数是否已经达到 10000 次。

在 for 循环中，这几个部分同样必不可少，不然循环就出错。for 循环的一般格式如下：

```
语法:
for(表达式 1;表达式 2;表达式 3)
{
    //循环执行的语句
}
```

记住，这里 for 就是此循环结构的关键字。每个表达式的含义见表 4-2。

表 4-2　　for 循环中 3 个表达式的含义

表达式	形　式	功　能	举　例
表达式 1	赋值语句	循环结构的初始部分，为循环变量赋初值	int i = 0
表达式 2	条件语句	循环结构的循环条件	i < 10000
表达式 3	赋值语句，通常使用++或--运算符	循环结构的迭代部分，通常用来修改循环变量的值	i ++

注意 for 关键字后面括号中的 3 个表达式必须要用“;”隔开。

for 循环中的这 3 个部分以及{}中的循环体使循环结构必需的 4 个组成部分完美地结合在了一起，非常简明。了解了 for 循环的语法，那么其执行过程是怎样的呢？

for 循环的执行顺序如下。

（1）执行初始部分（int i = 0;）。

（2）进行循环条件判断（i<10000;）。

（3）根据循环条件判断结果。如果为 true，执行循环体；如果结果为 false，退出循环，第（4）、第（5）步均不执行。

（4）执行迭代部分，改变循环变量值（i++）。

（5）重复第（2）、第（3）、第（4）步，依次进行直到退出 for 循环结构。

可见，在 for 循环中，表达式 1 这个初始部分仅仅执行了一次。

4.1.8 for 循环的使用

for 循环结构这么强大，使用起来也不难，一起来解决下面的问题吧！

问题：循环输入高三某学生的 6 门成绩，并计算平均分。

分析：很明显，循环次数是 6 次，因此优先选择 for 循环。使用的步骤与使用 while/do-while 一样，首先要明确循环条件和循环操作，这里循环条件是“循环次数不足 6 次，继续执行”，循环操作是“录入成绩，并计算成绩的和”。然后，套用 for 循环的语法写出代码。最后，别忘记了检查循环是否能够退出。

根据分析，写出代码如下。

```
class ForSample1
{
    public static void ShowForSample1()
    {
        int score;        //每门课的成绩
        int sum = 0;      //成绩之和
        double avg;       //平均分
        Console.WriteLine("请输入学生姓名: ");
        string name = Console.ReadLine();  //输入姓名
        for (int i = 0; i < 6; i++)
        {
            Console.WriteLine("请输入第" + (i + 1) + "门课的成绩: ");
            score = int.Parse(Console.ReadLine());    //录入成绩
            sum = sum + score;                //计算成绩和
        }
        avg = sum / 6;                        //计算平均分
        Console.WriteLine(name + "的平均分是: " + avg);
        Console.ReadLine();
    }
}
```

运行结果如图 4-8 所示。

图 4-8　运行结果

在代码中，声明循环变量 i。“int i = 0”是初始部分，用来记录循环次数。“i<6”是循环条件，“i++”是迭代部分。整个循环过程是：首先执行初始部分，即 i=0，然后判断循环条件，如果为 true，则执行一次循环体。循环体结束后，执行迭代部分 i++，然后再判断循环条件，如果为 true，继续执行循环体、迭代部分等，直到循环条件为假，退出循环。

好好体会一下 for 循环结构的各个部分的执行顺序，就可以发现表达式 1 只执行了一次，表达式 2 和表达式 3 则可能执行多次。循环体可能多次执行，也可能一次都不执行。现在学会 for 循环了，赶快拿起笔，动手试一试解决下面这个问题吧！

问题：输入随意一个整数，根据这个值输出加法表。假设输入值为 8，输出效果如图 4-9 所示。

图 4-9　运行效果图

分析：由图 4-9 可知，循环次数为固定值，即从 0 递增到输入的值，循环体为两数求和，第一个加数从 0 开始递增到输入的值，另一个加数相反，从输入值递减至 0。具体代码如下。

```
class ForSample2
    {
        public static void ShowForSample()
        {
            int i, j;
            Console.WriteLine("请输入一个整数：");
            int num = int.Parse(Console.ReadLine());
            Console.WriteLine("根据这个整数可以输出如下所示的加法表：");
            //使用 for 循环输出加法表
            for (i = 0, j = num; i <= num; i++, j--)
            {
                //输出加法表
                Console.WriteLine(i + " +  " + j + "=" + (i + j));
            }
            Console.ReadLine();
```

```
16.         }
17.     }
```

在代码 for 循环中，表达式 1 使用了一个特殊的形式，其是用“,”隔开的多个表达式组成的表达式（如代码的第 10 行）。

```
i = 0, j = num
```

在表达式 1 中，分别对变量 i 和 j 赋初值，用来表示两个加数。表示式 3 也使用了这种形式（如代码的第 10 行）。

```
i++, j–
```

在这种特殊形式的表达式中，运算顺序是从左到右。每次循环体执行完，先执行 i 自加 1，再执行 j 自减 1。

4.1.9　for 循环常见错误

for 循环是功能更强、使用更广泛的一种循环结构。for 语句的使用非常灵活，不仅可以用于循环次数固定了的情况，而且可以用于循环次数不确定而只给出循环结束条件的情况。这在以后的学习中，读者会慢慢体会到。

使用 for 循环时，可能会遇到以下问题。

（1）缺少循环变量初始化，如：

```
for (; i <= 23; i++)
{
    Console.WriteLine(i);
}
```

这段代码有错误吗？阅读代码，仔细比较语法，就可以发现 for 结构中的表达式 1 不见了。这样的写法会引起错误吗？事实上，for 循环中有 3 个表达式，各个表示式均可省略，但是分号不能省略，就如上面的代码一样。虽无表达式 1，但是分号还在。既然可以省略，读者可能会认为那么这段代码是正确的了。但是事实上又是错误的，错误原因是循环变量 i 没有进行初始化。

排错方法：在表达式 1 中对循环变量 i 进行初始化。如果省略表达式 1，就要在 for 结构前对变量 i 进行初始化。

（2）缺少条件判断语句，如：

```
for (i=0;; i++)
{
    Console.WriteLine(i);
}
```

这段代码的运行结果是什么呢？仔细分析一下，就会发现，程序不会结束了，而会无休止地执行下去，不断地输出。因为省略表达式 2，就省略了循环条件判断，也就相当于循环条件始终为真。

排错方法：可以在 for 结构中添加循环表达式，也可以在循环体中设法结束循环，比如使用 break 语句在条件满足时强制跳出循环。break 语句的用法在 4.6 节就会讲到。

（3）缺少迭代部分，如：

```
for (i=0;i<11;)
{
    Console.WriteLine(i);
}
```

看了这么多错误了，估计读者都看出点经验了，一样既可以得知这段语句缺少 for 结构的迭代部分。没有迭代部分，for 结构会怎么运行呢？在刚才那段代码中，i 的值会恒为 0，因此循环条件永远成立，程序会出现像上个错误一样，停不了了，无休止地输出 0。

排错方法：可以在 for 结构中添加迭代部分，如 i++，也可以在循环体中改变 i 的值，如下所示。

```
for (i=0;i<11;)
{
    Console.WriteLine(i);
    i++;
}
```

（4）缺少初始部分、迭代部分和条件判断。这次不知是哪个马大哈，什么都丢了，如：

```
for (;;)
{
    Console.WriteLine("全丢了！");
}
```

语法没错，但是逻辑上是错误的，因为其缺少了循环结构所必需的部分。因此，在写 for 结构的时候，注意写全，不要丢三落四。

4.2　C#中特有的 foreach 循环

这次要结识一位非常强大的新朋友了——foreach 循环。许多情况都可以用 foreach 循环来描述，例如，超市结账时，把每一件物品计价；腾空箱子时，将里面的东西一件件掏出来。记住，foreach 中的 each 是每个的意思，那么 foreach 就是循环每一个。foreach 循环很简单，也很常用，在后面的编程中，foreach 循环将大显身手！针对问题进行学习，容易加深理解。一起来看下面这个问题。

问题：从控制台输入一个字符串，一次输出其中的每个字符。请使用 for 循环实现。

分析：这个问题思路理清了并不难。请大家先不要看提供的代码，自己回顾所学的内容动手操作，做不出来再来看代码。对于这个问题，思路是这样的，先得到字符串的长度以判断循环次数，然后要依次提取字符输出。

```
class ForSample3
    {
        public static void ShowForSample()
        {
            Console.WriteLine("请输入一个字符串：");
            string str = Console.ReadLine();   //接收字符串
            /*使用 for 循环输出每个字符
             * 使用字符串的 Length 属性获得字符串的长度作为循环次数
             * */
            for (int i = 0; i < str.Length; i++)
            {
                //输出字符，使用 Substring 方法提取字符
                Console.WriteLine(str.Substring(i,1));
            }
            Console.ReadLine();
        }
    }
```

代码运行后，结果如图 4-10 所示。

图 4-10　运行结果

这个问题用 foreach 可以轻松解决哦，一起来学习吧！

4.2.1　foreach 循环

foreach 就是循环每一个，其语法很简单，用法也简单，但是非常实用。语法如下：

```
语法
foreach(类型 元素(局部变量) in 集合或者数组)
{
   代码块
}
```

foreach 循环的执行过程就是循环取出集合或者数组中的每一个元素，然后对每个元素都执行一次循环体的操作，也许这么说读者不明白，请读者结合图 4-11 和代码来理解吧！

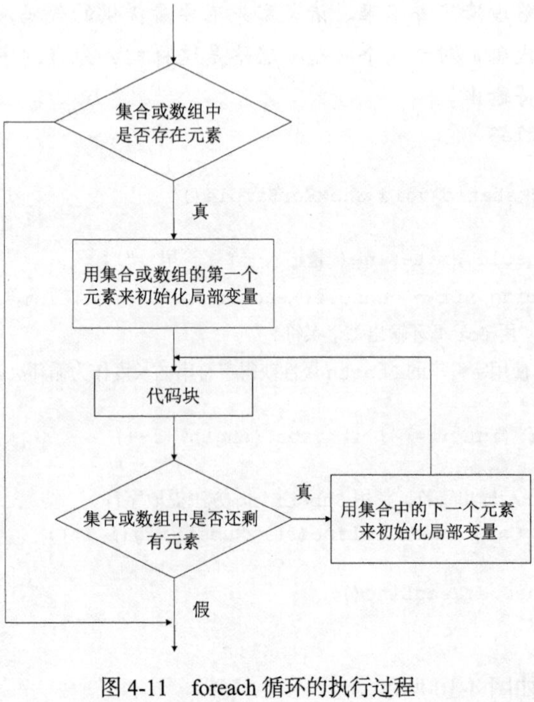

图 4-11　foreach 循环的执行过程

回到刚才那个问题，如果用 foreach 来实现，读者就会更加理解 foreach 循环的执行过程了。

```
class ForeachSample1
    {
        public static void ShowForeachSample()
        {
            Console.WriteLine("请输入一个字符串：");
            string str = Console.ReadLine();   //接收字符串
            //循环输出字符串中的字符
            foreach (char c in str)
            {
                Console.WriteLine(c);
            }
            Console.ReadLine();
        }
    }
```

代码是不是相对比上一次简短呢？而且简单一些呢？没有用到 Length 属性，也没有用到 Substring()方法，但是运行结果却一模一样，如图 4-12 所示。

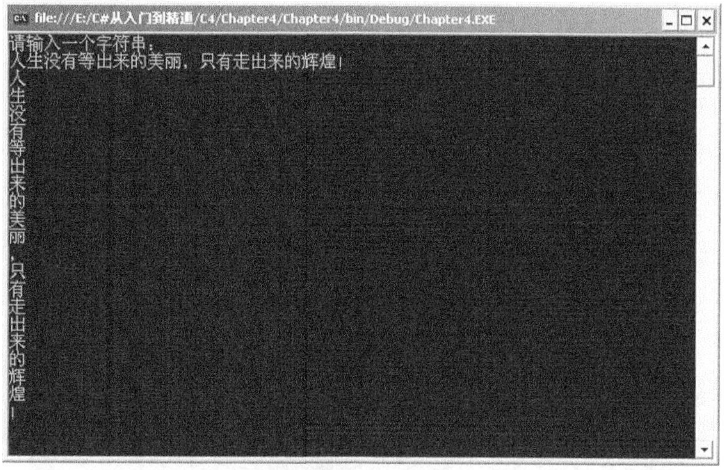

图 4-12　运行结果

很强大吧，其实 foreach 循环用的地方还多着呢！

4.2.2　foreach 循环的使用

学而不思则罔，思而不学则殆。学与思要结合。读者学了 foreach 循环后有什么感想呢？就目前所学的知识来说，在处理字符串方面是挺适用的。比如下面的例子。

问题：某个程序需要对用户输入的电子邮箱地址的格式进行判断，要求格式必须正确（比如必须包含“@”和“.”），如果不正确就要求用户重新输入。

分析：先定义两个 bool 型变量，使用 foreach 遍历字符串中的每个字符。如果存在“@”和“.”，就给这两个值赋 true，然后将 foreach 循环嵌套在 while 循环里面。当输入的电子邮箱格式不合法，提示用户重新输入。就这么简单，一起来行动吧！

```
1.  class ForeachSample2
2.      {
3.          public static void ShowForeachSample()
4.          {
5.              bool condition1=false;    //判断邮箱中是否存在“@”
6.              bool condition2=false;    //判断邮箱中是否存在“.”
7.              string email = "";          //电子邮箱地址
8.              while (condition1 == false || condition2 == false)
9.              {
10.                 condition1 = false;
11.                 condition2 = false;
12.                 Console.WriteLine("请输入您的电子邮箱地址：");
13.                 email = Console.ReadLine();  //接收用户输入的电子邮箱地址
14.                 //使用 foreach 循环遍历字符串 email 中的每个字符
15.                 foreach (char c in email)
16.                 {
17.                     if (c == '@')   //如果找到了“@”
18.                     {
19.                         condition1 = true;
20.                     }
21.                     if (c == '.')   //如果找到了“.”
22.                     {
23.                         condition2 = true;
24.                     }
25.                 }
26.             }
27.             Console.WriteLine("您的邮箱地址是：" + email);
28.             Console.ReadLine();
29.         }
30.     }
```

代码写好了，读者是否也能够自己独自写出来呢？先一起来看看运行效果，如图 4-13 所示。

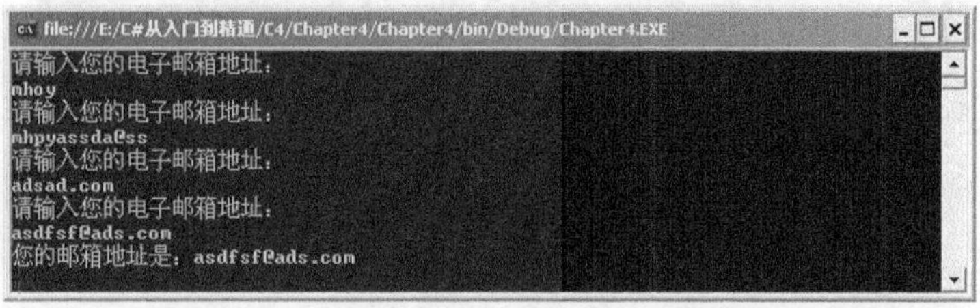

图 4-13　运行结果

效果看到了，回头再看看代码。代码中，笔者使用了嵌套循环，在本章的 4.5 节会详细讲解。这里值得注意的是第 10 行和第 11 行代码，为什么还要在 while 循环里再次给那两个 bool 变量赋值呢？前面不是已经赋值了吗？其实仔细想想就会明白。读者先不妨删掉那两行代码，然后按 F5 键运行。多输入几次，发现问题了吗？实践出真知，对于初学者来说，一定要多练习，多操作。

4.2.3 死循环

什么是死循环，其实前面已经见过面了，只是相逢还未曾相识。还记得 4.1 节的错误（2）和错误（3）吗？那就是死循环。死循环就是永远不会退出的循环。死循环是写程序的过程中应该极力避免的情况，大家一定要格外小心。写好循环代码后仔细检查一下循环是否能够退出。

对于初学者来说，由于知识掌握得不牢固或者疏忽，极易造成死循环。一般造成死循环的原因有：缺少条件判断语句或者迭代部分，如 4.1 节的错误（2）和错误（3）；条件判断语句不准确，比如用 true 代替条件判断语句；忘写跳转语句。

4.3　循环结构总结

在需要多次重复执行一个或多个语句时，往往就需要考虑使用循环语句来解决，可以大大简化编码。到目前为止，读者已经学习了 C#提供的 4 种最主要的循环结构，即 while 循环、do-while 循环、for 循环和 foreach 循环结构。一下子学了这么多循环，是不是感觉有点没头绪了呢？别急，一起来比较一下吧！

（1）语法，如图 4-14 所示。

```
while循环：
while(循环条件)
{
  //循环操作
}
```

```
for循环：
for(表达式1;表达式2;表达式3)
{
  //循环操作
}
```

```
do-while语法：
do
{
  //循环操作
}while(循环条件);
```

```
foreach循环：
foreach(类型 元素(局部变量) in 集合或者数组)
{
  //循环操作
}
```

图 4-14　C#中 4 种循环的语法

只有牢记了语法，才能自由发挥哦！

注意

无论是哪种循环结构，都缺不了初始部分、循环条件、循环体和迭代部分。前面 3 种循环就不多说了，只有 foreach 循环貌似有些特殊，是不是也是一样的呢？读者比较可知，看来 foreach 循环也是满足这些条件的。

（2）执行顺序。对于每一种循环，读者都应该清楚其执行顺序。

- while 循环：先进行条件判断，再执行循环体，如果条件不成立，退出循环。
- do-while 循环：先执行循环体，再进行条件判断，循环体至少执行一次。
- for 循环：先执行初始部分，再进行条件判断，然后执行循环体，最后进行迭代部分的计算，如果条件不成立，跳出循环。
- foreach 循环：循环取出集合或者数组中的每一个元素，然后对每个元素都执行一次循环体的操作。每个元素都执行了一次，就退出循环。

（3）适用情况。在解决问题时，对于循环次数确定的情况下，通常选用 for 循环，对于循环次数不确定的情况，通常选用 while 循环和 do-while 循环，对于遍历集合和数组，通常使用 foreach 循环。当然，很多情况下，还需要具体问题具体分析。希望读者多操作，多总结，尤其是对于笔者提供的问题，请不要先看提供的代码，一定要自己先试着做一遍。盲目地照敲，还不如拿笔抄呢。

注意

一定要结合讲过的例子，或者提供的问题和代码，比较着记忆。相信在练习中，读者一定会有更透彻的理解。很多知识，在看的过程中貌似看不懂，但做一些练习后，就有很深刻的体会了。

4.4 多重循环

现在读者已经了解了 C#中几种基本的循环语句的执行过程，那么下面这个问题读者能解决吗？

问题：李逍遥任蜀山掌门后，举行了一次团体比赛。比赛分 4 个队，每个队 3 名成员。要求循环输入每个队每名成员的成绩，然后计算每个队的成员的平均分。

分析：参加比赛的有 4 个队，那么应该循环 4 次来计算每个队的平均分。由于每个队又有 3 名成员，需要通过循环来累加成员的总分。以前学的一重循环已经不能解决这个问题了，需要二重循环出面了。其实和嵌套 if 的原理一样的，使用嵌套循环也很简单，前面学过的 do-while、while、for、foreach 语句都可以相互嵌套。现在笔者就在一个 for 循环里面嵌套一个 for 循环来解决这个问题，如代码所示。

```
class NestedLoopSample1
    {
        public static void ShowNestedLoopSample()
        {
            int sum = 0;    //总分
            double avg;     //平均分
            int score;      //输入的分数
            //外层循环控制逐个计算每个队
            for (int i = 0; i < 4; i++)
            {
                sum = 0;    //总分清零，重新计算
                Console.WriteLine("\n 请输入第{0}个队的成绩",i+1);
                //内层循环计算每个队的总分
                for (int j = 0; j < 3; j++)
                {
                    Console.Write("第{0}个队员的成绩：",j+1);
                    score = int.Parse(Console.ReadLine());
                    sum = sum + score;  //累加求和
                }
                avg = sum / 3;          //计算平均分
                Console.WriteLine("第{0}个队的平均分为：{1}分",i+1,avg);
            }
            Console.ReadLine();
        }
    }
```

笔者从控制台输入成绩，运行结果如图 4-15 所示。

通过代码和运行结果，读者明白二层循环的方式了吗？内层循环和外层循环就好比地球的自

转和公转，地球自转一次，就是内层循环循环一次，地球公转一次，就是外层循环循环一次。当地球自转 365 次后，才完成了一次公转。也就是说，外层循环每执行一次，内层循环都会从头到尾完整地执行一遍。明白了这个道理，再来看一个问题。

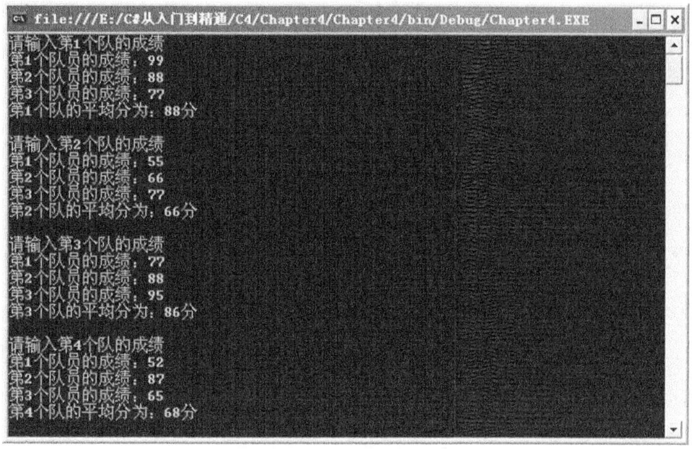

图 4-15　运行结果

问题：使用*打印如图 4-16 所示的直角三角形图案（注意：使用多重循环打印）。

图 4-16　打印出的直角三角形

分析： 这问题使用循环怎么解决呢？可以这样，首先用外层循环来控制打印的行数，用内层循环来控制每行打印几个“*”。图 4-16 中一共打印了 5 行，所以外层循环变量 i 的值为 1~5。内层循环变量 j 怎么变化呢？请看表 4-3。

表 4-3　内层循环变量 j 的变化

行　数	i 的值	打印“*”的个数	内层循环次数	j 的值
1	1	1	1	1
2	2	2	2	1，2
3	3	3	3	1，2，3
4	4	4	4	1，2，3，4
5	5	5	5	1，2，3，4，5

通过分析，发现规律了吗？每次内层循环 j 的最大值都和 i 相等，所以内层循环的终止条件是 j<=i，那么用二重循环打印“*”的代码如下。

```
class NestedLoopSample2
    {
        public static void ShowNestedLoopSample()
        {
```

```
            int rows = 5;      //打印的行数
            //外层循环控制打印的行数
            for (int i = 1; i <= rows ; i++)
            {
                //内层循环控制每行打印*的个数
                for (int j = 1; j <=i; j++)
                {
                    Console.Write("*");   //打印一个*，注意这里不换行
                }
                Console.WriteLine();         //打印完一行之后换行
            }
            Console.ReadLine();
        }
    }
```

现在运行代码，就可以看见如图 4-16 所示的结果了。

4.5 跳转语句

通过对循环结构的学习，读者已经了解了在执行循环结构时要进行条件判断，只有在条件为“假”时，才能结束循环。但是，有的时候想要根据需要停止整个循环或者跳到下一次循环，有时需要从程序的一部分跳到程序的其他部分，该怎么办呢？其实，这些都可以用跳转语句来完成。C#支持 3 种形式的跳转：break（停止）、continue（继续）和 return（返回）。至于 return，本书将放在后面的章节进行讲解。现在，本节只学习其中的两种：break 和 continue。

4.5.1 使用 break 语句

见到 break 这个关键字，读者已经不生疏了，因为在前面使用 switch 结构的时候，笔者已经再三强调不要落下 break。在 switch 结构中的 break，读者已经知道，break 语句用于终止 switch 语句中的某个分支，使程序跳到 switch 语句以外的下一条语句。那么在循环结构中，break 能发挥什么作用呢？

先一起来看个事例吧！第五次龟兔赛跑开始了，这次兔子要求进行 8000 米的长跑比赛，在 400 米的跑道上，随着发令枪响起，乌龟开始爬，在这个 400 米跑道上循环地爬着。时间在流逝，1 个时辰过去了，乌龟才爬了 3 圈。虽然输定了，但是乌龟还是想爬完。每爬一圈，乌龟就会在心里默默地问自己“我还有力气坚持爬完吗？”如果回答是“是”，乌龟就继续爬，否则，就认输好了，反正自己胜过 3 场比赛。当乌龟爬到第 10 圈的时候，乌龟崩溃了，退出了比赛。真遗憾，乌龟没能爬到终点，在中间终止了这一循环过程。在这种情形下，就可以使用 break 来描述了！如下所示。

```
for(int I = 0; i<20; i++)
{
    爬 400 米;
    if(没有力气坚持了)
    {
    break;    //退出比赛
    }
```

```
}
```

看明白 break 的功效了吗？接下来，一起使用 break 来解决下面的问题吧！

问题：循环录入蜀山派某弟子的 4 门成绩并计算平均分，如果录入的某分数小于 0 或者大于 100，停止录入并提示录入错误。

分析：在录入分数的过程中，进行条件判断，如果录入的成绩小于 0 或者大于 100，立刻跳出循环。这可以使用刚刚学习的 break 语句来解决。

小结：break 语句应该用于循环中（for、foreach、do...while、while），或者用于 switch 结构内特定的 case 相关联的语句中。当在循环中使用时，将终止该循环，并执行循环语句后面的语句。当在 switch 结构中使用时，将跳出 switch 结构，并执行 switch 结构语句后面的语句。

4.5.2　使用 continue 语句

根据要求，在循环语句中 if 结构中使用 break 关键字退出循环。但是，可能读者会遇到这样的问题：在某次循环中，并不想执行完所有的循环体，就想跳出本次循环开始执行下一次循环。

蜀山派举行了一场比武大赛。比赛分 30 轮，每轮比赛都分三场，打完三场的胜出者才能进入下一轮比赛。但是如果一轮比赛中，前两场都胜利的弟子可以直接进入下一轮比赛。

```
for(int i = 0; i<30; i++)
{
    第(i+1)轮比赛;
    for(int j = 0; j<3; j++)
    {
        if(某选手比赛前两场都胜利)
        {
            continue;    //直接进入下一轮比赛
        }
        第（j+1）场比赛;
    }
}
```

当参加比赛的一名选手前两场都胜利的时候，第三场将撤销（即 continue 后面的语句将不会再执行）。可见，continue 语句用在如下场景：在某次循环中，并不需要执行完所有的循环体，就想跳出本次循环，开始下一次循环。看一看下面的问题。

问题：循环录入箭术课的学生成绩，统计分数大于 90 分（包括等于）的学生的比例。

分析：使用循环语句录入学生成绩并累计人数，这并不难，但是如果仅仅是要累计满足分数大于 90 分的人数，该怎么办呢？其实，使用 continue 语句可以轻松搞定，代码如下。

```
class JumpStatementSample
    {
        public static void ShowJumpStatementSample()
        {
            int score;     //成绩
            int total;     //总人数
            int num = 0;   //成绩大于或等于 80 分的人数
            Console.WriteLine("请输入总人数：");
            total = int.Parse(Console.ReadLine());    //输入班级总数
            for (int i = 0; i < total; i++)
            {
                Console.WriteLine("请输入第" + (i + 1) + "位学生的成绩：");
```

```
            score = int.Parse(Console.ReadLine());
            if (score < 90)
            {
                // 分数小于 90 分时，num++不执行，即不进行人数累加
                continue;
            }
            num++;
        }
        Console.WriteLine("90 分以上的学生数是：" + num);
        //计算所占比率
        double rate = (double)num / total * 100;
        Console.WriteLine("90 分以上的学生所占的比率为：" + rate + "%");
        Console.ReadLine();
    }
}
```

运行结果如图 4-17 所示。

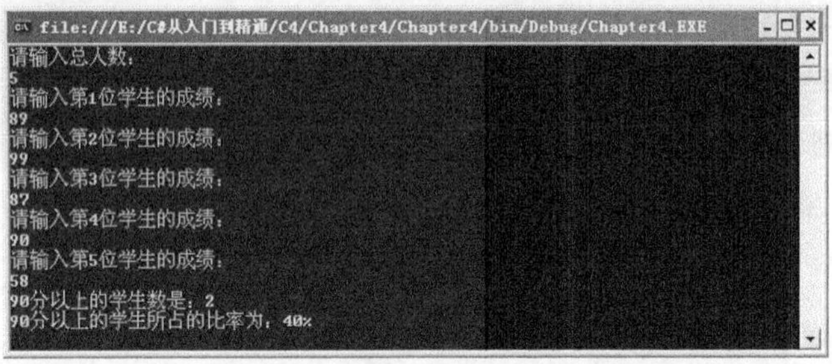

图 4-17　运行结果

分析程序，变量 total 表示班级总人数，变量 num 表示 90 分以上的学生人数，i 从 0 开始循环一直到 total-1。如果录入的分数大于或者等于 90，则 num 自加 1，然后结束本次循环，进入下一次循环。如果录入的分数小于 90，则执行 continue，然后结束本次循环，进入下一次循环。现在回想一下刚才学到的 break，是不是能够理解这两者之间的区别呢？

经验：continue 语句只能用在循环语句中。并且当 continue 语句和 break 语句用在内层循环时，只会影响内层循环的执行，对外层循环没有影响。

小　结

本章主要学习了 C#中的循环结构，包括 while 循环、do-while 循环、for 循环和 foreach 循环。还学习了多重循环结构和跳转语句，通过本章的学习，读者可以编写简单的小程序，并简化自己的代码，使编程代码更加简洁清晰。

习　题

4-1　不论循环条件判断的结果是什么，哪个循环将至少执行一次？

4-2　while 循环和 do-while 循环有什么区别？

4-3 foreach 循环一般用在什么情况下？

4-4 for 循环一般用在什么情况？

4-5 什么是 foreach 循环？

4-6 对比 break 语句和 continue 语句，说说其各自的用法。

上机指导

通过上面的学习 while 循环、do-while 循环、for 循环和 foreach 循环，我们来做一些简单的小程序吧！

实验一 while 循环

实验内容

根据输入的某个班级的学生成绩，计算该班级学生的平均成绩。要求输入班级的人数。

实验目的

巩固知识点——while 循环，while 循环是先判断后执行。

实验思路

可以采用这样的方法：使用 i 做计数器，循环 1 次递增 1，判断是否小于班级总人数，如果小于，就继续从控制台接收输入的学生成绩，然后进行成绩累加，直到将该班级的学生成绩全部输入完毕，跳出循环。程序代码如下。

```
class WhileSample2
    {
        public static void ShowWhileSample()
        {
            int score;              //学生分数
            int sum=0;              //学生分数总和
            Console.WriteLine("请输入班级号：");
            string classNo = Console.ReadLine();        //接收班级号
            Console.WriteLine("请输入该班级的学生总数：");
            int stuNum = int.Parse(Console.ReadLine());  //接收学生数
            int i = 1;
            while  (i<=stuNum)
            {
                Console.WriteLine("请输入第"+i+"名学生的成绩：");
                score = int.Parse(Console.ReadLine());
                sum = sum + score;   //求分数总和
                i++;
            }
            //求出平均分，并输出
            Console.WriteLine("该班级学生的平均成绩为："+sum/stuNum);
            Console.ReadLine();
        }
    }
```

运行效果如图 4-18 所示。

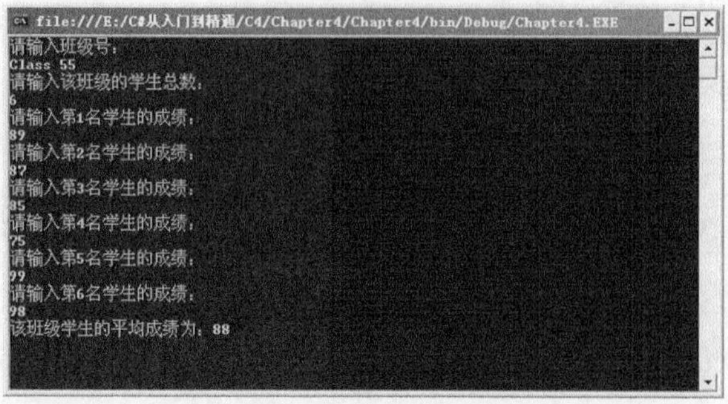

图 4-18　输出结果

实验二　for 循环

实验内容

输出 100 句“我要好好学习 C#”。

实验目的

巩固知识点——for 循环，熟练掌握定义循环变量、判断循环次数、如何迭代三步骤。

实验思路

我们使用 for 循环，首先要知道 3 个表达式是什么，我们声明变量 i=0，然后循环 100 次，i<100，终止循环条件 i++。整理后代码如下：

```
class Test
    {
        public static void Show ()
        {
            for (int i = 0; i < 100; i++)
            {
                Console.WriteLine("我要好好学习 C#");
            }
            Console.ReadLine();
        }
    }
```

实验三　使用循环打印特殊形状

实验内容

通过本章的学习，我们来使用循环语句打印出一个菱形，如图 4-19 所示。

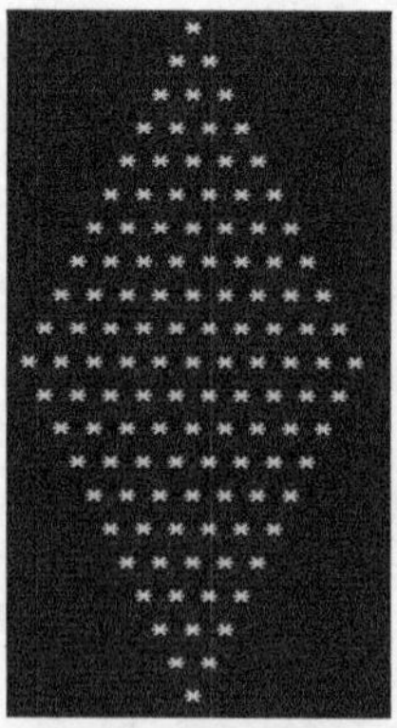

图 4-19　打印菱形

实验目的

巩固知识点——for 循环。练习赋值语句、条件语句和迭代部分的使用。

实验思路

由图可知菱形我们可以把它分为 2 个等腰三角形的组合，上半部分我们可以定义 11 行，逐行增加“*”的个数，下面部分我们可以定义 10 行逐行减少“*”的个数。每个三角形我们可以声明 2 个变量来控制行数和“*”的个数。具体步骤如下。

（1）新建控制台项目，命名为 PrintLingxing。

（2）整合后的代码如下：

```
class PrintLingxing
{
 static void Main(string[] args)
        {
            for (int i = 1; i <= 11; i++)      //打印上半部分三角形
            {
                for (int j = 0; j < 11 - i; j++)
                {
                    Console.Write(" ");
                }
                for (int a = 0; a < i; a++)
                {
                    Console.Write(" *");
                }
                Console.WriteLine();
            }
            for (int h = 10; h >= 1; h--)      //打印下半部分三角形
            {
                for (int k = 0; k < 11 - h; k++)
                {
                    Console.Write(" ");
                }

                for (int b = 0; b < h; b++)
                {
                    Console.Write(" *");
                } Console.WriteLine();
            }
            Console.ReadLine();
        }
}
```

第 5 章 面向对象设计

面向对象设计是软件设计的一种方法。该方法是根据面向对象思想，以对象为基础来进行软件的设计。面向对象的设计方法主要应用于大型的软件项目中，其主要的优点是提高开发效率、节约成本、容易维护。本章将详细讨论如何在C#中声明类、接口以及其属性和方法的面向对象技术。

5.1 面向对象概述

面向对象是一种模块化的、以对象为基础的设计思想，现在被广泛应用于软件设计领域。本节将讲述面向对象的基本概念，以及如何使用面向对象的思想来设计。

5.1.1 对象的概念

在面向对象思想中，最基本的单元就是对象。对象可以代表任何事物，从个人到整个学校，一个整数到一个数据集合，一滴水到一条大河等，这些都可以看作是一个对象。对象不仅表示有形的实体，也可以表示无形的、抽象的事物，如课程、计划等。

5.1.2 面向对象的设计方法

面向对象方法（Object-Oriented Method）是把面向对象的思想应用于软件的开发中。从程序的角度来看，对象则是被封装起来的代码块，或者称为一个功能模块。在对象中，包含着若干个属性和方法。在面向对象中，和对象有直接关系的就是类。类是对象的一个抽象的概念，对象则是类的一个实例化。例如，如果把某个苹果看作是一个对象，则这个苹果可以抽象为一个水果类，这个苹果也是水果类的实例化。

面向对象的主要特征有 3 个：封装性、继承性和多态性。

- 封装性是指把相关联的属性和方法封装为统一的整体，对外只提供访问该对象的信息。使用者不必了解其内部方法的具体实现。
- 继承性分为单继承和多重继承，其主要目的是防止对象之间出现大量重复的信息。
- 多态性是指不同对象在接收同一个消息时产生的不同动作。多态性是依赖于继承性的。

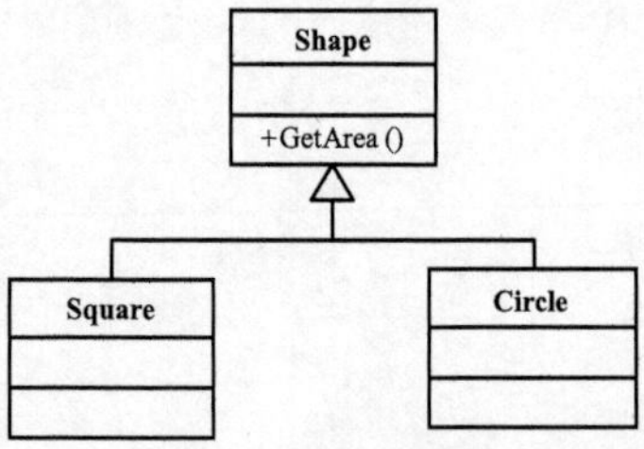

图 5-1　UML 类图

下面以 UML 类图（见图 5-1）为例，来讲述封装性、继承性和多态性之间的关系。

在例子中有个类 Shape，表示形状的抽象类。在抽象类 Shape 中，封装了 GetArea 方法，这体现了面向对象的封装性。为了描述继承的概念，再创建两个类，分别是 Square 和 Circle。这两个类都是继承自抽象类 Shape，这就体现了面向对象的继承性。在 Square 和 Circle 两个类继承抽象类 Shape 的同时，也把方法 GetArea 也继承过来了。在这两个子类中，可以根据自身的不同，重写从父类继承的 GetArea 方法，这也体现了面向对象的多态性。

5.2 命名空间

命名空间是用来组织类的。通常可以把相关联的类放在一个命名空间中，进行有效的管理。本节将介绍如何定义命名空间，以及如何引用。

5.2.1 命名空间的概念

组织代码的最基本的单元就是类。把每个类分别写在一个文件中，可以更好地组织代码的结构。但是，有时候还需要组织各个类，将再次分类的类组织起来。微软公司的.NET 架构提供了一种可以组织类的概念，那就是命名空间。

在.NET 框架中，已经定义了很多系统的类，并存放在命名空间 System 中。常用的系统命名空间如表 5-1 所示。

表 5-1 常用的命名空间

命 名 空 间	说 明
System.Data	提供对表示 ADO.NET 结构的类的访问
System.Configuration	包含提供用于处理配置数据的编程模型的类型
System.Collections	包含接口和类，这些接口和类定义各种对象（如列表、队列、位数组、哈希表和字典）的集合
System.Web	提供可以进行浏览器与服务器通信的类和接口
System.Windows	包含用于创建基于 Windows 的应用程序的类
System.Drawing	提供对 GDI+基本图形功能的访问
System.IO	包含允许读写文件和数据流的类型，以及提供基本文件和目录支持的类型
System.Net	为当前网络上使用的多种协议提供简单的编程接口
System.Xml	为处理 XML 提供基于标准的支持
System.Text	包含表示 ASCII、Unicode、UTF-7 和 UTF-8 字符编码的类

5.2.2 命名空间的定义和引用

用户可以自己定义命名空间，以便程序的功能可以更好地得到扩展，代码也可以更加有效合理地组织起来。本节介绍如何定义和引用命名空间。

1. 命名空间的定义

通常在定义类的时候，可以把它放在命名空间中定义。这样，就可以把相关的类组织在一起，便于管理。命名空间的定义使用关键字 namespace，命名空间的定义结构如下所示：

```
// 定义一个名为 CustomNamespace1 的命名空间
namespace CustomNamespace1
{
    // 定义一个名为 CustomClass1 的类
    class CustomClass1
    {
            // 类实体
    }
}
```

在一个命名空间中还可以嵌套另一个命名空间，嵌套的命名空间的定义结构如下所示：

```
// 定义一个名为 CustomNamespace1 的命名空间
namespace CustomNamespace1
{
    // 定义一个名为 CustomClass1 的类
    class CustomClass1
    {
            // 类实体
    }

    // 定义一个名为 CustomNamespace1 的命名空间
    namespace CustomNamespace2
    {
        //定义一个名为 CustomClass2 的类
        class CustomClass2
        {
                // 类实体
         }
    }
}
```

2. 命名空间的引用

使用命名空间之前，要先引用。引用命名空间是利用 using 关键字，后跟命名空间的名称。引用命名空间 CustomNamespace1 的代码如下：

```
using CustomNamespace1;
```

通常，引用命名空间是放在前面的。下面的代码使用了命名空间 CustomNamespace1，代码如下：

```
using CustomNamespace1;

// 定义一个名为 CustomNamespace3 的命名空间
namespace CustomNamespace3
{
    // 定义一个名为 CustomClass3 的类
    class CustomClass3
    {
        // 实例化命名空间 CustomNamespace1 中的类 CustomClass1
        CustomClass1 customClass1 = new CustomClass1 ();
    }
}
```

如果不引用命名空间 CustomNamespace1，就不会找到类 CustomClass1，编译代码的时候，就会出现编译错误。

5.3　类

类是面向对象中最为重要的概念之一，是面向对象设计中最基本的组成模块。类可以简单地看作一种数据结构。本节讲述类的概念、如何声明类、类的成员等。

5.3.1　类的概念

在现实生活中，可以找出很多关于类的例子。例如，学生可以看作是一个类，那么某个同学就是这个学生类的一个实例化对象。同样，老师也可以看作是一个类，某个老师是老师类的一个实例化对象。从软件设计的角度来说，类就是一种数据结构，用于模拟现实中存在的对象和关系，包含静态的属性和动态的方法。

5.3.2　类的声明

C#中类的声明需要使用 class 关键字，并把类的主体放在花括号中，格式如下：

```
[class-modifiers] class class-name
{
        //属性
        //方法
}
```

其中，C#中的类修饰符为 class-modifier，它的作用如表 5-2 所示。

表 5-2　类修饰符

修　饰　符	说　　明
abstract	抽象类，不能创建该类的实例，只能作为基类
internal	该类只能从同一个程序集的其他类中访问
new	用于声明嵌套的类
private	用于声明私有嵌套类，只能在定义它的类中访问这个类
protected	用于声明保护型潜逃类，只能在定义它的类以及该类的子类中访问这个类
public	该类可以被任何其他类访问
sealed	该类不能被继承

其中，如果不指定类修饰符，则 C#的默认类为 internal 类型。一个学生类的实例类图如图 5-2 所示。学生类在 C#中的实现如下：

```
public class Student
{
//属性
//学号、姓名、年龄等

//方法
//长大、入学、毕业等
}
```

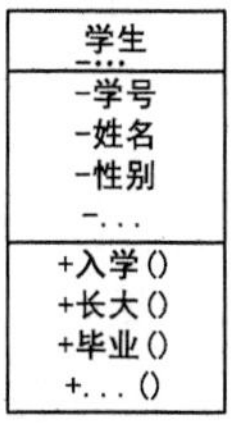

图 5-2　学生类示例

为了促进 C#程序的标准化和可读性，应尽量采用.NET Framework 推荐的类命名规则：类名尽量是一个名词或者名词短语，首字母大写，并尽量避免缩写。

5.3.3 类的成员和访问控制

从类的继承关系上讲，类的成员可以分为两大类：类本身声明的和从基类继承的。类的成员的类型有以下几种：常量、变量、方法、属性、事件、索引指示器、操作符以及构造函数和析构函数。从类的访问角度上来讲，类的成员又可以分为四类：公有成员、私有成员、保护成员及内部成员。

1. 公有成员

公有成员定义了一种允许外部访问的方式，使用修饰符 public。例如，下面的代码中定义了一个名为 page 的公有成员：

```
// 定义图书类
class Book
{
        // 公有成员：页数
        public int page;
}
```

2. 私有成员

私有成员只限定在类中的成员访问，外部是不能访问的。如果在声明类成员的时候，没有使用修饰符，那么默认就是私有成员。私有成员使用修饰符 private。例如，下面的代码中定义了一个名为 cost 的私有成员：

```
// 定义图书类
class Book
{
        // 私有成员：成本
        private decimal cost;
}
```

3. 保护成员

保护成员定义了一种不对外部访问，但其子类可以访问的方式。保护成员使用修饰符 protected。例如，下面的代码中定义了一个名为 author 的保护成员：

```
class Book
{
        // 保护成员：作者
        protected string author;
}
```

4. 内部成员

内部成员定义了一种只有包含在同一个命名空间中的类才可以访问的方式。内部成员使用修饰符 internal。例如，下面的代码中定义了一个名为 press 的内部成员：

```
class Book
{
        // 内部成员：出版社
        internal string press;
}
```

5.3.4 构造函数和析构函数

构造函数主要的作用是执行类的实例的初始化。析构函数主要的作用就是回收系统占用的资源。

1. 构造函数

在实例化对象的时候，对象的初始化是自动完成的，并且这个对象是空的。有时候，希望每创造一个对象时都为其初始化某些特征，这时就需要用到构造函数。

简单地说，构造函数是与类同名的方法，不过它没有返回数据类型，其功能为在实例化类时完成一些初始化工作。例如，下面的代码实现了构造函数，每当产生一个学生时为其完成起名任务。示例代码如下：

```
1.  /// <summary>
2.  /// 学生类
3.  /// </summary>
4.  public class Student
5.  {
6.      private string strName;    //字段
7.
8.      /// <summary>
9.      /// 构造函数，为学生起名
10.     /// </summary>
11.     public Student(string _strName)
12.     {
13.         this.strName=_strName;
14.     }
15. }
```

示例的第 11～13 行定义了方法 Student()，注意这个方法名与类 Student 同名。这样，每当实例化一个 Student 对象时，总会执行这个函数。

2. 析构函数

上面介绍了使用构造函数在实例化对象时自动完成了一些初始化工作。反过来，在销毁对象的时候，有时候也希望能自动完成一些“收尾”任务。例如，关闭数据库连接等，C#使用析构函数来完成这个功能。

析构函数的名字也与类名相同，只是在其前面加了一个符号“～”。析构函数不接收任何参数，没有任何返回值，也没有任何访问级别关键字。另外，如果试图声明其他不与类名相同，但是以“～”开头的方法，编译器会产生错误。

下例为学生类建立了析构函数。

```
public class Student
{
    //…属性
    //…方法

    /// <summary>
    /// 析构函数
    /// </summary>
    ~Student()
    {
        Console.WriteLine("Call Destruct Method.");
    }
}
```

当程序使用完每一个学生对象后，都会自动调用这个析构函数，输出“Call Destruct Method.”。

5.4 字段和属性

字段和属性都提供了保存类的实例的数据信息的方法。字段就是表示对象或类相关联的变量，属性则实现了数据的封装和隐藏。本节将重点讲述字段和属性的概念和基本用法。

5.4.1 字段

字段可以简单地理解为成员变量，其主要作用是保存数据信息。字段的修饰符可以是以下几种：new、public、internal、protected、static 和 readonly。例如，下面的代码段就是在类 Class1 中声明了 3 个字段。代码如下：

```
class Class1
{
        public int a;
        protected string b;
        private decimal c;
}
```

5.4.2 属性

属性可以看作是实体特征的抽象表现。例如，一个学生的姓名、一个软件的大小、一个班级的人数等，这些都可以作为属性来表示。属性的声明涉及两个关键字：get 和 set。

- get：表示对属性的读操作。
- set：表示对属性的写操作。

声明属性的代码如下：

```
class ClassA
{
        private int studentCount;
        // 构造函数
        public ClassA()
        {
            // 初始化
        }

        // 声明属性 StudentCount
        public int StudentCount
        {
            get
            {
                // 获取属性的值
                return studentCount;
            }
            set
            {
                // 设置属性的值
                if(studentCount != value)
                {
                    studentCount = value;
```

```
                    }
              }
      }
}
```

5.5 方　　法

方法属于类的成员之一，用于执行计算或者其他的行为。在本节中将讲述如何声明方法、方法的参数以及方法的重载等。

5.5.1 方法的声明

方法声明的一般格式如下：

```
method-header method-body
```

其中，method-header 是方法头部，定义 method-header 的格式如下：

```
attributes method-modifiers return-type member-name(formal-parameter-list)
```

其中，method-modifiers 是修饰符，可以是下面的几种：new、public、protected、internal、private、static、virtual、override、abstract 和 extern。

return-type 是返回值的数据类型，如果没有返回值，则用 void 表示。

formal-parameter-list 是方法参数，每个参数以逗号分隔开。

例如，下面声明了一个名为 BookPage 的方法，代码如下：

```
/// <summary>
/// 声明 BookPage 方法
/// </summary>
/// <param name="page">参数：page</param>
/// <returns>返回值</returns>
public int BookPage(int page)
{
    return page;
}
```

5.5.2 参数

方法的参数是调用方法时传递给它的变量，主要分为两类：

（1）传递数据的值：直接把变量的数据值传递给方法；

（2）传递数据的地址：把变量的内存地址传递给方法。

1. 使用 ref 关键字进行引用传递

ref 关键字放在需要传递的变量前面，把一个输出参数的内存地址传递给方法，在方法中对变量做的任何修改也保留下来。使用 ref 方法，可以在调用一个方法的同时改变多个变量的值，解决了一个方法只能有一个返回值的限制。下例说明了如何使用 ref 关键字进行引用传递：

```
public class Student
{
    public string strName;     //姓名
    public int nAge; //年龄

```

```
6.        /// 构造函数
7.        public Student(string _strName,int _nAge)
8.        {
9.             this.strName=_strName;
10.            this.nAge=_nAge;
11.       }
12.
13.       /// 长大_nSpan 岁
14.       public void Grow(int _nSpan,ref int _nOutCurrentAge)
15.       {
16.            this.nAge+=_nSpan;
17.            nOutCurrentAge=this.nAge;
18.       }
19. }
```

代码在第 14 行定义了学生类的一个方法 Grow()，使其长大_nSpan 岁，并且把长大后的岁数存放在另一个引用参数_nOutCurrentAge 中。这时便可体现引用传递的作用了。在方法调用完毕后，变量_nOutCurrentAge 中会保存当前年龄值。

在调用时，也需要在输入参数前加 ref 关键字，代码如下：

```
1.  Student s = new Student("张三",20);
2.  int nCurrentAge = 0;
3.  s.Grow(3,ref nCurrentAge);
4.  Console.WriteLine(s.nAge);//输出 23
```

在调用 Grow 方法之前，需要定义一个变量（见第 2 行），并且必须进行初始化，否则就会报错：

'使用了未赋值的局部变量“nCurrentAge”'。

2. 使用 out 关键字传出参数值

在 C#中，在使用变量前必须要对其初始化，在使用 ref 关键字进行引用传递的时候也是如此。有的时候这种赋值没有任何意义，因为所传递的 ref 参数在方法中已经被修改了，那么之前对其赋的值也不存在了。

C#可以使用 out 关键字来解决这个问题，其意义为“输出参数”。同样在方法中被赋值，并且必须被赋值，不需要在调用方法前对 out 参数初始化。

把上面实例中的 Grow 方法修改如下：

```
/// <summary>
/// 长大_nSpan 岁
/// </summary>
public void Grow(int _nSpan,out int _nOutCurrentAge)
{
     this.nAge+=_nSpan;
     _nOutCurrentAge=this.nAge;
}
```

那么，在调用时，便可以不用初始化变量参数：

```
Student s=new Student("张三",20);
int nCurrentAge;
s.Grow(3,out nCurrentAge);
Console.WriteLine(s.nAge);//输出 23
```

在调用时，也需要在输入参数前加 out 关键字。

3. 使用 params 关键字传递多个参数

有时候，在调用一个方法时，预先不能确定参数的数量、数据类型等，怎么办呢？一种解决方案是使用 params 关键字。

params 关键字指明一个输入参数将被看作为一个参数数组，这种类型的输入参数只能作为方法的最后一个输入参数。下面的方法说明了其功能：

```
1.  /// <summary>
2.  /// 学生类
3.  /// </summary>
4.  public class Student
5.  {
6.      public System.Collections.ArrayList strArrHobby = new ArrayList(); //爱好
7.
8.      /// <summary>
9.      /// 为爱好赋值
10.     /// </summary>
11.     public void SetHobby(params string[] _strArrHobby)
12.     {
13.         for(int i=0;i<_strArrHobby.Length;i++)
14.         {
15.             this.strArrHobby.Add(_strArrHobby[i]);
16.         }
17.     }
18. }
```

实例在第 11～15 行为学生类实现了一个爱好赋值方法，用于确定学生的爱好。因为事先无法确定学生的爱好数目，因此可以使用 params 参数来接收多个字符串型参数，并整体作为数组传递给方法。

调用该方法如下：

```
Student s=new Student("张三",20);
s.SetHobby("游泳","篮球","足球");
```

如果不使用 params 方法，也可以使用数组来实现同样的功能。

5.5.3 静态方法

静态方法用于表示类所具有的行为，而非其对象所具有的行为。例如，学生分班这项任务，就是全体学生集体的事情。静态方法通过在定义中使用 static 关键字来声明，static 关键字放在修饰符和方法返回的数据类型之前，格式如下：

```
[method-modifier] static return-type method-name(parameter-list){...};
```

静态方法的访问级别关键字同普通方法一样，但是很少是 private，因为一般需要在类的外部访问类的静态方法。在调用静态方法时不需要实例化类的对象，直接使用类引用即可。

下面是一个使用静态方法的典型例子，计算一个矩形的面积：

```
/// <summary>
/// 矩形类
/// </summary>
public class Sqrt
{
    /// <summary>
    /// 计算矩形面积
    /// </summary>
    public static void GetArea(double _dblWidth,double _dblHeight)
```

```
    {
        Console.WriteLine(_dblWidth*_dblHeight);
    }
}
```

上面代码创建了一个类 Sqrt，并有一个静态方法 GetArea()用于计算一个矩形的面积，实现非常简单。在调用这个方法时，可使用如下语句：

```
static void Main(string[] args)
{
    Sqrt.GetArea(20,10); //输出 200
}
```

直接使用 Sqrt 类引用这个方法即可，而无需首先实例化一个矩形对象。

5.5.4 方法的重载

有时候，对于类需要完成的同一个功能的要求可能比较复杂。例如，对学生类而言，如果想要使其具有一个“成长”方法，但是这个方法可能使其增长一岁，也可能增加指定的岁数，该怎么解决这个问题呢？

C#使用重载技术来完成这个功能。重载是指允许存在多个同名函数，而这些函数的参数不同（或许参数个数不同，或许参数类型不同，或许两者都不同）。在调用这个方法时，编译器可以按照输入的参数去调用适当的方法。

下例所示代码完成本节所提出的学生“成长”问题：

```
1.  /// <summary>
2.  /// 学生类
3.  /// </summary>
4.  public class Student
5.  {
6.      //属性
7.      public string strName;     //姓名
8.      public int nAge;           //年龄
9.  
10.     /// <summary>
11.     /// 成长 1 岁
12.     /// </summary>
13.     public void Grow()
14.     {
15.         this.nAge++;
16.     }
17. 
18.     /// <summary>
19.     /// 成长_nAgeSpan 岁
20.     /// </summary>
21.     public void Grow(int _nAgeSpan)
22.     {
23.         this.nAge += _nAgeSpan;
24.     }
25. }
```

示例定义了学生类，第 10～17 行定义并实现了一个方法 Grow()，没有任何输入参数，其功能为使学生年龄加 1；而第 18～24 行又定义了一个同名方法 Grow()，不过带有一个参数

_nAgeSpan，功能为使学生的年龄加 nAgeSpan。

下面的主函数分别调用学生类的 Grow()方法，并输入不同的参数：

```
static void Main(string[] args)
{
    Student s=new Student();
    s.nAge=20;

    s.Grow();
    Console.WriteLine(s.nAge);    //输出 21

    s.Grow(2);
    Console.WriteLine(s.nAge);    //输出 23
}
```

这样，就可以使用同样的方法名，完成功能类似、具体实现不同的任务了。

读者也许会想，编写一个带有增长岁数参数的方法不就可以了？但为了便于使用，默认情况下，学生的增长就是增长一岁，而只有特殊的情况下，才增长若干岁。理想的情况是：学生类对外只有一个方法 Grow()，当调用这个方法并且没有输入参数时，长大一岁；而当调用这个方法，并且输入增长岁数参数时，增长几岁。

5.5.5　操作符的重载

上面介绍了方法的重载，C#还提供了重载机制：允许重载运算符，如“+”，“^”等，在原来功能的基础上，完成用户自定义的功能。例如，对于复数运算，可以定义方法：

```
Add(1+2i,2+3i)=3+5i
```

而使用符号看起来会更简洁：

```
(1+2i)+(2+3i)=3+5i
```

下面来看如何实现加号“+”的这种能力：

```
/// <summary>
/// 复数类
/// </summary>
public class Complex
{
    public int real;        //实部
    public int imaginary;   //虚部

    /// <summary>
    /// 构造函数
    /// </summary>
    public Complex(int real, int imaginary)
    {
        this.real = real;
        this.imaginary = imaginary;
    }

    /// <summary>
    /// 复数相加运算
    /// </summary>
    public static Complex operator + (Complex c1, Complex c2)
    {
        Complex result=new Complex(c1.real + c2.real, c1.imaginary + c2.imaginary);
        return result;
    }
}
```

代码定义了一个复数类 Complex，其属性包括实部 real 和虚部 imaginary，构造函数初始化一个复数。第 18～25 重载了操作符“+”，这是一个二元运算，因此有两个输入参数。实现非常简单，即让两个输入参数的实部和虚部分别相加，返回一个复数对象即可。

下面使用加号进行两个复数的相加：

```
static void Main(string[] args)
{
        Complex c1=new Complex(1,2);
        Complex c2=new Complex(2,3);
        Complex c3=c1+c2;    //3+5i
}
```

对加号进行重载之后，现在的加号可不是以前的加号了。现在的加号能完成两个功能，一是普通的数值加法，二是复数的相加。具体使用哪个功能则需要视输入的参数而定，因此，这也是一种重载机制。

算术运算符，逻辑、比较运算符都可以重载，如表 5-3 所示。

表 5-3　操作符重载

类　别	操　作　符	限　制
算术二元运算符	+，*，/，–，%	无
算术一元运算符	+，–，++，– –	无
位操作二元运算符	&，!，^，<<，>>	无
位操作一元运算符	!，～，true，false	无
比较运算符	==，!=，>=，<，<=，>	必须成对重载

5.6 抽　象　类

面向对象编程思想试图模拟现实中的对象和关系。但是，有时候，基类并不是与具体的事物相联系的，而是表达一种抽象的概念。抽象类就可以满足这种关系。本节讲述抽象类的概念和使用。

5.6.1 抽象类的概念

现实中，存在如图 5-3 所示的对象及关系，父类“运动员”有 3 个子类，这 3 个子类都可以继承父类的“训练”这个方法，但是，仔细考虑一下，父类“运动员”的训练该如何实现呢？

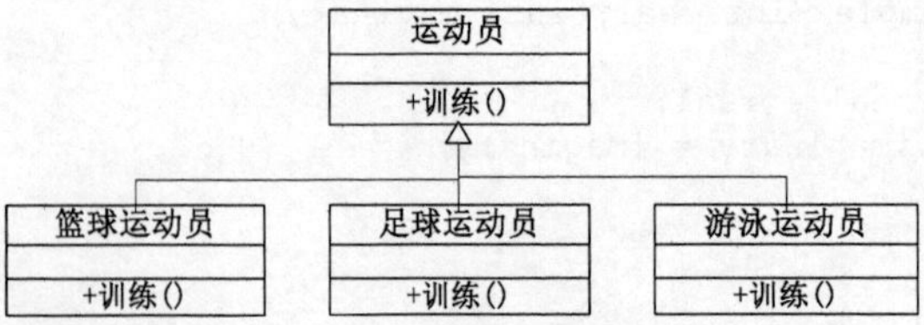

图 5-3　运动员及其子类关系

不难发现，这个方法其实没有办法具体实现，因为不能用统一的训练方法针对所有不同的子类运动员。在“运动员”类中，“训练”只是一个纸上谈兵的方法，是一个“虚拟”的方法。

那么，把这个方法从运动员中去掉可以吗？事实上，“训练”的存在也有其意义，它规定所有的子类运动员都要有“训练”这个方法。所以，这个“虚拟”方法也并非全无用处，可以为其子类设置一个必须包含的方法。在 C#中，抽象方法和抽象类的定义如下。

- 抽象方法：只包含方法定义，但没有具体实现的方法，需要其子类或者子类的子类来具体实现。
- 抽象类：含有一个或多个抽象方法的类称为抽象类。抽象类不能够被实例化，这是因为它包含了没有具体实现的方法。

5.6.2　抽象类的声明

上面介绍了什么是抽象方法和抽象类，现在来看如何在 C#中实现。

（1）在 C#中，使用关键字 abstract 来定义抽象方法（abstract method），并需要把 abstract 关键字放在访问级别修饰符和方法返回数据类型之前，没有方法实现的部分，格式如下：

```
public abstract void Train();
```

（2）子类继承抽象父类之后，可以使用 override 关键字覆盖父类中的抽象方法，并做具体的实现，格式如下：

```
public override void Train() {…}
```

另外，子类也可以不实现抽象方法，继续留给后代实现，这时子类仍旧是一个抽象类。

根据上面给出的语法，定义运动员抽象类如下：

```
1.  /// <summary>
2.  /// 抽象类：运动员
3.  /// </summary>
4.  public abstract class Player
5.  {
6.  /// <summary>
7.  /// 抽象方法：训练
8.  /// </summary>
9.  public abstract void Train();
10. }
```

上述代码定义了运动员抽象类，它有一个抽象方法 Train()（第 9 行）。

5.6.3　抽象方法

子类在继承了抽象父类之后，就可以具体实现其中的抽象方法了。下面的代码模拟了图 5-3 所示的情况，3 个子类运动员分别实现了抽象方法 Train()。

```
/// <summary>
/// 篮球运动员
/// </summary>
public class BasketballPlayer : Player
{
    public override void Train()
{
        Console.WriteLine("Basketball players are training...");
    }
}

/// <summary>
/// 足球运动员
/// </summary>
```

```
15. public class FootballPlayer : Player
16. {
17.         public override void Train()
18.         {
19.                 Console.WriteLine("Football players are training...");
20.         }
21. }
22.
23. /// <summary>
24. /// 游泳运动员
25. /// </summary>
26. public class SwimPlayer : Player
27. {
28.         public override void Train()
29.         {
30.                 Console.WriteLine("Swim players are training...");
31.         }
32. }
```

代码第 1～10 行继承运动员类声明了篮球运动员类，并在 18～20 行实现了其父类中的抽象类 Train，作为示例，本例只输出了一句话。其余两个子类与此相同，不再赘述。本例的类图如图 5-4 所示。

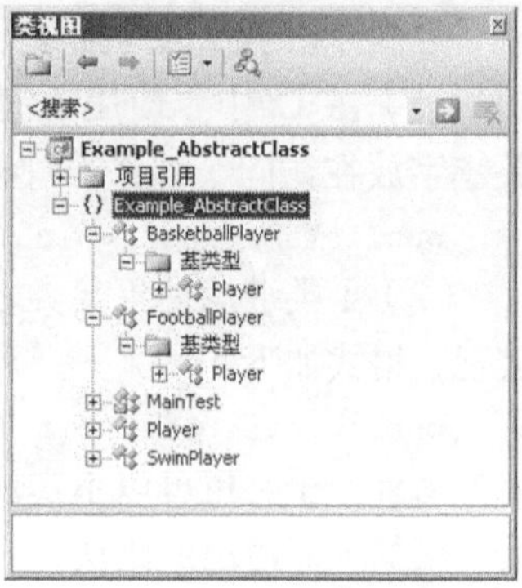

图 5-4　运动员抽象类类图

5.7　接　　口

接口实际上是定义了一组数据结构，通过这组数据结构，可以调用组件对象的功能。接口和抽象类很相似，在本节中，除了讲解接口的概念和使用外，还会讲述接口与抽象类的区别。

5.7.1　接口的概念

接口和抽象类非常相似，它定义了一些未实现的属性和方法。所有继承它的类都继承这些成员，在这个角度上，可以把接口理解为一个类的模板。

5.7.2　接口的声明

下面通过一个具体的例子介绍如何在 C#中声明和使用接口。图 5-5 所示为一个 IShape 接口的示意图。

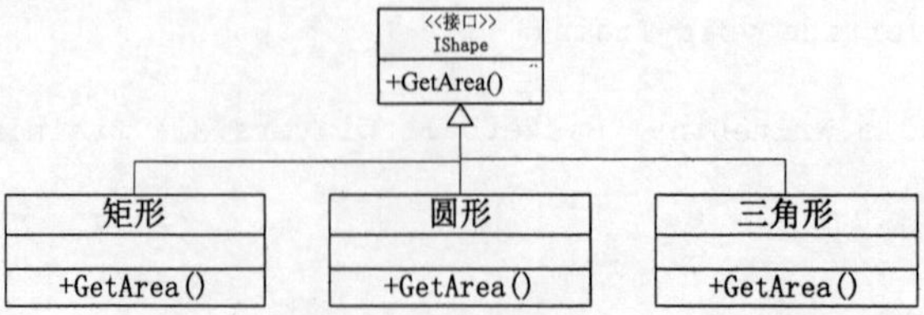

图 5-5　IShape 接口

示例中有一个“形状”的概念，它有 3 个具体的形状类：矩形、圆形、三角形。可以看出，在某种意义上，接口与抽象类非常相似。

C#中声明接口的语法如下：

```
<access-modifier> interface <interface-name>
{
    // 接口成员
}
```

接口的成员访问级别规定为 public，因此，不用在声明成员时使用访问级别修饰符。根据上面给出的语法，下面代码用来声明 IShape 接口：

```
public interface IShpae
{
     double GetArea();
}
```

5.7.3　接口的实现

声明接口之后，类就可以通过继承接口来实现其中的抽象方法。继承接口的语法同类的继承类似，使用冒号 “:”，将待继承的接口放在类的后面。如果继承于多个接口，使用逗号将其分隔。下面的代码中，实现了矩形类，它继承于 IShape 接口，并实现了 GetArea()方法：

```
1.  /// 矩形类
2.  public class Rectangle: IShape
3.  {
4.      public double dblWidth;        //宽
5.      public double dblHeight;       //高
6.
7.      /// 构造函数
8.      public Rectangle(double _dblWidth,double _dblHeight)
9.      {
10.         this.dblWidth=_dblWidth;
11.         this.dblHeight=_dblHeight;
12.     }
13.
14.     /// 求矩形面积
15.     public double GetArea()
16.     {
17.         return this.dblHeight*this.dblWidth;
18.     }
19. }
```

代码在第 2 行使用 “:” 继承了 IShape 接口，声明了矩形类 Rectangle。它有两个属性，分别是宽和高。构造函数（第 7～12 行）为这两个属性赋值，然后在第 14～18 行实现了求面积的方法 GetArea()。同实现抽象类的抽象方法不同，实现接口中的方法并不需要使用 “override” 关键字。

下面的代码使用 Rectangle 类来求一个矩形的面积：

```
Rectangle r=new Rectangle(3,5);
Console.WriteLine(r.GetArea());    //输出 15
```

另外的三角形类和圆形类与矩形类的实现类似，这里不再赘述，详细的实现可参考随书光盘“示例代码\C04\Example_IShape”。

同样，使用接口也可以实现多态，这和抽象类一样，代码如下所示：

```
1.  IShape s;
2.  s=new Rectangle(1,2);
3.  Console.WriteLine(s.GetArea());
4.
5.  s=new Triangle(3,4,5);
6.  Console.WriteLine(s.GetArea());
7.
8.  s=new Circle(1);
9.  Console.WriteLine(s.GetArea());
```

代码第 1 行声明了一个形状接口 s，然后在第 2 行对其赋值为矩形，并调用 GetArea()方法得到其面积；同样，在第 5 行使其成为一个三角形，同样使用 GetArea()方法；圆形也是一样。

5.7.4 接口与抽象类

接口和抽象类非常相似，它定义了一些未实现的属性和方法。所有继承它的类都继承这些成员，在这个角度上，可以把接口理解为一个类的模板。接口和抽象类的相似之处表现在以下两方面。

（1）两者都包含可以由子类继承的抽象成员；

（2）两者都不能直接实例化。

两者的区别表现在以下几个方面。

（1）抽象类除拥有抽象成员之外，还可以拥有非抽象成员；而接口所有的成员都是抽象的；

（2）抽象成员可以是私有的，而接口的成员一般都是公有的；

（3）接口中不能含有构造函数、析构函数、静态成员和常量；

（4）C#只支持单继承，即子类只能继承一个父类。而一个子类却能够继承多个接口。

5.8 继承和多态

继承和多态是面向对象思想的两个主要的特征。本节讲述怎样理解类的继承和多态，以及继承和多态的使用。

5.8.1 继承

继承的本质是代码重用。当要构造一个新的类时，通常无需从零开始。例如，在学生类的基础上，建立一个“大学生”类。很明显，“大学生”这个类具有自己的特点，如“所在系”就并不是所有的学生都有的，而是大学生的特殊性质。

可以把大学生看作是学生的一种延续，即在继承了学生的属性和方法基础之上，又包含了新的属性或方法。在构造大学生这个类时，只需在学生类的基础上添加大学生特有的特性即可，而无需从零开始，如图 5-6 所示。这时，称学生类为父类，大学生类为子类。

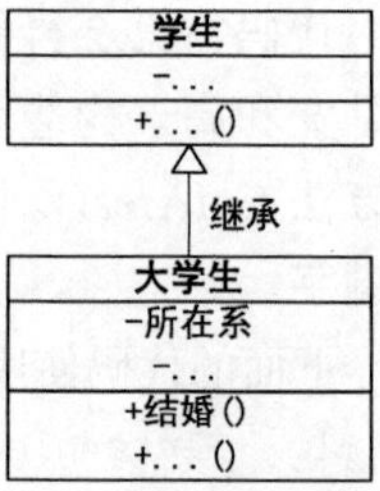

图 5-6 在继承学生类的基础上构造大学生类

在 C#中，用符号“:”实现类的继承，图 5-6 所显示的大学生类可用如下代码实现：

```
/// <summary>
/// 大学生类：继承学生类
/// </summary>
public class CollegeStudent : Student
{
    public string strInsititute;    //所在系
```

```
        /// <summary>
        /// 结婚
        /// </summary>
        public void Marry()
        {
            // ……
        }
}
```

此时，大学生类具有学生类的所有属性和方法，另外，还具有其独自的属性——所在系，以及特殊的方法——结婚。

不难看出，继承就是指一个子类能够直接获得父类已有的性质或特征，而不必重复定义。显然，继承具有传递性。另外，C#只支持单继承，即一个类只能继承一个父类。

5.8.2 多态

继续上一节给出的例子，现在假设一个运动员总教练，手下有篮球、足球、游泳运动员，把他们召集起来之后，如果总教练只是简单地对他们说："去训练！"，那么他们会怎样做呢？

很自然，不同的运动员会去做不同的训练。对于总教练而言，只需要告诉他们统一的指令即可。在面向对象的思想中，这称为多态（Polymorphism）。

多态就是父类定义抽象方法，在子类对其进行实现之后，C#允许将子类赋值给父类，然后在父类中，通过调用抽象方法来实现子类具体的功能。

在上一节的示例中，"运动员"包含一个抽象方法"训练"，其 3 个子类对其进行了实现之后，C#允许下面的赋值表达式：

```
Player p=new BasketballPlay;
```

或者

```
Player p=new FootballPlay;
Player p=new SwimPlay;
```

这样，就把一个子类对象赋值给父类类型的一个对象，然后，可以利用父类对象调用其抽象函数：

```
p.Train();
```

这样，该运动员对象就会根据自己真实的身份去做相应的动作。

小　结

本章主要讲述了 C#的面向对象设计。其中重点讲解了几个基本的概念，包括对象、类、抽象类、接口和方法。通过本章的学习，应该初步理解 C#面向对象的设计方法，学会如何使用面向对象的设计方法进行软件程序的设计。

习　题

5-1　什么是类？什么是对象？

5-2　如何声明类、属性、方法？

5-3　什么是构造函数和析构函数？它们能做什么？

5-4 为什么需要抽象类？C#中怎样声明抽象类？

5-5 接口和抽象类有什么关系？C#中怎样声明接口？

上机指导

面向对象设计是软件设计的一种方法。该方法是根据面向对象思想，以对象为基础来进行软件的设计。

实验一 设计一个老师类

实验内容

本实验使用 UML 类图工具（如 Visio 等），设计一个老师类。效果如图 5-7 所示。

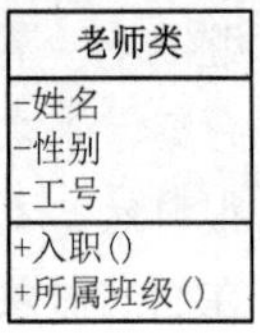

图 5-7 老师类

实验目的

巩固知识点——类。从软件设计的角度来说，类就是一种数据结构，用于模拟现实中存在的对象和关系，包含静态的属性和动态的方法。

实验思路

在 5.3.2 节介绍类的声明时，使用了学生类为例说明如何设计一个类。除了学生类之外，还可以设计其他类，如老师类。

在老师类中，可以设计三个属性，即姓名、性别和工号；还有两个方法，即入职和所属班级。

实验二 使用接口求圆的面积

实验内容

本实验使用接口，实现一个圆形类，其中包含了获取圆形面积的方法。效果如图 5-8 所示。

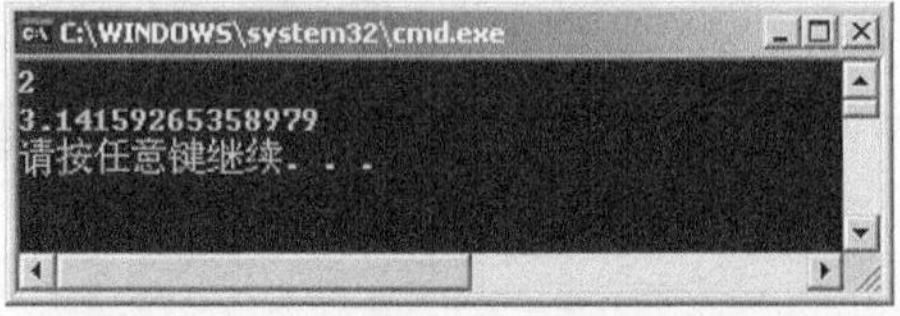

图 5-8 使用接口求面积

实验目的

巩固知识点——接口。接口定义了一些未实现的属性和方法。

实验思路

在 5.6.3 节介绍接口的实现时，使用了 IShape 接口。通过这个接口，可以获取不同图形的面积。在 5.6.3 节中，只是给出了矩形类的实现方法。在本实验中，可以根据矩形类的实现，来设计一个圆形类。此圆形类同样继承自接口 IShape。

圆形类 Circle 的完整代码如下：

```
class Circle : IShape
{
        public double dblRadius;       //半径

        /// 构造函数
        public Circle(double _dblRadius)
        {
                this.dblRadius = _dblRadius;
        }

        /// 求圆形面积
```

```
        public double GetArea()
        {
                return Math.PI * dblRadius * dblRadius;
        }
}
```

实验三　教师类方法的重载

实验内容

本实验实现的是一个教师类方法的重载。在教师类中有属性工龄 nServLen 和增加工龄的方法 Grow()。其中方法 Grow()有一次重载，表示增加工龄的两种方法。效果如图 5-9 所示。

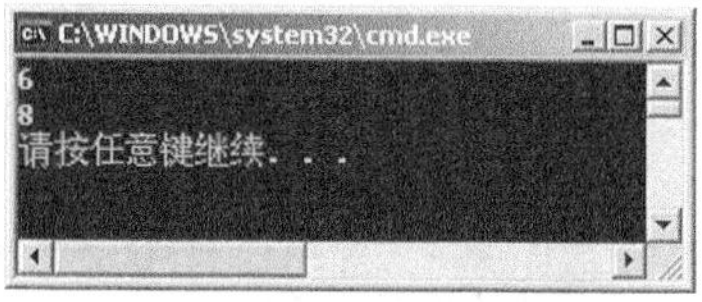

图 5-9　教师类方法的重载

实验目的

巩固知识点——重载。重载是指允许存在多个同名函数，而这些函数的参数不同（或许参数个数不同，或许参数类型不同，或许两者都不同）。在调用这个方法时，编译器可以按照输入的参数去调用适当的方法。

实验思路

根据 5.5.4 节中的实例，来实现本实验中的内容。实现过程如下。

（1）新建控制台应用程序，命名为 TeacherApp。

（2）在项目中新建一个 Teacher 类，类的代码如下：

```
class Teacher
{
        //属性
        public int nServLen;        //工龄

        /// <summary>
        /// 增加一年工龄
        /// </summary>
        public void Grow()
        {
            this.nServLen++;
        }

        /// <summary>
        /// 增加工龄
        /// </summary>
        public void Grow(int _nServLenSpan)
        {
            this.nServLen += _nServLenSpan;
        }

}
```

（3）在输出的主函数中，增加调用教师类的代码。增加的代码如下：

```
Teacher t = new Teacher();
t.nServLen = 5;

t.Grow();
Console.WriteLine(t.nServLen);

t.Grow(2);
Console.WriteLine(t.nServLen);
```

第6章 数组和集合

数组是C#程序设计中最常使用的类型之一。数组能够按一定规律把相关的数据组织在一起，能通过“索引”或“下标”快速地管理这些数据。集合是指一组类似的对象。在C#中，任意类型的对象都可以放入一个集合中，并将其视为Object类型。C#开发大量使用集合的原因在于：一方面，世界中的很多问题需要使用集合来描述；另一方面，C#提供了强大的集合操作能力。本章将介绍有关数组和集合的概念和应用。

6.1 数　　组

数组（Array）是一组相关数据的集合，在C#中应用较为广泛。本节将介绍数组的概念及应用。

6.1.1 数组简介

数组即一组数据，把一系列数据组织在一起，成为一个可操作的整体。例如，当一个做事细心的妻子或丈夫去超市买东西时，或许会事先列出一个清单：

（1）油；

（2）盐；

（3）酱；

（4）醋；

（5）毛毛熊；

（6）……

可以称这个清单为“需购物品”，它规律地列出了其内部的数据，且其内部数据具有相同的性质。在C#中，可以称这样一个清单为数组：

```
string[] myStrArr={"油" , "盐" , "酱", "醋", "毛毛熊"};
```

在数组中的每一个元素对应排列次序下标。当使用其中的某个元素时，可以直接利用这个次序下标，例如：

```
for(int i=0;i<myStrArr.Length;i++)
{
            Console.WriteLine("item{0}:{1}",i,myStrArr[i]);
}
```

将输出数组myStrArr中所有的元素。

6.1.2　创建数组

在 C#中，数组大体可以分为三种：一维数组、多维数组和交错数组。

1．一维数组

如果数组中的每个数据都只有一个元素，那么，这样的数据就称为一维数组。一维数组的定义方式如下：

```
data_type[] arr_name = new data_type[int length]
```

这种方式定义一个元素数据类型为 data_type、长度为 length 的数组 arr_name，示例如下所示：

```
int[] myIntArr=new int[100];                //定义一个长度为 100 的 int 数组
string[] mystringArr=new string[100];       //定义一个长度为 100 的 string 数组
object[] myObjectArr=new object[100];       //定义一个长度为 100 的 object 数组
```

其中，数据类型 data_type 既可以是常用数据类型（如 int，float 等），也可以是对象（如 String，StringBuilder 等）。

```
data_type[] arr_name = new data_type[] {item1, item2, … ,itemn}
```

这种方式定义一个元素数据类型为 data_type，并通过"="运算符进行赋值，其初始值为所给出的元素｛item1，item2，…，item*n*｝的个数，例如：

```
int[] myIntArr2=new int[]{1,2,3};                  //定义一个 int 数组，长度为 3
string[] mystringArr2=new string[]{"油","盐"};     //定义一个 string 数组，长度为 2
```

在这种定义下，可以不必给出数组的长度定义，数组的长度自动设置，为所给出的元素｛item1，item2，…，item*n*｝的个数。即下面的两种定义完全相同。

```
int[] myIntArr2=new int[]{1,2,3};
int[] myIntArr2=new int[3]{1,2,3};
```

2．多维数组

如果数组中的每个数据都由多个元素组成，那么，这样的数据就称为多维数组。多维数组的定义方式如下：

```
data_type[,…,] arr_name = new data_type[int length1,int length2,…,int lengthn]
```

这种方式定义一个元素数据类型为 data_type，秩为 n，各维长度分别为 length1，length2，…，length*n* 的数组 arr_name，例如：

```
int[,] myIntArr=new int[10,100];               //定义一个 10*100 的二维 int 数组
string[,,] mystringArr=new string[2,2,3];      //定义一个 2*2*3 的三维 string 数组
```

这里就定义了两个多维数组。也可以用下面的方法进行多维数组的定义：

```
data_type[,…,] arr_name = new data_type[,…,]]
{
      {item1, item2, … ,itemn}
      …
}
```

例如：

```
int[,] myIntArr2= new int[,]{{1,2,3},{-1,-2,-3}};     //2*3 的二维 int 数组
string[,] mystringArr2= new string[,]{{"油","盐"},{"《围城》","《晨露》"}};
                                                      // 2*2 的二维 string 数组
```

同一维数组一样，在这种定义下，可以不必给出各维的长度定义，各维长度根据所给出的赋值元素自动确定。

3．交错数组

C#支持各个维度长度不同的多维数组，称为交错数组，也称为“数组的数组”。交错数组的定义如下：

```
data_type[][]… arr_name = new data_type[int length1][int length2]…
```

这个定义和定义多维数组非常类似，区别在于，交错数组必须单独初始化交错数组每一维中的元素。例如，下面定义一个第一维长度为 3 的交错数组：

```
int[][] myJaggedArray = new int[3][];
myJaggedArray[0] = new int[5];
myJaggedArray[1] = new int[4];
myJaggedArray[2] = new int[2];
```

在这个交错数组 myJaggedArray 中，每个元素都是一个一维整数数组。第一个元素是由 5 个整数组成的数组，第二个是由 4 个整数组成的数组，而第三个是由两个整数组成的数组。

```
data_type[][]… arr_name = new data_type[][]…
{
      new data_type[] { item1, … , new data_type[]itemn}
      …
}
```

这种方式在声明数组的同时进行初始化，同样可以不指定各维的长度，例如：

```
int[][] myJaggedArray = new int [][]
{
       new int[] {1,3,5,7,9},
       new int[] {0,2,4,6},
       new int[] {11,22}
};
```

6.1.3 访问数组

访问数组的元素包括读取或设置某个元素的值。最基本的方法是通过下标定位元素，另外还可以使用 GetValue/SetValue 方法。

1．通过下标定位元素

C#中数组对其中的元素进行排序，并从 0 开始计数，这样每一个元素都会有一个唯一的下标，通过这个下标，就可以定位唯一的一个元素。下面通过示例来说明。

（1）一维数组

```
string[] myStrArr={"油" , "盐" , "酱", "醋", "毛毛熊"};
```

这里，myStrArr[0]= “油”；myStrArr[4]= “毛毛熊”。如果试图访问超过下标范围的数据，则会出现如下异常。

```
System.IndexOutOfRangeException: 索引超出了数组界限。
```

（2）多维数组

```
string[,] myStrArr2={{"油","盐"},{"《围城》","《晨露》"},{"毛毛熊","Snoopy"}};
```

定义之后，myStrArr2[0,0]= “油”；myStrArr2[2,1]= “Snoopy”。

（3）交错数组

```
int[][] myJaggedArray = new int [][]
{
       new int[] {1,3,5,7,9},
       new int[] {0,2,4,6},
       new int[] {11,22}
```

```
};
```

定义之后则有：

- myJaggedArray[0][0]=1；
- myJaggedArray[1][1]=2；
- myJaggedArray[2][1]=22。

下面的代码可以循环输出所有的交错数组元素：

```
for(int i=myJaggedArray.GetLowerBound(0);i<=myJaggedArray.GetUpperBound(0);i++)
{
        Console.WriteLine("item{0}",i);
        for(int j=myJaggedArray[i].GetLowerBound(0);j<=myJaggedArray[i]. Get-
        UpperBound(0);j++)
        {
                Console.WriteLine("item{0}{1}:{2}",i,j,myJaggedArray[i][j]);
        }
}
```

2. 使用 GetValue/SetValue

GetValue 方法定义如下：

```
public object GetValue(params int[] indices);
```

其中，多个 int 型参数 indices 的含义为下标。方法返回一个 object 对象，这是 C#中所有对象的基类，使用多态性，可以指向所有的 C#对象。下面的代码使用 GetValue 方法，循环输出一个二维数组所有元素：

```
//定义二维数组
string[,] myStrArr2=new string[,]{{"油","盐"},{"《围城》","《晨露》"},
{"毛毛熊","Snoopy"}};
//循环输出
for(int i=myStrArr2.GetLowerBound(0); i<=myStrArr2.GetUpperBound(0);i++)
{
        Console.WriteLine("item{0}",i);
        for(int j=myStrArr2.GetLowerBound(1); j<=myStrArr2.GetUpperBound(1);j++)
        {
                Console.WriteLine("item{0}{1}:{2}",i,j,myStrArr2.GetValue(i,j));
        }
}
```

SetValue 的功能是为数组的某个元素赋值，其定义及参数表与 GetValue 相似，不再赘述。

6.1.4　数组排序

对数组进行排序是指按照一定的排序规则，如递增或递减规则，重新排列数组中的所有元素。可以使用 Array 类的 Sort 方法完成这个功能。Sort 方法有多种重载方式，常用的形式如下：

```
public static void Sort(Array array);
```

其中，参数 array 为待排序的数组。下面的示例首先定义了一个数组，含有元素{5,4,3,2,1}，然后利用 Sort 方法对其排序：

```
/// 利用 Sort 方法进行数组排序
public void test1()
{
      int[] myArr = {5, 4, 3, 2, 1};     //定义数组

```

```
        //输出原始数组：原始数组:5->4->3->2->1->
        Console.WriteLine( "原始数组:" );
        for(int i=0;i<myArr.Length;i++)
                Console.Write("{0}->",myArr[i]);

        Array.Sort( myArr );  //对数组排序

        //并输出排序后的数组：1->2->3->4->5->
        Console.WriteLine( "排序以后数组:" );
        for(int i=0;i<myArr.Length;i++)
                Console.Write("{0}->",myArr[i]);
}
```

有时候需要进行所谓的关键字排序。例如，有两个数组 arrSid 和 arrSname，分别代表一组学生的学号和姓名，如果想要根据学号顺序输出姓名，反之，都需要使用数组的排序操作，那么，如何把这两个数组联系在一起排序呢？这时就可以使用 Sort 的下面这种形式进行关键字排序。

```
public static void Sort(Array keys, Array items);
```

其中，参数 keys 代表关键字数组，而 items 代表另一个数组。利用 Sort 下面的代码可实现上述需求。

```
/// 多个数组的关键字排序
public void test2()
{
        //定义数组
        int[] arrSid = {5, 4, 3, 2, 1};
        string[] arrSname = { "张三", "李四", "王五", "黑子", "淘气" };

        //输出原始数组：原始数组:张三(5)->李四(4)->王五(3)->黑子(2)->淘气(1)->
        Console.WriteLine( "原始数组:" );
        for(int i=0;i<arrSid.Length;i++)
                Console.Write("{0}({1})->",arrSname[i],arrSid[i]);
        Console.WriteLine();

        //根据学号关键字排序
        Array.Sort( arrSid,arrSname );

        //并输出排序后的数组：淘气(1)->黑子(2)->王五(3)->李四(4)->张三(5)
        Console.WriteLine( "排序以后数组:" );
        for(int i=0;i<arrSid.Length;i++)
                Console.Write("{0}({1})->",arrSname[i],arrSid[i]);
}
```

示例非常简单，输出已经在注释中给出，因此不作详细说明。

6.1.5 数组应用的实例

本节将利用上一章和本章所介绍的字符串和数组操作技术，实现一个完整的示例：我的书房之图书排序。其功能为按照一定的排列顺序显示一系列图书信息，最终实现结果如图 6-1 所示。

1．Book 类

Book 类如图 6-2 所示。

Book 类的属性如下：

（1）strName：图书名；

（2）intPrice：图书价格；

（3）strAuthor：图书作者。

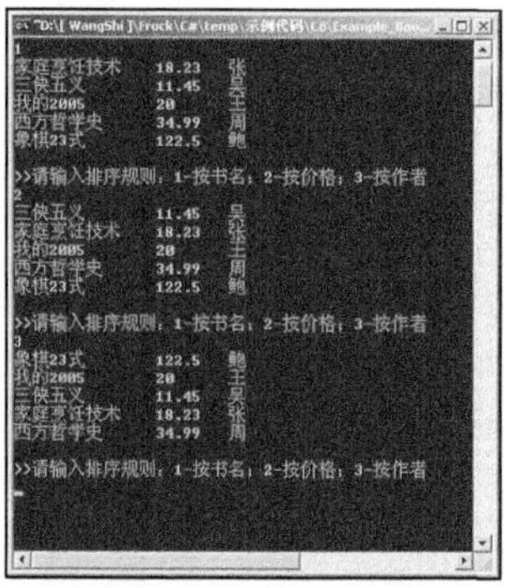

图 6-1　图书列表示例最后结果

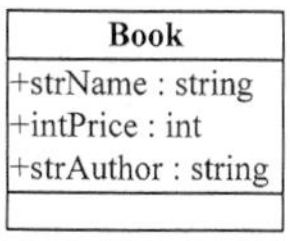

图 6-2　Book 类图

图书类（Book）的实现代码如下：

```
1.  /// <summary>
2.  /// 图书类
3.  /// </summary>
4.  class Book
5.  {
6.          public string strName;   //图书名
7.          public double dblPrice; //图书价格
8.          public string strAuthor; //图书作者
9.
10.         /// <summary>
11.         /// 构造函数
12.         /// </summary>
13.         /// <param name="_strName">图书名</param>
14.         /// <param name="_dblPrice">图书价格</param>
15.         /// <param name="_strAuthor">图书作者</param>
16.         public Book(string _strName,double _dblPrice,string _strAuthor)
17.         {
18.                 this.strName=_strName;
19.                 this.dblPrice=_dblPrice;
20.                 this.strAuthor=_strAuthor;
21.         }
22. }
```

图书类的实现非常简单，它有 3 个公共属性（第 6~9 行），还有一个构造函数（第 10~21 行）。

2. BookList 类

BookList 类用于按照不同的排序规则显示图书列表。它有 3 个静态方法，输入参数都是一个图书数组，功能为把所有书目进行排序并显示出来。BookList 类如图 6-2 所示。这 3 个排序显示的静态方法如下：

（1）DisplayByName：根据图书名顺序显示多本图书；

（2）DisplayByPrice：根据图书价格顺序显示图书；

（3）DisplayByAuthor：根据图书作者顺序显示图书。

下面代码为 DisplayByName 的实现：

```
1.  /// <summary>
2.  /// 按照图书名显示一个图书数组中的多本图书
3.  /// </summary>
4.  /// <param name="arrBooks">图书数组</param>
5.  public static void DisplayByName(Book[] arrBooks)
6.  {
7.          //获取图书数目，用户动态建立“书名”数组
8.          int bookNumber=arrBooks.GetUpperBound(0) -arrBooks.GetLowerBound(0)+1;
9.  
10.         //使用 CreateInstance 方法，动态建立“书名”数组
11.         int[] lengths=new int[]{bookNumber};
12.         int[] lowerBounds=new int[]{0};
13.         Array arrNames=Array.CreateInstance(Type.GetType("System.String"),
14.           lengths,lowerBounds);
15.
16.         //为“书名”数组赋值
17.         for(int i=arrBooks.GetLowerBound(0); i<=arrBooks.GetUpperBound(0);i++)
18.               arrNames.SetValue(arrBooks[i].strName,i);
19.
20.         //利用 Sort 方法，以“书名”为键，将图书排序
21.         Array.Sort(arrNames,arrBooks);
22.
23.         //显示排序后的图书列表
24.         foreach(Book item in arrBooks)
25.         {
26.                Console.WriteLine("{0} {1} {2}",item.strName,item.dblPrice, item.
27.                strAuthor);
28.         }
29. }
```

第 8 行首先获取了输入参数 arrBooks 的图书数目，这是为了后面动态建立书名数组而准备。

接下来，第 10～13 行利用 Array 的 CreateInstance 静态方法，动态建立了一个一维数组 arrNames，下标从 0 开始，用于存储图书的书名信息，这是为了后面利用 Sort 方法进行排序作准备。

第 15～17 行对书名数组进行赋值。

第 20 行进行了排序，这是一个键值排序，以书名为键，排序所有的图书。

第 22～26 行顺序显示排序后的图书信息。

另外的两个方法 DisplayByPrice 和 DisplayByAuthor 与上面所介绍的 DisplayByName 非常类似，此处不再进行详细的说明。整个 BookList 类的实现代码如下：

```
class BookList
{
    /// <summary>
    /// 按照图书名显示一个图书数组中的多本图书
    /// </summary>
    /// <param name="arrBooks">图书数组</param>
    public static void DisplayByName(Book[] arrBooks)
    {
           //...
    }

    /// <summary>
```

```
        /// 按照图书价格显示一个图书数组中的多本图书
        /// </summary>
        /// <param name="arrBooks">图书数组</param>
        public static void DisplayByPrice(Book[] arrBooks)
        {
              //...
        }

        /// <summary>
        /// 按照图书名显示一个图书数组中的多本图书
        /// </summary>
        /// <param name="arrBooks">图书数组</param>
        public static void DisplayByAuthor(Book[] arrBooks)
        {
              //...
        }
}
```

类分别实现了上面介绍的 3 个函数。

3．主函数

主函数首先使用 Book 类，定义了 5 本书，并把这 5 本书放在一个数组内，然后通过 BookList 类的静态方法进行排序输出。实现代码如下：

```
/// <summary>
/// 应用程序的主入口点
/// </summary>
static void Main(string[] args)
{
        Book b1=new Book("我的 2010",20,"王");
        Book b2=new Book("家庭烹饪技术",18.23,"张");
        Book b3=new Book("西方哲学史",34.99,"周");
        Book b4=new Book("三侠五义",11.45,"吴");
        Book b5=new Book("象棋 23 式",122.50,"鲍");

        Book[] myBooksArr=new Book[]{b1,b2,b3,b4,b5};

        Console.WriteLine("\n>>请输入排序规则：1-按书名；2-按价格；3-按作者");
        string type=Console.ReadLine();
        switch(Convert.ToInt32(type))
        {
              case 1:
                    BookList.DisplayByName(myBooksArr);
                    break;
              case 2:
                    BookList.DisplayByPrice(myBooksArr);
                    break;
              case 3:
                    BookList.DisplayByAuthor(myBooksArr);
                    break;
              default:
                    break;
        }
}
```

上述示例中使用了 switch 语句，用以判断用户的输入，然后根据用户的选择，调用 BookList 不同的方法。

4．扩展

读者可以对从以下方面对这个应用进行进一步的扩展。

（1）添加一本新图书到图书列表中。

（2）显示图书价格大于参数 min 的所有图书。

（3）根据书名、作者或者价格，查找某本图书。

6.2 集　　合

数组是一种非常有用的数据结构，但是数组也具有严重的局限性。首先，数组元素的数据类型必须是相同的，其次，在创建数组时必须知道有多少个元素，对应用程序来说，还需要通过循环索引来访问这些元素。因此，数组并不是使用最方便的数据结构。C#提供了集合，通过它来管理数据将更为方便。

6.2.1　集合的概念

集合是通过高度结构化的方式存储任意对象的类，与无法动态调整大小的数组相比，集合不仅能随意调整大小，而且对存储或检索存储在其中的对象提供了更高级的方法。集合可以把一组类似的类型化对象组合在一起。例如，由于 Object 是所有数据类型的基类，因此任何类型的对象（包括任何值类型或引用类型数据）都可被组合到一个 Object 类型的集合中，并通过 C#的 foreach 语句来访问其中的每一个对象。当然，对于一个 Object 类型的集合来说，可能需要单独对各元素执行附加的处理，例如，装箱、拆箱或转换等。

.NET Framework 引入了泛型集合（如对象列表 List）和强类型非泛型集合（字符串集合 StringCollection），在使用泛型集合或非强类型非泛型集合时，要保证元素的类型是集合所需的类型。例如，从 StringCollection 集合中存储或检索字符串时，集合元素必须是字符串。.NET Framework 的强类型集合具有自动执行元素类型验证的功能。

6.2.2　集合类

常用集合包括数组、列表、哈希表、字典、队列和堆栈等基本类型，还包括有序列表、双向链表和有序字典等派生集合类型。表 6-1 列出了常用的集合类。

表 6-1　　常用的集合类

集　合	含　义
Array	数组
List	列表
ArrayList	动态数组
Hashtable	哈希表
Dictionary	字典（键/值对集合）
Queue	队列
Stack	栈
SortedList	有序键/值对列表
LinkedList	双向链表
SortedDictionary	有序字典

6.2.3 ArrayList 动态数组类

ArrayList 是一种较为复杂的数组，其实现了可变大小的一维数组。常用属性和方法如图 6-3 所示。

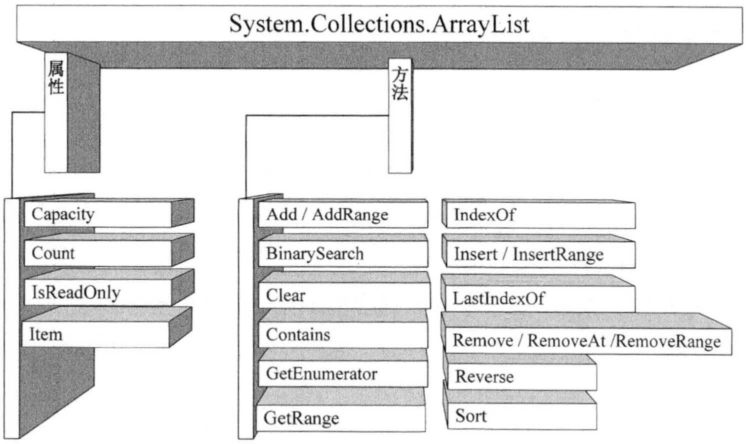

图 6-3 ArrayList 类的属性和方法

1. 创建 ArrayList

利用 ArrayList 的构造函数来创建一个新的列表，常用的形式有以下两种：

（1）public ArrayList()

（2）public ArrayList(int capacity)

参数 capacity 可以指定所创建列表的初始容量。如果不指定，则初始容量为.NET 的默认值 16。下面的代码创建了两个列表对象：

```
ArrayList arr1=new ArrayList();
ArrayList arr2=new ArrayList(100);
```

其中，arr1 的初始容量为 16，arr2 为 100。目前，两者里面都是空的，没有任何元素。随着操作的进行，当列表中的元素达到最大容量时，列表将自动将其容量增加一倍。另外，如果想要使用 ArrayList，首先需要在代码头部引入命名空间：

```
using System.Collections;
```

2. 添加元素

可以通过 ArrayList 的 Add 和 AddRange 方法，实现向一个列表中添加数据。两者的区别在于：Add 一次只能添加一个元素，而 AddRange 一次可以添加多个元素，这多个元素需要放在一个集合或数组中。两者常用的形式如下：

（1）public int Add(object value)

（2）public void AddRange(ICollection c)

下面的示例中，首先定义了一个列表 arr1，然后使用 Add 方法，向 arr1 中添加了两个元素，其中第一个为字符串对象“Hello”，第二个为一个整数对象 1。然后分别定义了两个列表 arr2 和 arr3，并分别使用 Add 和 AddRange 方法试图将 arr1 中的所有数据都添加到 arr2 和 arr3 中。从结果中可以看出，只有使用 AddRange 才能实现这个目的，而使用 Add 方法则可以得到一个二维数组，第一维的元素为 arr1。

```
ArrayList arr1=new ArrayList();

//向 arr1 中添加一个字符串对象“Hello”
```

```
object item=new object();
item="Hello";
arr1.Add(item);   //arr1: {"Hello"}
//向 arr1 中添加一个整数对象 1
item=1;
arr1.Add(item);   //arr1: {"Hello",1}
//向另一个列表中添加 arr1 中的所有元素
ArrayList arr2=new ArrayList();
arr2.Add(arr1);   //arr2 只有一个元素: {arr1}={{"Hello",1}}
ArrayList arr3=new ArrayList();
arr3.AddRange(arr1);  //arr3: {"Hello",1}
```

Add 和 AddRange 方法只能将元素添加到列表的末尾，如果想要在列表的任意位置添加元素，则需要使用 Insert 方法。

3．删除元素

ArrayList 中支持删除元素的方法有 3 个，形式分别如下。

（1）public void Remove(object obj)：用于删除数组中特定对象 obj 的第一个匹配项。参数 obj 为要从 ArrayList 移除的 Object。

（2）public void RemoveAt(int index)：用于移除 ArrayList 的指定索引处的元素。参数 index 为要移除的元素的从零开始的索引。

（3）public void RemoveRange(int index,int count)：用于从 ArrayList 中移除一定范围的元素。参数 index 为要移除元素的起始索引（从零开始计数），参数 count 为要移除的元素数。

下面的示例中，首先定义了一个列表 arr1，使用 Add 方法添加进 10 个元素（整数 0～9），然后分别使用上面的 3 种方法，删除掉元素 3、元素 5 以及元素{7、8、9}。

```
ArrayList arr1=new ArrayList();
//循环添加元素 1～9
for(int i=0;i<10;i++)
    arr1.Add(i);
//使用 Remove()，删除掉 3
arr1.Remove(3);
//使用 RemoveAt()，删除掉 5。注意：此时，元素 5 的下标为 4
arr1.RemoveAt(4);
//使用 RemoveRange()，一次删除掉 7，8，9。注意，元素 7 的下标为 5
arr1.RemoveRange(5,3);
```

4．查找元素

在集合中对特定元素的查找也是常用的操作之一，ArrayList 提供了二分查找的方法 BinarySearch，可以在复杂度 O(login)内完成查找，常用形式如下：

```
public virtual int BinarySearch(object value);
```

在整个已排序的 ArrayList 中搜索元素，并返回该元素从 0 开始的索引。

下例首先使用默认的非递增简单排序方法对一个列表中的元素进行排序，然后使用

BinarySearch 方法搜索其中的特定元素，并输出其索引：

```
ArrayList arr1=new ArrayList();

//循环添加元素 10~1
for(int i=0;i<10;i++)
        arr1.Add(10-i);

//使用 BinarySearch，查找元素 7，并输出
arr1.Sort(); //首先需要进行排序
int idx=arr1.BinarySearch(7);
Console.WriteLine("arr[{0}]=7",idx);//arr[6]=7
```

如果使用制定的排序策略对集合中的元素进行排序之后，相应地，也可以使用同样的排序策略，结合 BinarySearch 方法实现元素的查找。这时，形式如下：

```
public virtual int BinarySearch(object value,IComparer comparer);
```

此时，将使用指定的比较器在整个已排序的 ArrayList 中搜索元素，并返回该元素从零开始的索引。参数 value 为待查找的元素，而 Icomparer 为指定的比较策略。

6.2.4 遍历列表

1. 使用 foreach 语句

遍历列表是指访问一遍列表中的所有元素，可以使用 foreach 语句完成这个功能。下例使用 foreach 输出列表 arr1 中的所有元素：

```
ArrayList arr1=new ArrayList();

//循环添加元素 0~9
for(int i=0;i<10;i++)
        arr1.Add(i);

//使用 foreach 遍历数组，输出所有元素
foreach(object item in arr1)
{
      Console.WriteLine("{0}",item);
}
```

2. 使用 GetEnumerator 方法

除了 foreach 之外，还可以使用 ArrayList 的 GetEnumerator 方法实现列表的遍历。形式如下：

```
public virtual IEnumerator GetEnumerator();
```

GetEnumerator 方法返回整个 ArrayList 的枚举数对象 IEnumerator。这个对象可以得到一个集合对象的所有元素，其最主要的属性为 Current，用于获取集合中的当前元素。

主要的方法包括以下两个。

（1）MoveNext：将枚举数推进到集合的下一个元素，在传递到集合的末尾之后，枚举数放在集合中最后一个元素后面，且调用 MoveNext 会返回 False；

（2）Reset：将枚举数设置为其初始位置，该位置位于集合中第一个元素之前。

下面的代码使用 GetEnumerator 实现上例 foreach 同样的列表遍历功能：

```
ArrayList arr1=new ArrayList();

//循环添加元素 0~9
for(int i=0;i<10;i++)
        arr1.Add(i);
```

```

//使用 GetEnumerator 遍历数组
System.Collections.IEnumerator enm=arr1.GetEnumerator();
while(enm.MoveNext())
{
      Console.WriteLine("{0}",enm.Current);
}
```

6.3 哈 希 表

普通意义上的哈希表（Hashtable）常用于查询数据。在一般的列表中，数据和其存储位置（可理解为索引）之间不存在确定的关系。在其中查找数据时，需进行一系列的比较操作，如二分查找策略等。

而对于列表，构造了一个数据和位置索引一一对应的关系，使每个数据和表中唯一的一个索引相对应。当需要查找某个数据时，只需要根据对应关系直接定位数据即可。其中，这个对应关系称为哈希函数。

在 C#中，哈希表稍有不同，是一个<键（key）、值（value）>对的集合，每一个元素都是这样一个对。这里，键（key）类似于普通意义上的下标，唯一确定一个值（value）。

6.3.1 Hashtable 类

哈希表（Hashtable）是一个元素为<键（key）、值（value）>对的集合，每个元素是一个存储在 DictionaryEntry 对象中的键/值对，键不能为空引用 null，但值可以为 null。

在需要存储具有键/值对属性的数据时，例如<学号，学生对象>对、<数据属性名，数据值>等具有一一对应关系的数据时，常常需要使用哈希表。

Hashtable 类常用属性和方法如图 6-4 所示。

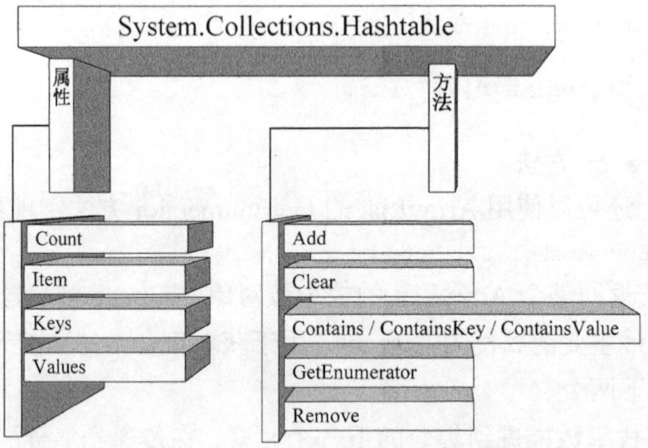

图 6-4　Hashtable 类的属性和方法

由于 Hashtable 很多成员与 ArrayList 类似，在此只简单介绍 Hashtable 独有的属性和方法。

1．属性

（1）Item：获取或设置与指定的键相关联的值。

（2）Keys：获取包含 Hashtable 中的键的 Icollection。

（3）Values：获取包含 Hashtable 中的值的 Icollection。

2．方法

（1）Contains：确定 Hashtable 是否包含特定键。

（2）ContainsKey：确定 Hashtable 否包含特定键。

（3）ContainsValue：确定 Hashtable 是否包含特定值。

6.3.2　构造普通哈希表

本小节将利用常见的一个哈希函数来构造一个哈希表，这个哈希函数 f 如下所示。

```
key = value%13
```

即对于任意一个整数值，都将通过这个哈希函数得到一个键。例如：

（1）f（1）=1；

（2）f（15）=2；

（3）f（39）=f（13）=0。

当发生多个值对应于一个键的冲突时，如上面的 39 和 13，采用线性哈希的方式来消解冲突，即当某一个值添加到哈希表时，如果其键所在的位置已经被另一个数所占有，那么将向后线性寻找，直到找到下一个空的位置。

想要构造这个哈希表，需要使用 Hashtable 的 Add 方法添加元素，形式为：

```
public virtual void Add(object key,object value);
```

该方法将带有指定键和值的元素添加到 Hashtable 中。参数 key 为要添加的元素的键，value 为要添加的元素的值。

下面的代码实现了一个构造上述哈希表的类 MyHashtable：

```
/// Queue 示例：构造一个哈希表
/// 哈希函数：key = value % 13
class MyHashtable
{
     public Hashtable htResult=new Hashtable(); //所构造的哈希表

     /// 向哈希表中添加一个新的元素
     /// <param name="_intNewItem">所要添加的元素</param>
     public void AddItem(int _intNewItem)
     {
          //定义变量
          int pkey=_intNewItem % 13;
          int i=0;

          //线性哈希，寻找合适哈希位置
          while(this.htResult.Contains(pkey) && i<13)
          {
               pkey=(pkey+1)%13;
               i++;
          }

          //添加元素
          if(i<13)
               this.htResult.Add(pkey,_intNewItem);
          else
```

```
26.             Console.WriteLine("哈希表溢出。");
27.         }
28. }
```

类 MyHashtable 只有一个属性 htResult，为所构造的哈希表。而方法 AddItem 用于向 htResult 中插入一个新的元素。实现思路为：首先，第 12 行利用哈希函数获取所要添加的数据值的键，然后在第 15～20 行为其寻找合适的位置，用到了 Hashtable 类的 Contains 方法，用于判断是否发生冲突。确定了所要插入的位置之后，第 23～26 行使用 Add 方法添加元素。本例考虑了哈希表溢出的情况，即所添加的数据无法找到合适的位置。

在主函数中，可以通过不断调用 MyHashtable 的 AddItem 方法来构造出这个哈希表，如下所示：

```
1.  static void Main(string[] args)
2.  {
3.          //实例化 MyHashtable 对象
4.          MyHashtable myht=new MyHashtable();
5.          int pValue=0;
6.          Console.WriteLine("输入 10 个整数值：");
7.  
8.          //利用 MyHashtable 的 AddItem 循环添加数据
9.          for(int i=0;i<10;i++)
10.         {
11.                 pValue=Convert.ToInt32(Console.ReadLine());
12.                 myht.AddItem(pValue);
13.         }
14. 
15.         //利用 foreach 语句和 DictionaryEntry 结构，输出哈希表
16.         foreach(System.Collections.DictionaryEntry pair in myht.htResult)
17.         {
18.                 Console.WriteLine("{0}->{1}",pair.Key,pair.Value);
19.         }
20. }
```

作为示例，上面的主函数在第 8～13 行循环获取 10 个输入，然后调用 MyHashtable 的 AddItem 方法构造哈希表，然后在第 15～19 行使用 foreach 语句输出哈希表中的所有元素。

另外，由于 Hashtable 的每个元素都是一个键/值对，因此元素类型既不是键的类型，也不是值的类型，而是一个 DictionaryEntry 结构类型。

6.3.3 SortedList 类

Hashtable 类本身并不具有排序的功能，如果想要进行排序，则需要使用 SortedList 类。SortedList 类本质上也是一个哈希表，与 Hashtable 不同的是，它表示键/值对的集合，这些键和值按键排序，并可按照键和索引访问。SortedList 类常用属性和方法如图 6-5 所示。

由于 SortedList 很多成员与 ArrayList 和 Hashtable 重复，在此只简单介绍 SortedList 独有的几个方法。

（1）GetByIndex：获取 SortedList 的指定索引处的值。

（2）GetKey：获取 SortedList 的指定索引处的键。

（3）GetKeyList：获取 SortedList 中的键。

（4）GetValueList：获取 SortedList 中的值。

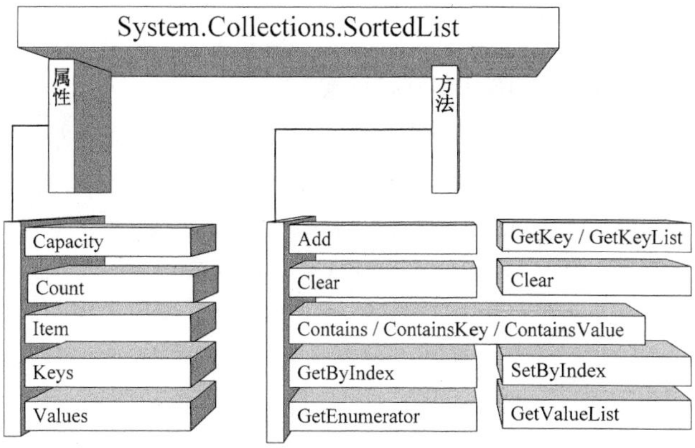

图 6-5　SortedList 类的属性和方法

6.3.4　搜索排序哈希表

本小节继续沿用 6.3.2 小节的哈希表，使用同样的哈希函数来构造一个 SortedList，并提供查询的功能。下面的代码实现了一个构造上述排序哈希表的类 MySortedList：

```
/// SortedList 示例：搜索哈希表
/// 哈希函数：key = value % 13
class MySortedList
{
    public SortedList slResult=new Hashtable();     //所构造的哈希表

    /// 向哈希表中添加一个新的元素
    /// <param name="_intNewItem">所要添加的元素</param>
    public void AddItem(int _intNewItem)
    {
        //定义变量
        int pkey=_intNewItem % 13;
        int i=0;

        //线性哈希，寻找合适哈希位置
        while(this.slResult.Contains(pkey) && i<13)
        {
            pkey=(pkey+1)%13;
            i++;
        }

        //添加元素
        if(i<13)
            this.slResult.Add(pkey,_intNewItem);
        else
            Console.WriteLine("哈希表溢出。");
    }

    /// 在 SortedList 中搜索给定的数据
    /// <param name="_intValue">待搜索的元素 value 值</param>
    /// <returns>搜索成功的元素索引值</returns>
```

```
32.         public int Search(int _intValue)
33.         {
34.               //首先根据哈希函数直接定位 key 值
35.               int pkey=_intValue % 13;
36.               int i=0;
37.
38.               //考虑到冲突的情况，根据冲突消解线性策略继续寻找
39                int idx=this.slResult.IndexOfKey(pkey);
40.               while(Convert.ToInt32(this.slResult.GetByIndex(pkey))!=_intValue && i<13)
41.               {
42.                     idx=(idx+1)%13;
43.                     i++;
44.               }
45.
46.               //返回查找成功后 key 值
47.               if(i<13)
48.                     return idx;
49.               else
50.                     Console.WriteLine("哈希表中不存在你想要寻找的数据");
51.               return -1;
52.         }
53. }
```

类 MySortedList 只有一个属性 slResult，为所构造的哈希表。方法 AddItem 的功能为向 slResult 中插入一个新的元素。实现思路与 4.3.2 类 MyHashtable 中的实现类似。

另一个方法 Search 实现了对哈希表的搜索功能，输入为一个 value 值，然后通过哈希函数在第 35 行直接寻找其对应的 key 值。考虑到冲突的情况，直接定位的 key 值可能并非所要寻找的目标，还需要根据冲突消解线性策略继续寻找，代码的第 38～43 行实现了这一功能。搜索完成后，如果成功，在第 48 行返回 key 值，否则在第 50 行返回错误提示。

一个调用的示例如下：

```
static void Main(string[] args)
{
      //实例化 MySortedList 对象
      MySortedList mysl=new MySortedList();
      int pValue=0;
      Console.WriteLine("输入 10 个整数值：");

      //利用 MySortedList 的 AddItem 循环添加数据
      for(int i=0;i<10;i++)
      {
            pValue=Convert.ToInt32(Console.ReadLine());
            mysl.AddItem(pValue);
      }

      //利用 foreach 语句和 DictionaryEntry 结构，输出哈希表
      Console.WriteLine("SortList 内容如下：");
      foreach(System.Collections.DictionaryEntry pair in mysl.slResult)
      {
           Console.WriteLine("{0}->{1}",pair.Key,pair.Value);
      }

```

```
22.         //利用 MySortedList 的 Search 方法进行搜索
23.         Console.WriteLine("输入需要搜索的数据: ");
24.         pValue=Convert.ToInt32(Console.ReadLine());
25.         int pkey=mysl.Search(pValue);
26.         if(pkey!=-1)
27.         {
28.                 int idx=mysl.slResult.IndexOfKey(pkey);
29.                 Console.WriteLine("搜索结果为: {0}->{1}",
    pkey,mysl.slResult.GetByIndex(idx));
30.         }
31. }
```

上面的主函数在第 8～13 行循环获取 10 个输入，再调用 MySortedList 的 AddItem 方法构造哈希表，然后在第 15～20 行输出哈希表中的所有<key，value>对。最后，在第 25 行使用其 Search 方法搜索其键值。如果搜索成功，则返回其<key，value>对。

示例运行的结果如图 6-6 所示。

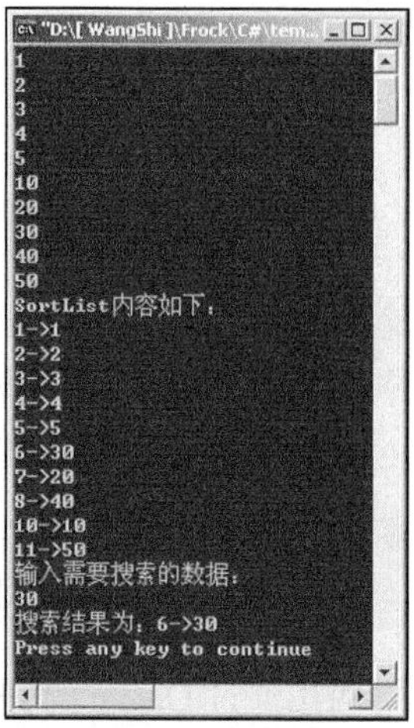

图 6-6　搜索排序哈希表示例结果

6.4　队　　列

队列（Queue）实际上是一种特殊的列表。对列表的操作进行了限制，要求列表中的元素必须满足先进先出的原则，这类似于现实生活中的排队，如图 6-7 所示。其最主要的方法为入队操作 Enqueue 和出队操作 Dequeue，分别完成在队列尾的添加新元素操作和在队列头的删除元素操作。其他 Queue 支持的方法，例如遍历、清空等和 ArrayList 类似，不再赘述。Queue 类常用属性和方法如图 6-8 所示。

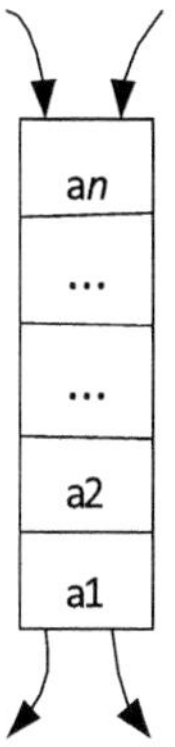

图 6-7　队列示意图

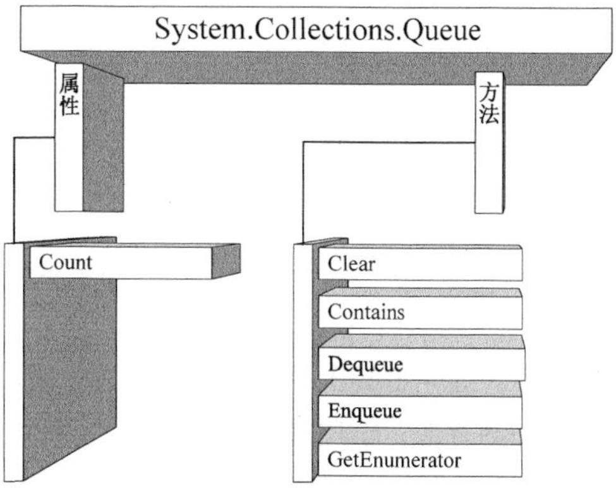

图 6-8　Queue 类的属性和方法

6.4.1　创建队列

利用 Queue 的构造函数创建一个新的队列，常用的形式包括以下几种。

（1）public Queue ()

（2）public Queue (int capacity)

（3）public Queue(int capacity, float growFactor)

参数 capacity 可以指定所创建列表的初始容量，如果不指定，则初始容量为.NET 的默认值 32。而参数 growFactor 则指定当队列满后容量的增长率，新容量等于当前容量与 growFactor 的乘积，默认值为2.0。

下面的代码创建了3个队列对象：

```
Queue queue1=new Queue();
Queue queue2=new Queue(100);
Queue queue3=new Queue(100,1.5f);
```

其中，queue1的初始容量为32，queue2为100。目前，两者里面都是空的，没有任何元素。随着操作的进行，当列表中的元素达到其最大容量时，列表将自动增长至200。而对于queue3，其初始容量为100，当列表中的元素达到其最大容量时，列表将自动增长至150。

同ArrayList一样，如果想要使用Queue，首先需要在代码头部引入命名空间。

```
using System.Collections;
```

6.4.2 元素入队

可以通过Queue的Enqueue，实现向一个元素的入队操作，形式如下：

```
public virtual void Enqueue(object obj);
```

下面的示例中，首先定义了一个队列queue1，然后使用Enqueue方法，向其中添加了3个元素，其中第一个为字符串对象“Hello”，第二个为一个整数对象1，第3个为整型数组arr1。

```
Queue queue1=new Queue();

//字符串："Hello"入队
object item=new object();
item="Hello";
queue1.Enqueue(item);
//整数：1入队
item=1;
queue1.Enqueue(item);
//数组：arr1={1,2,3}入队
int[] arr1=new int[]{1,2,3};
queue1.Enqueue(arr1);
```

6.4.3 元素出队

与Enqueue相反，可以通过Queue的Dequeue实现一个元素的出队操作，形式如下：

```
public virtual object Dequeue();
```

下面的示例中，首先定义了一个队列queue1，然后使用Enqueue方法，3个元素依次入队。然后再使用Dequeue方法，输出所有的元素。注意，这个输出的顺序和入队的顺序是一致的。

```
Queue queue1=new Queue();

//依次入队："Hello"、1、{1,2,3}
queue1.Enqueue("Hello");
queue1.Enqueue(1);
queue1.Enqueue(new int[]{1,2,3});

//通过出队操作，输出队列中的所有元素，这个顺序与入队的顺序一致
object outItem=new object();
while(queue1.Count>0)
{
    outItem=queue1.Dequeue();
    Console.WriteLine("{0}",outItem);
}
```

6.5 堆　　栈

同 Queue 一样，堆栈（Stack）实际上也是一种操作受限的列表，要求列表中的元素必须满足先进后出的原则，如图 6-9 所示。最主要的方法为入栈操作 Push 和出栈操作 Pop，分别在堆栈的顶部完成添加和删除元素的操作。其他 Stack 支持的方法，例如遍历、清空等，和 ArrayList 类似。Stack 类常用属性和方法一览如图 6-10 所示。

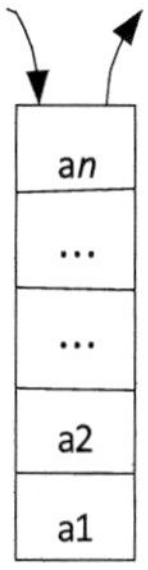

图 6-9　堆栈示意图

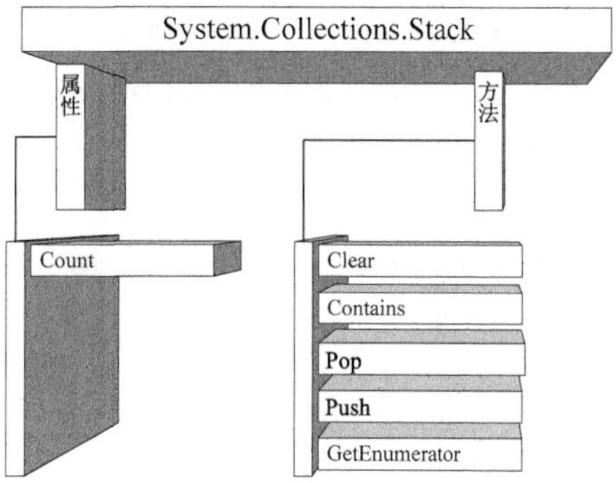

图 6-10　Stack 类的属性和方法

6.5.1　创建堆栈

利用 Stack 的构造函数创建一个新的堆栈，常用的形式包括：

（1）public Stack ();

（2）public Stack (int capacity)。

参数 capacity 可以指定所创建列表的初始容量。如果不指定，则初始容量为.NET 的默认值 10。当堆栈中的元素达到其最大容量时，容量将自动增加一倍。下面的代码创建了两个堆栈对象：

```
Stack Stack1=new Stack();
Stack Stack2=new Stack(100);
```

其中，Stack1 的初始容量为 10，Stack2 为 100。同 ArrayList 和 Queue 一样，如果想要使用 Stack，首先需要在代码头部引入命名空间。

```
using System.Collections;
```

6.5.2　元素入栈

可以通过 Stack 的 Push，实现向一个元素的入栈操作，形式如下：

```
public virtual void Push(object obj);
```

下面的示例中，首先定义了一个堆栈 Stack1，然后使用 Push 方法，向其中添加了 3 个元素，其中第一个为字符串对象 “Hello”，第二个为一个整数对象 1，第 3 个为整型数组 arr1。

```
Stack stack1=new Stack();

//字符串: "Hello"入栈
object item=new object();
item="Hello";
stack1.Push(item);
//整数: 1 入栈
item=1;
```

```
stack1.Push(item);
//数组：arr1={1,2,3}入栈
int[] arr1=new int[]{1,2,3};
stack1.Push(arr1);
```

6.5.3 元素出栈

与 Push 相反，可以通过 Stack 的 Pop，实现一个元素的出栈操作，形式如下：

```
public virtual object Pop();
```

下面的示例中，首先定义了一个堆栈 Stack1，然后使用 Push 方法，依次入栈 3 个元素。再使用 Pop 方法，输出所有的元素。这个输出的顺序和入栈的顺序是相反的。

```
Stack stack1=new Stack();

//依次入栈："Hello"、1、{1,2,3}
stack1.Push("Hello");
stack1.Push(1);
stack1.Push(new int[]{1,2,3});

//利用 Pop 方法，循环输出 stack1 中所有的元素，注意到，输出的顺序与入栈的顺序是相反的
object outItem=new object();
while(stack1.Count>0)
{
      outItem=stack1.Pop();
      Console.WriteLine("{0}",outItem);
}
```

小　　结

本章主要介绍了 C#中数组和集合的基础知识，通过本章的学习，读者可以初步了解数组和集合，包括 Array 类、ArrayList 类、Hashtable 类、Queue 类和 Stack 类等。读者应该能够应用数组和集合的知识去处理实际遇到的一些问题。

习　　题

6-1　什么是数组？

6-2　C#中的集合命名空间包括哪些类？

6-3　Queue 类和 Stack 类的特点是什么？

6-4　什么是哈希表？

6-5　Hashtable 和 SortedList 有何异同？

上机指导

数组能够按一定规律把相关的数据组织在一起，并能通过“索引”或“下标”快速地管理这

些数据。集合是指一组类似的对象。在 C#中，任意类型的对象都可以放入一个集合中，并将其视为 Object 类型。

实验一 使用数组

实验内容

本实验使用数组输出一组国内城市名称。效果如图 6-11 所示。

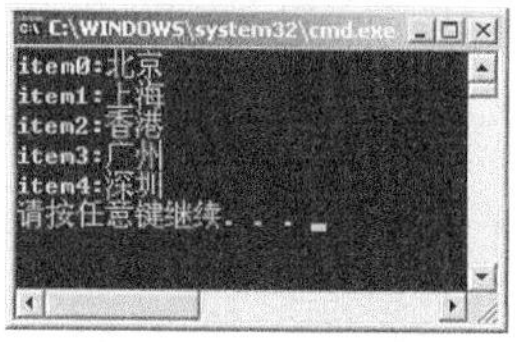

图 6-11 使用数组

实验目的

巩固知识点——数组。数组把一系列数据组织在一起，成为一个可操作的整体。

实验思路

在 6.1.1 小节中介绍数组时，创建了一个“需购物品”的清单。该清单用数组的形式表现出来。在实际应用中，有很多事务都可以用数组的形式表示，比如城市等。修改数组元素，就可以创建一个以城市名称为内容的数组。

实验二 使用队列

实验内容

本实验使用队列的入栈和出栈，输出队列中的元素。效果如图 6-12 所示。

实验目的

巩固知识点——队列。队列对列表的操作进行了限制，要求列表中的元素必须满足先进先出的原则，这类似于现实生活中的排队。

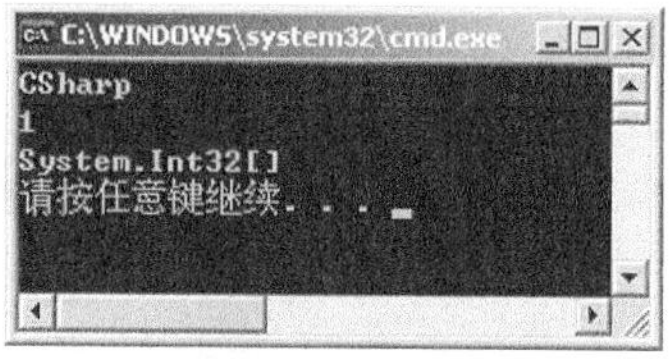

图 6-12 使用队列

实验思路

在 6.4.3 小节介绍队列出栈和入栈时，以字符串“Hello”为例。我们也可使用其他字符串，例如“Csharp”等。修改队列元素，就可以将字符串“Csharp”进行队列的入栈和出栈操作。

实验三 使用堆栈

实验内容

本实验使用堆栈的入栈和出栈，输出堆栈列表中的元素。效果如图 6-13 所示。

实验目的

巩固知识点——堆栈。堆栈要求列表中的元素必须满足先进后出的原则。

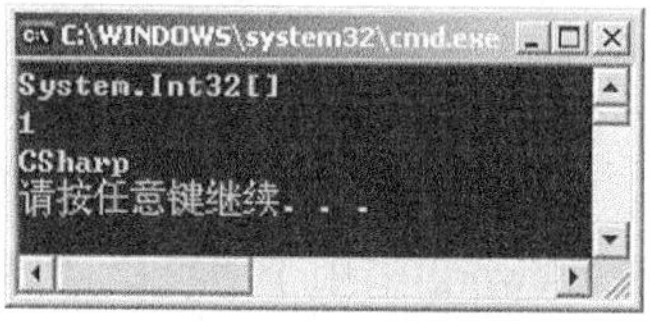

图 6-13 使用堆栈

实验思路

在 6.5.3 小节介绍堆栈的入栈和出栈时，以字符串“Hello”为例。我们也可使用其他字符串，例如“Csharp”等。修改堆栈元素，就可以将字符串“Csharp”进行队列的入栈和出栈操作。

第 7 章 字符串处理和正则表达式

字符串是应用程序和用户交互的主要方式，是评价一个编程语言非常重要的内容。.NET 提供了几个类来快速实现字符串操作，包括 String、System.Text 命名空间等。本章将对这一部分内容进行介绍。

7.1 字　符　串

字符串（String）是最常用的字符串操作类，可以帮助程序设计人员完成绝大部分的字符串操作功能，使用方便。图 7-1 所示为 String 类的属性和常用方法。

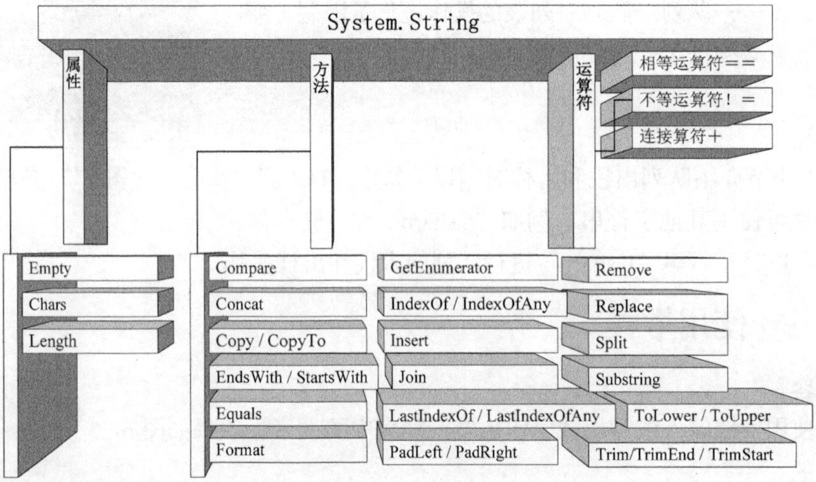

图 7-1　String 类的属性和方法

字符串类是表示文本的重要类，大多数文本的操作都通过字符串类及其方法实现。.NET Framework 中用于字符串处理的有两个基本类分别是 String 类和 StringBuilder 类。从这两个类出发，下面将逐一讲述字符串类的内容。

7.1.1 简介

C#中表示字符串的关键字为 string，它是 String 类的别名。string 类型表示 Unicode 字符的字符串。字符串是不可变的，字符串对象一旦创建，其内容就不能更改。string 类型中定义了比较运算符（==和!=），使得比较 string 对象的值更为直观和简单。

事实上，读者在之前的代码中已经很多次使用了字符串类型的变量。只是作者没有提及，如下代码中就使用了字符串变量。

```
Console.WriteLine("Hello World !");
```

“Hello World!”就是一个字符串，字符串的定义方法如下。

```
String a = "Hello World!"
```

这时 a 即是一个字符串变量。

7.1.2　比较字符串

比较字符串是指按照字典排序规则，判定两个字符串的相对大小。按照字典规则，在一本英文字典中，出现在前面的单词小于出现在后面的单词。在 String 类中，常用的比较字符串的方法包括 Compare、CompareTo、CompareOrdinal 以及 Equals。

1．Compare 方法

Compare 方法是 String 类的静态方法，用于全面比较两个字符串对象，包括 6 种重载方式。

（1）int Compare (string strA, string strB);

（2）int Compare (string strA, string strB, bool ignorCase);

（3）int Compare (string strA, string strB, bool ignorCase, CultureInfo);

（4）int Compare (string strA, int indexA, string strB, int indexB, int length);

（5）int Compare (string strA, int indexA, string strB, int indexB, int length, bool ignorCase);

（6）int Compare (string strA, int, string strB, int indexA, int length, bool ignorCase, System.Globalization.CultureInfo culture)。

在以上的参数列表中，各参数含义如下。

（1）strA 和 strB：待比较的两个字符串。

（2）ignorCase：指定考虑是否大小写，当取 True 时忽略大小写，取 False 时大小写敏感。

（3）indexA 和 indexB：需要比较两个字符串中的子串时，indexA 和 indexB 为 strA 和 strB 中子字符串的起始位置。

（4）length：待比较的字符串的最大长度。

（5）culture：字符串的区域性信息。

Compare 方法的返回值如表 7-1 所示。

表 7-1　　Compare 方法的返回值

参数条件	返回值	参数条件	返回值
strA 小于 strB	负整数	strA 等于 strB	正整数
strA 大于 strB	0		

下例使用 Compare 方法来比较两个字符串，输出结果如注释语句所示。

```
//定义两个 String 对象，并对其赋值，本节下面示例代码中不再重复给出
System.String strA="Hello";
System.String strB="World";

//字符串比较
Console.WriteLine(String.Compare(strA,strB));      // 输出为 -1
Console.WriteLine(String.Compare(strA,strA));      // 输出为 0
Console.WriteLine(String.Compare(strB,strA));      // 输出为 1
```

另外，CompareOrdinal 方法与 Compare 方法非常类似，判断两个字符串，但不考虑区域性问题，在此不再赘述。

2. CompareTo 方法

CompareTo 方法将当前字符串对象与另一个字符串对象作比较，其作用与 Compare 类似，返回值也相同。CompareTo 与 Compare 相比，区别在于以下几点。

（1）CompareTo 不是静态方法，可以通过一个 String 对象调用。

（2）CompareTo 没有重载形式，只能按照大小写敏感方式比较两个整串。

CompareTo 方法的使用如下例所示。

```
//CompareTo
System.String strA="Hello";
Console.WriteLine(strA.CompareTo(strB));            // 输出为 -1
```

3. Equals 方法

Equals 方法用于方便地判断两个字符串是否相同，有以下两种重载形式：

（1）public bool Equals(string);

（2）public static bool Equals(string, string)。

如果两个字符串相等，Equals()返回值为 True；否则，返回 False。Equals 方法的使用如下所示。

```
//Equals
Console.WriteLine(String.Equals(strA,strB)); // 输出为 false
Console.WriteLine(strA.Equals(strB));         // 输出为 false
```

4. 比较运算符

String 支持两个比较运算符"= ="和"!="，分别用于判断两个字符是否相等和不等，并区分大小写。相对于上面介绍的方法，这两个运算符使用起来更加直观和方便。下例中，使用"=="和"!="对"Hello"和"World"进行比较。

```
//使用==和!=
Console.WriteLine(strA==strB);        // 输出为 False
Console.WriteLine(strA!=strB);        // 输出为 True
```

7.1.3 格式化字符串

Format 方法用于创建格式化的字符串以及连接多个字符串对象。Format 与 C 语言中的 sprintf()方法有类似之处。Format 方法也有多个重载形式，最常用的为：

```
public static string Format(string format, params object[] args);
```

其中，参数 format 用于指定返回字符串的格式，而 args 为一系列变量参数。可以通过下面的实例来掌握其使用方法。

```
//Format
String newStr=String.Format("{0},{1}!",strA,strB);
Console.WriteLine(newStr);                       // 输出为 Hello,World!
```

在 format 参数中包含一些用大括号括起来的数字，如{0}，{1}，这些数字分别对应于 args 参数数组中的变量。在生成结果字符串时，将使用这些变量代替{i}。需要说明的是，这些变量并不要求必须为 String 类型。

在特定的应用中，Format 方法非常方便。例如，想要输出一定格式的时间字符串，便可以使用 Format 方法，如下面代码所示。

```
newStr=String.Format("CurrentTime={0:yyyy-MM-dd}",System.DateTime.Now);
Console.WriteLine(newStr);    //形如：2006-05-19
```

其中，格式字符串“yyyy-MM-dd”指定返回时间的格式形如“2006-05-19”，其定义可参考 System.Globalization.DateTimeFormatInfo 类。

7.1.4 连接字符串

String 类包含了两个连接字符串的静态方法：Concat 和 Join。

1. Concat 方法

Concat 方法用于连接两个或多个字符串。Concat 方法与 C 语言中的 strcat()方法有类似之处。Concat 方法也有多个重载形式，最常用的为：

```
public static string Concat(params string[]values);
```

其中，参数 values 用于指定所要连接的多个字符串，可以通过下面的实例来掌握其使用方法。

```
//Concat
newStr="";
newStr=String.Concat(strA," ",strB);
Console.WriteLine(newStr);    // 输出为"Hello World"
```

2. Join 方法

Join 方法利用一个字符数组和一个分隔符构造新的字符串。常用于把多个字符串连接在一起，并用一个特殊的符号来分隔开。Join 的常用形式为：

```
public static string Join(string separator, string[]value);
```

其中，参数 separator 为指定的分隔符，而 values 用于指定所要连接的多个字符串数组，下例用“^^”分隔符把“Hello”和“World”连起来。

```
//Join
newStr="";
String[] strArr={strA,strB};
newStr=String.Join("^^",strArr);
Console.WriteLine(newStr);    // 输出为"Hello^^World"
```

3. 连接运算符+

String 支持连接运算符“+”，可以方便地连接多个字符串。例如，用“+”把“Hello”和“World”连接起来。

```
//使用+
newStr="";
newStr=strA+strB;
Console.WriteLine(newStr);    // 输出为"HelloWorld"
```

7.1.5 分割字符串

使用前面介绍的 Join 方法，可以利用一个分隔符把多个字符串连接起来。反过来，使用 Split 方法可以把一个整串，按照某个分隔符分裂成一系列小的字符串。例如，把整串“Hello^^World”按照字符‘^’进行分裂，可以得到 3 个小的字符串，即“Hello”、“”（空串）和“World”。Split 有多个重载形式，最常用的为：

```
public string[] Split( params char[] separator);
```

其中，参数 separator 数组包含分隔符。下例把“Hello^^World”进行分裂。

```
//Split
newStr="Hello^^World";
char[] separator={'^'};
String[] splitStrings=new String[100];
splitStrings=newStr.Split(separator);
int i=0;
while(i<splitStrings.Length)
{
      Console.WriteLine("item{0}:{1}",i,splitStrings[i])
      i++;
}
```

输出结果如下：

```
Item 1: Hello
Item 2:
Item 3: World
```

7.1.6 插入字符串

String 类包含了在一个字符串中插入新元素的方法，可以用 Insert 在任意位置插入任意字符。而使用 PadLeft/PadRight 方法，可以在一个字符串的左右两侧进行字符填充。

1. Insert 方法

Insert 方法用于在一个字符串的指定位置插入另一个字符串，从而构造一个新的串。Insert 方法也有多个重载形式，最常用的为：

```
public string Insert(int startIndex, string value);
```

其中，参数 startIndex 用于指定所要插入的位置，从 0 开始索引；value 指定所要插入的字符串。下例中，在“Hello”的字符“H”后面插入“World”，构造一个串“HWorldello”。

```
//Insert
newStr="";
newStr=strA.Insert(1,strB);
Console.WriteLine(newStr);    // 输出为"HWorldello"
```

2. PadLeft/PadRight 方法

有时候，可能需要对一个字符串进行填充，例如，想要把“Hello”变为长度为 20 个字符的串，并使用字符‘*’进行填充，即变为“***************Hello”。PadLeft 方法可以实现这个功能，用于在一个字符串的左侧进行字符填充，使其达到一定的长度。PadLeft 有两种重载形式：

（1）public string PadLeft(int totalWidth);

（2）public string PadLeft(int totalWidth, char paddingChar)。

其中，参数 totalWidth 指定了填充后的字符长度，而 paddingChar 指定所要填充的字符，如果缺省，则填充空格符号。

下例中，实现了对“Hello”的填充操作，使其长度变为 20。

```
//PadLeft
newStr="";
newStr=strA.PadLeft(20,'*');
Console.WriteLine(newStr);    //"***************Hello "
```

与 PadLeft 类似，PadRight 可以实现对一个字符在其右侧的填充功能，对其不再赘述。

7.1.7　删除字符串

String 类包含了删除一个字符串的方法，可以用 Remove 方法在任意位置删除任意长度的字符，也可以使用 Trim/TrimEnd/TrimStart 方法剪切掉字符串中的一些特定字符。

1. Remove 方法

Remove 方法从一个字符串的指定位置开始，删除指定数量的字符。最常用的为：

```
public string Remove( int startIndex, int count);
```

其中，参数 startIndex 用于指定开始删除的位置，从 0 开始索引；count 指定删除的字符数量。下例中，把“Hello”中的“ell”删掉。

```
//Remove
newStr="";
newStr=strA.Remove(1,3);
Console.WriteLine(newStr);    // 输出为"Ho"
```

2. Trim/TrimStart/TrimEnd 方法

若想把一个字符串首尾处的一些特殊字符剪切掉，如去掉一个字符串首尾的空格等，可以使用 String 的 Trim 方法。其形式如下：

（1）public string Trim ();

（2）public string Trim (params char[]trimChars)。

其中，参数 trimChars 数组包含了指定要去掉的字符，如果缺省，则删除空格符号。下例中，实现了对“@Hello# $”的净化，去掉首尾的特殊符号。

```
//Trim
newStr="";
char[] trimChars={'@','#','$',' '};
String strC="@Hello# $";
newStr=strC.Trim(trimChars);
Console.WriteLine(newStr);    // 输出为"Hello"
```

与 Trim 类似，TrimStart 和 TrimEnd 分别剪切掉一个字符串开头和结尾处的特殊字符。

7.1.8　遍历字符串

遍历子字符串（简称子串）是指在一个字符串中寻找其中包含的子串或者某个字符，在 String 类中，常用的定位子串和字符的方法包括 StartWith/EndsWith、IndexOf/LastIndexOf 以及 IndexOfAny/LastIndexOfAny。

1. StartWith/EndsWith 方法

StartWith 方法可以判断一个字符串对象是否以另一个子串开头，如果是返回 True；否则返回 False。其定义为：

```
public bool StartsWith(string value);
```

其中，参数 value 即待判定的子字符串。这个方法使用简单，不作详述，如下例所示。

```
//StartWith|EndWith
Console.WriteLine(strA.StartsWith("He"));    // 输出为 True
Console.WriteLine(strA.StartsWith("MM"));    // 输出为 False
```

EndsWith 方法可以判断一个字符串是否以另一个子串结尾。

2. IndexOf/LastIndexOf

IndexOf 方法用于搜索在一个字符串中，某个特定的字符或子串第一次出现的位置，该方法区分大小写，并从字符串的首字符开始以 0 计数。如果字符串中不包含这个字符或子串，则返回-1。共有如下 6 种重载形式。

（1）定位字符

① int IndexOf（char value）;

② int IndexOf（char value, int startIndex）;

③ int IndexOf（char value, int startIndex, int count）。

（2）定位子串

① int IndexOf（string value）;

② int IndexOf（string value, int startIndex）;

③ int IndexOf（string value, int startIndex, int count）。

在上述重载形式中，其参数含义如下。

（1）value：待定位的字符或者子串。

（2）startIndex：在总串中开始搜索的起始位置。

（3）count：在总串中从起始位置开始搜索的字符数。

下例在“Hello”中寻找字符‘l’第一次出现的位置。

```
//IndexOf
Console.WriteLine(String.IndexOf('l'));            // 输出为 2
```

与 IndexOf 类似，LastIndexOf 用于搜索在一个字符串中某个特定的字符或子串最后一次出现的位置，其方法定义和返回值都与 IndexOf 相同，不再赘述。

3. IndexOfAny/LastIndexOfAny

IndexOfAny 方法功能与 IndexOf 类似，区别在于，可以搜索在一个字符串中，出现在一个字符数组中的任意字符第一次出现的位置。同样，该方法区分大小写，并从字符串的首字符开始以 0 计数。如果字符串中不包含这个字符或子串，则返回-1。IndexOfAny 有 3 种重载形式：

（1）int IndexOfAny(char[]anyOf);

（2）int IndexOfAny(char[]anyOf, int startIndex);

（3）int IndexOfAny(char[]anyOf, int startIndex, int count)。

在上述重载形式中，参数含义如下。

（1）anyOf：待定位的字符数组，方法将返回这个数组中任意一个字符第一次出现的位置。

（2）startIndex：在总串中开始搜索的起始位置。

（3）count：在总串中从起始位置开始搜索的字符数。

下例在“Hello”中寻找字符‘l’第一次和最后一次出现的位置。

```
//IndexofAny|LastIndexOfAny
char[] anyOf={'H','e','l'};
Console.WriteLine(strA.IndexOfAny(anyOf));          // 输出为 2
Console.WriteLine(strA.LastIndexOfAny(anyOf));      // 输出为 3
```

与 IndexOfAny 类似，LastIndexOfAny 用于搜索在一个字符串中，出现在一个字符数组中任意字符最后一次出现的位置。

7.1.9　复制字符串

String 类包含了复制字符串方法 Copy 和 CopyTo，可以完成对一个字符串及其一部分的复制操作。

1. Copy 方法

若想把一个字符串复制到另一个字符数组中，可以使用 String 的静态方法 Copy 来实现，其形式为：

```
public static string Copy(string str);
```

其中，参数 str 为需要复制的源字符串，方法返回目标字符串。下例中，把 strA 字符串 "Hello" 复制到 newStr 中。

```
//Copy
newStr="";
newStr=String.Copy(strA);
Console.WriteLine(newStr);    // 输出为"Hello"
```

2. CopyTo 方法

CopyTo 方法可以实现 Copy 同样的功能，但功能更为丰富，可以复制源字符串中的一部分到一个字符数组中。另外，CopyTo 不是静态方法，其形式为：

```
public void CopyTo(int sourceIndex, char[] destination, int destinationIndex,
int count);
```

其中，参数 sourceIndex 为需要复制的字符起始位置，destination 为目标字符数组，destinationIndex 指定目标数组中的开始存放位置，而 count 指定要复制的字符个数。下例中，把 strA 字符串 "Hello" 中的 "ell" 复制到 newCharArr 中，并在 newCharArr 中从第 2 个元素开始存放。

```
//CopyTo
char[] newCharArr=new char[100];
strA.CopyTo(1,newCharArr,1,3);
Console.WriteLine(newCharArr);       //输出为"Hel"
```

7.1.10　大小写转换

String 提供了方便转换字符串中所有字符大小写的方法 ToUpper 和 ToLower。这两个方法没有输入参数，使用也非常简单。下例首先把 "Hello" 转换为 "HELLO"，然后再变为小写形式 "hello"。

```
//ToUpper|ToLower
newStr=strA.ToUpper();
Console.WriteLine(newStr);    //输出为 HELLO
newStr=strA.ToLower();
Console.WriteLine(newStr);    //输出为 hello
```

7.2　StringBuilder 类

与 String 类相比，System.Text.StringBuilder 类可以实现动态字符串。此处，动态的含义是指在修改字符串时，系统不需要创建新的对象，不会重复开辟新的内存空间，而是直接在原 StringBuilder 对象的基础上进行修改。StringBuilder 类属性和常用方法如图 7-2 所示。

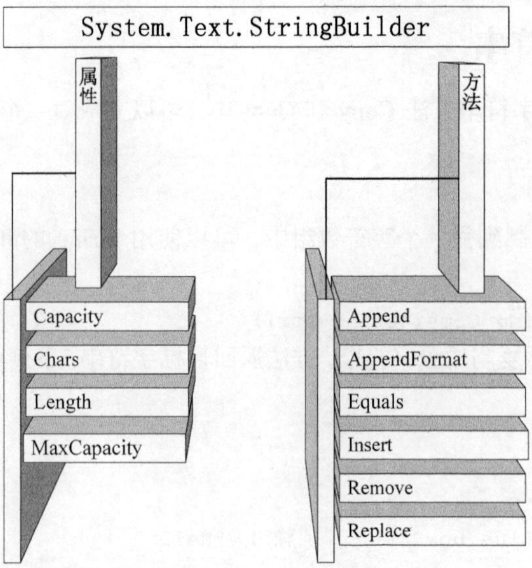

图 7-2　StringBuilder 类的属性与方法

下面将从各个应用的角度详细讨论 StringBuilder 类。

7.2.1　创建 StringBuilder 对象

StringBuilder 类位于命名空间 System.Text 中，使用时，可以在文件头通过 using 语句引入该命名空间：

```
using System.Text;
```

声明 StringBuilder 对象需要使用 new 关键字，并可以对其进行初始化。如下语句声明了一个 StringBuilder 对象 myStringBuilder，并初始化为"Hello"。

```
StringBuilder myStringBuilder=new StringBuilder("Hello");
```

如果不使用 using 关键字在文件头引入 System.Text 命名空间，也可以通过空间限定来声明 StringBuilder 对象：

```
System.Text.StringBuilder myStringBuilder=new StringBuilder("Hello");
```

在声明时，也可以不给出初始值，然后通过其方法进行赋值。

7.2.2　追加字符串

追加一个 StringBuilder 是指将新的字符串添加到当前 StringBuilder 字符串的结尾处，可以使用 Append 方法和 AppendFormat 方法来实现这个功能。

1．Append 方法

Append 方法实现简单的追加功能，常用形式为：

```
public StringBuilder Append(object value);
```

其中，参数 value 既可以是字符串类型，也可以是其他的数据类型，如 bool，byte，int 等。下例中，把一个 StringBuilder 字符串"Hello"追加为"Hello World!"。

```
//Append
StringBuilder sb4=new StringBuilder("Hello");
sb4.Append(" World!");
Console.WriteLine(sb4);  //输出为"Hello World!"
```

2. AppendFormat 方法

AppendFoamat 方法可以实现对追加部分字符串的格式化，可以定义变量的格式，并将格式化后的字符串追加在 StringBuilder 后面。常用形式为：

```
StringBuilder AppendFormat(string format, params object[] args);
```

其中，args 数组指定所要追加的多个变量。format 参数包含格式规范的字符串，其中包括一系列用大括号括起来的格式字符，如｛0：u｝。这里，“0”代表对应 args 参数数组中的第 0 个变量，而“u”定义其格式。下例中，把一个 StringBuilder 字符串“Today is”追加为“Today is *当前日期*\ )”。

```
//AppendFormat
StringBuilder sb5=new StringBuilder("Today is ");
sb5.AppendFormat("{0:yyyy-MM-dd}",System.DateTime.Now);
Console.WriteLine(sb5); //形如: "Today is 2006-05-20"
```

7.2.3 插入字符串

StringBuilder 的插入操作是指将新的字符串插入到当前 StringBuilder 字符串的指定位置，如“Hello”变为“Heeeello”。可以使用 StringBuilder 类的 Insert 方法来实现这个功能，常用形式为：

```
public StringBuilder Insert(int index,object value);
```

其中，参数 index 指定所要插入的位置，并从 0 开始索引，如 index=1，则会在原字符串的第 2 个字符之前进行插入操作；同 Append 一样，参数 value 并不仅是只可取字符串类型。下例中，把一个 StringBuilder 字符串“Hello”通过插入操作修改为“Heeeello”。

```
//Insert
StringBuilder sb6=new StringBuilder("Hello");
sb6.Insert(2,"eee"); //在"He"后面插入
Console.WriteLine(sb6); //输出为" Heeeello!"
```

7.2.4 删除字符串

StringBuilder 的删除操作可以从当前 StringBuilder 字符串的指定位置，删除一定数量的字符，例如把“Heeeello”变为“Hello”。可以使用 StringBuilder 类的 Remove 方法来实现这个功能，常用形式为：

```
public StringBuilder Remove( int startIndex, int length);
```

其中，参数 startIndex 指定所要删除的起始位置，其含义同 Insert 中的 index 相同；length 参数指定所要删除的字符数量。下例中，把一个 StringBuilder 字符串“Heeeello”通过删除操作修改为“Hello”。

```
//Remove
StringBuilder sb7=new StringBuilder("Heeeello");
Sb7.Remove(2,3); //在"He"后面删除 3 个字符
Console.WriteLine(sb7); //输出为"Hello!"
```

7.3 正则表达式

正则表达式是一个非常大的题目，许多的编程语言和工具都支持正则表达式，.NET 类库名字空间 System.Text.RegularExpressions 包括了一系列可以充分发挥正则表达式威力的类，如图 7-3

所示。

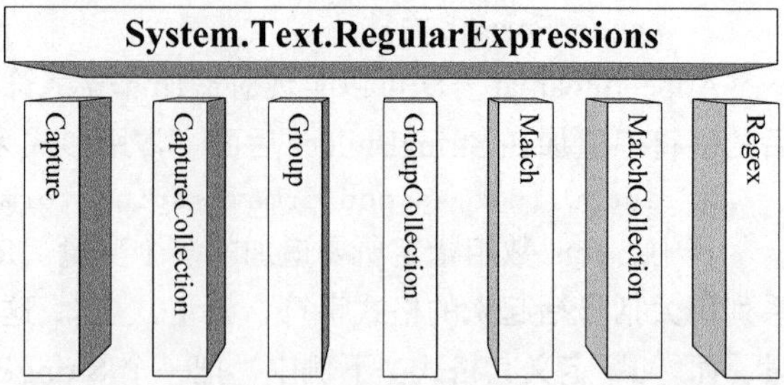

图 7-3　System.Text.RegularExpression 命名空间

本节，首先介绍正则表达式的含义，然后简单介绍如何使用 Regex 类来实现字符串的模式匹配，并给出构造正则表达式的技术。除此之外，还可以充分利用 RegularExpression 空间中的其他类，实现诸如模式查找、模式替换等更为强大的功能。本书只是抛砖引玉，不对其作更深入的探讨。

7.3.1　正则表达式简介

正则表达式是一种可以用于模式匹配的工具。简单地说，正则表达式就是一套规则，用于判定其他的元素是否符合它。

例如，在网络应用上的一个用户注册页面中（如论坛或者交友网站的注册页面），可能有“电子邮件”这一项需要用户填写。Web 系统需要判定用户所填写的电子邮件地址是否合法，即是否符合电子邮件地址的规则。众所周知，电子邮件的格式形如：

```
zhangsan@sina.com
```

可以抽象为这样的规则：

```
非空字符序列+'@'+非空字符序列+'.'+com|cn|net
```

可以称这样的一个规则为正则表达式，可以作为一个模式，去检验一个字符串是否满足规则。

7.3.2　正则表达式（Regex）类

Regex 类包含若干静态方法，用于使用正则表达式进行字符串匹配，常用属性和方法如图 7-4 所示。

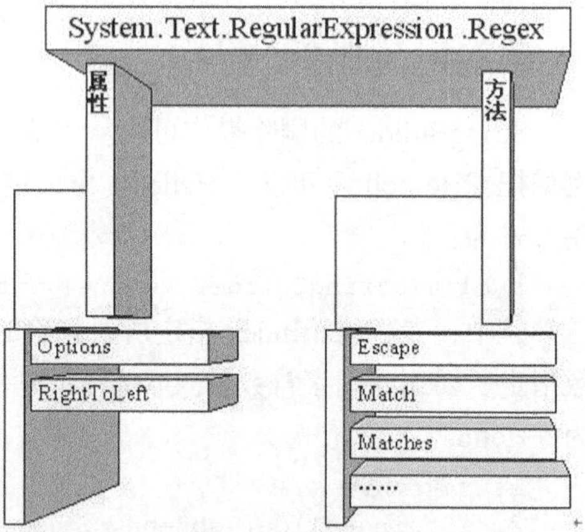

图 7-4　Regex 类的属性和方法

最常用的方法为 Match，在输入字符串参数中搜索正则表达式的匹配项，并将匹配成功的结果作为单个 Match 对象返回。常用形式为：

```
public static Match Match( string input, string pattern);
```

其中，方法的参数 patten 为一个正则表达式，而 input 为待匹配的字符串。方法返回一个 Match 对象。Match 对象可以表示单个正则表达式匹配的结果。同 Match 对象类似的还有 Matches 方法，表示在输入字符串中搜索正则表达式的所有匹配项并返回所有成功的匹配，就像多次调用 Match 一样。

下面是一个使用 Regex 的 Match 方法进行正则表达式匹配的示例，利用一个正则表达式，来验证一个字符串是否是一个合法的电子邮件地址：

```
public void test()
{
        string input = "zhangsan@sina.com";                    //待匹配的输入串
        string patten = @"[a-zA-Z]+@[a-zA-Z]+\.com$";  //正则表达式

```

```
6.          Regex r = new Regex(patten);   //声明一个 Regex 对象
7.          Match m = r.Match(input);      //使用 Match 方法进行匹配
8.          if(m.Success) //循环输出所有的匹配子串
9.          {
10.                 Console.WriteLine(m.Value);
11.         }
12.         else
13.         {
14.                 Console.WriteLine("Invalid Email Address!");
15.         }
16. }
```

代码第 4 行定义了一个正则表达式“[a-zA-Z]+@[a-zA-Z]+\.com$”，其规则为非空字符串+‘@’+非空字符串+“.com”，具体的含义将在下一节讨论。

第 6 行声明了一个 Regex 对象，并通过构造函数为其设置正则表达式；第 7 行使用 Match 函数对 input 字符串进行正则匹配，并将匹配成功的结果串放入一个 Match 对象。

第 8 行使用 Match 对象的 Success 属性来判断是否匹配成功。如果成功，则输出匹配串，否则，输出错误提示信息。

可以看出，使用 Regex 类进行字符串的模式匹配非常简单，真正的难点在于正则表达式的构造。

7.3.3　构造正则表达式

正则表达式的本质是使用一系列特殊字符模式，来表示某一类字符串，如上一节示例中的正则表达式“[a-zA-Z]+@[a-zA-Z]+\.com$”，含义如下。

（1）“[a-zA-Z]+”：指包含 1 个或多个大小写英文字母的字符串。

（2）com$：指以“com”结尾的字符串。

（3）\.：使用转移字符“\”来表示一个普通的字符“.”，因为“.”在正则表达式中也具有特殊的作用。注意在使用转移字符“\”时，需要在字符串前加上“@”符号。

综上所示，“[a-zA-Z]+@[a-zA-Z]+\.com$”可以匹配：非空字符串+‘@’+非空字符串+以“.com”结尾的字符串。因此，想要构造正则表达式，必须掌握这些特殊的表达形式，表 7-2 给出了 C#中常用的符号模式。

表 7-2　　C#正则表达式符号模式

字　符	描　述
\	转义字符，将一个具有特殊功能的字符转义为一个普通字符，或反过来
^	匹配输入字符串的开始位置
$	匹配输入字符串的结束位置
*	匹配前面的零次或多次的子表达式
+	匹配前面的一次或多次的子表达式
?	匹配前面的零次或一次的子表达式
{*n*}	*n* 是一个非负整数，匹配前面的 *n* 次子表达式
{*n*,}	*n* 是一个非负整数，至少匹配前面的 *n* 次子表达式
{*n*,*m*}	*m* 和 *n* 均为非负整数，其中 *n*<=*m*，最少匹配 *n* 次且最多匹配 *m* 次
?	当该字符紧跟在其他限制符（*，+，?，{*n*}，{*n*,}，{*n*，*m*}）后面时，匹配模式尽可能少地匹配所搜索的字符串
.	匹配除“\n”之外的任何单个字符

续表

字　符	描　述
(pattern)	匹配 pattern 并获取这一匹配
(?:pattern)	匹配 pattern 但不获取匹配结果
(?=pattern)	正向预查，在任何匹配 pattern 的字符串开始处匹配查找字符串
(?!pattern)	负向预查，在任何不匹配 pattern 的字符串开始处匹配查找字符串
x|*y*	匹配 *x* 或 *y*。例如，‘z|food’能匹配“z”或“food”。‘(z|f)ood’则匹配“zood”或“food”
[*xyz*]	字符集合。匹配所包含的任意一个字符。例如，‘[abc]’可以匹配“plain”中的‘a’
[^*xyz*]	负值字符集合。匹配未包含的任意字符。例如，‘[^abc]’可以匹配“plain”中的‘p’
[a-z]	匹配指定范围内的任意字符。例如，‘[a-z]’可以匹配'a'到'z'范围内的任意小写字母字符
[^a-z]	匹配不在指定范围内的任意字符。例如，‘[^a-z]’可以匹配不在‘a’～‘z’'内的任意字符
\b	匹配一个单词边界，指单词和空格间的位置
\B	匹配非单词边界
\d	匹配一个数字字符，等价于[0-9]
\D	匹配一个非数字字符，等价于[^0-9]
\f	匹配一个换页符
\n	匹配一个换行符
\r	匹配一个回车符
\s	匹配任何空白字符，包括空格、制表符、换页符等
\S	匹配任何非空白字符
\t	匹配一个制表符
\v	匹配一个垂直制表符。等价于\x0b 和\cK
\w	匹配包括下画线的任何单词字符。等价于‘'[A-Za-z0-9_]'
\W	匹配任何非单词字符。等价于‘[^A-Za-z0-9_]’

下面给出一些常用的正则表达式，这些都利用了表 7-2 构造正则表达式的技术。

（1）“^The”：匹配所有以“The”开始的字符串，如“There”，“Thecat”等。

（2）“he$”：匹配所有以“he”结尾的字符串，如“he”，“she”等。

（3）“ab*”：匹配有一个 a 后面跟着零个或若干个 b 的字符串，如“a”，“ab”，“abbb”，…。

（4）“ab+”：匹配有一个 a 后面跟着至少一个或者更多个 b 的字符串，如“ab”，“abbb”…。

（5）“ab?”：匹配有一个 a 后面跟着零个或者一个 b 的字符串，包括“a”，“ab”。

（6）“a?b+$”：匹配在字符串的末尾有零个或一个 a 跟着一个或几个 b 的字符串。

（7）“ab{2}”：匹配有一个 a 跟着两个 b 的字符串，即“abb”。

（8）“ab{2,}”：匹配有一个 a 跟着至少两个 b 的字符串，如“abb”，“abbb”。

（9）“ab{3,5}”：匹配有一个 a 跟着 3～5 个 b 的字符串，如“abbb”，“abbbb”。

（10）“hi|hello”：匹配包含“hi”或者“hello”的字符串。

（11）“(b|cd)ef”：表示“bef”或“cdef”。

（12）“a.[0-9]”：匹配有一个“a”后面跟着一个任意字符和一个数字的字符串。

（13）“^.{3}$”：匹配有任意三个字符的字符串。

（14）“[ab]”：表示一个字符串有一个“a”或“b”，相当于“a|b”。

（15）“[a-d]”：表示一个字符串包含小写的“a”～“d”中的一个，相当于“a|b|c|d”或者“[abcd]”。

（16）“^[a-zA-Z]”：表示一个以字母开头的字符串。

（17）“[0-9]%”：表示一个百分号前有一位数字。

（18）“,[a-zA-Z0-9]$”：表示一个字符串以一个逗号后面跟着一个字母或数字结束。

7.3.4　示例：验证 URL

本小节实现利用 C#的正则表达式验证一个 URL 字符串的合法性。一个合法的 URL 如下：

```
http://www.php.net
```

其构造规则为：

```
[协议]://[www].[域名].[com|net|org…]
```

根据上一小节的构造正则表达式，可以构造下面的规则：

```
"^http://(www\.){0,1}.+\.(com|net|cn)$"
```

其中，“^http://”定义能匹配规则的字符串开头是“http://”；“(www\ .)?”表示随后应该是 0～1 个“www”；而“.+”表示任意字符串；然后是一个“.”，转义字符“\”表明其仅仅是一个字符；最后的“(com|net|org)$”表明以 com、net 及 org 中其中一个结尾，此处，只列出这 3 种情况。

完成验证 URL 合法性的方法如下所示：

```
public bool ValidateUrl(string _strUrl)
{
        string patten = @"^http://(www\.){0,1}.+\.(com|net|cn)$"; //正则表达式

        Regex r = new Regex(patten);          //声明一个 Regex 对象
        Match m = r.Match(_strUrl);           //使用 Match 方法进行匹配
        if(m.Success) //匹配成功
        {
             return true;
        }
        else
        {
             return false;
        }
}
```

小　　结

本章主要讲解了 C#中的字符串的应用，包括对字符串的比较、插入、删除、遍历和复制等操作。除了基本应用之外，还介绍了使用 StringBuilder 类对字符串的操作。最后还详细讲解了如何使用正则表达式来验证字符串。通过本章的学习，读者应对字符串的操作有一个比较全面的了解和掌握，可以熟练地使用正则表达式验证字符串。

习　　题

7-1　StringBuilder 对象和 String 对象有何异同？

7-2　如何使用 StringBuilder 对象完成字符串的如下操作：

（1）追加；

（2）插入；

（3）删除；

（4）替换。

7-3　Queue 类和 Stack 类的特点是什么？

7-4　什么是正则表达式？

7-5　如何使用 Regex 类进行字符串模式匹配？

上机指导

字符串是应用程序和用户交互的主要方式，是评价一个编程语言非常重要的内容。.NET 提供了几个类来快速实现字符串操作，包括 String、System.Text 命名空间等。

实验一　字符串的操作

实验内容

本实验使用两个“*”字符把“Hello World”分割成两个字符串。效果如图 7-5 所示。

实验目的

巩固知识点——字符串。System.String 是最常用的字符串操作类，可以帮助程序设计人员完成绝大部分的字符串操作功能，使用方便。

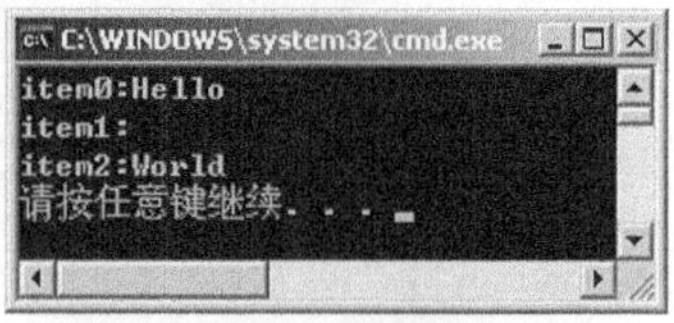

图 7-5　字符串操作

实验思路

在 7.1.4 小节介绍分割字符串时，使用了两个“^”字符把 Hello World 分隔开。除了“^”字符之外，也可以选择其他的字符，比如“*”等。修改字符串中的个别字符，就可以将“Hello World”用两个“*”字符分隔开。

实验二　使用 StringBuilder 类

实验内容

本实验使用 StringBuilder 类，在字符串“Hello”的最后插入字符串“,Tom”。效果如图 7-6 所示。

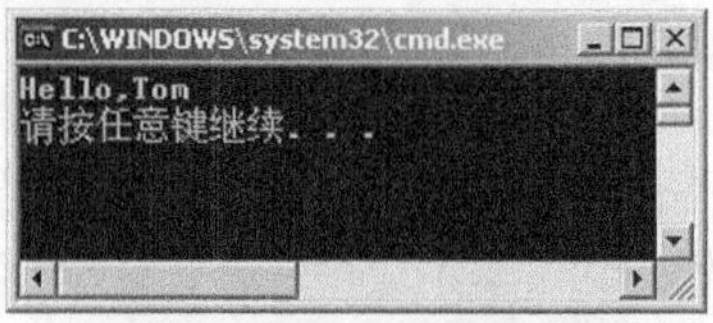

图 7-6　使用 StringBuilder 类

实验目的

巩固知识点——StringBuilder 类。System.Text.StringBuilder 类可以实现动态字符串。

实验思路

在 7.2.3 小节介绍 StringBuilder 类时，以字符串“Hello”为例，在第 2 个字符后插入了 3 个“e”字符。插入的位置和字符是可以根据实际的需要而变化的。修改少量代码，就可以将字符串“,Tom”插入“Hello”的最后。

第 8 章 Windows 窗体应用

在 C#中，Windows 窗体应用程序也是面向对象编程技术的一个重要组成部分。窗体中所有的内容都是按照面向对象编程技术来构建的。Windows 窗体应用程序还体现了另外一种思维，即对事件的处理，本章将详细讲解有关 Windows 窗体应用程序的开发以及网络应用。

8.1 Windows 窗体简介

开发 Windows 窗体应用程序最首要的工具就是窗体设计器。通过它，程序设计人员可以开发出各种形式的应用程序。它们具有不同的外观、不同的结构，下面将和读者一起认识窗体设计器。

8.1.1 认识窗体设计器

下面先直观地感受一下窗体设计器。

（1）新建一个项目，填入相应的项目名称，如图 8-1 所示。

图 8-1 “新建项目”对话框

（2）Visual C# 2010 将会自动创建一个默认窗体 Form1，“窗体设计器”的界面如图 8-2 所示。

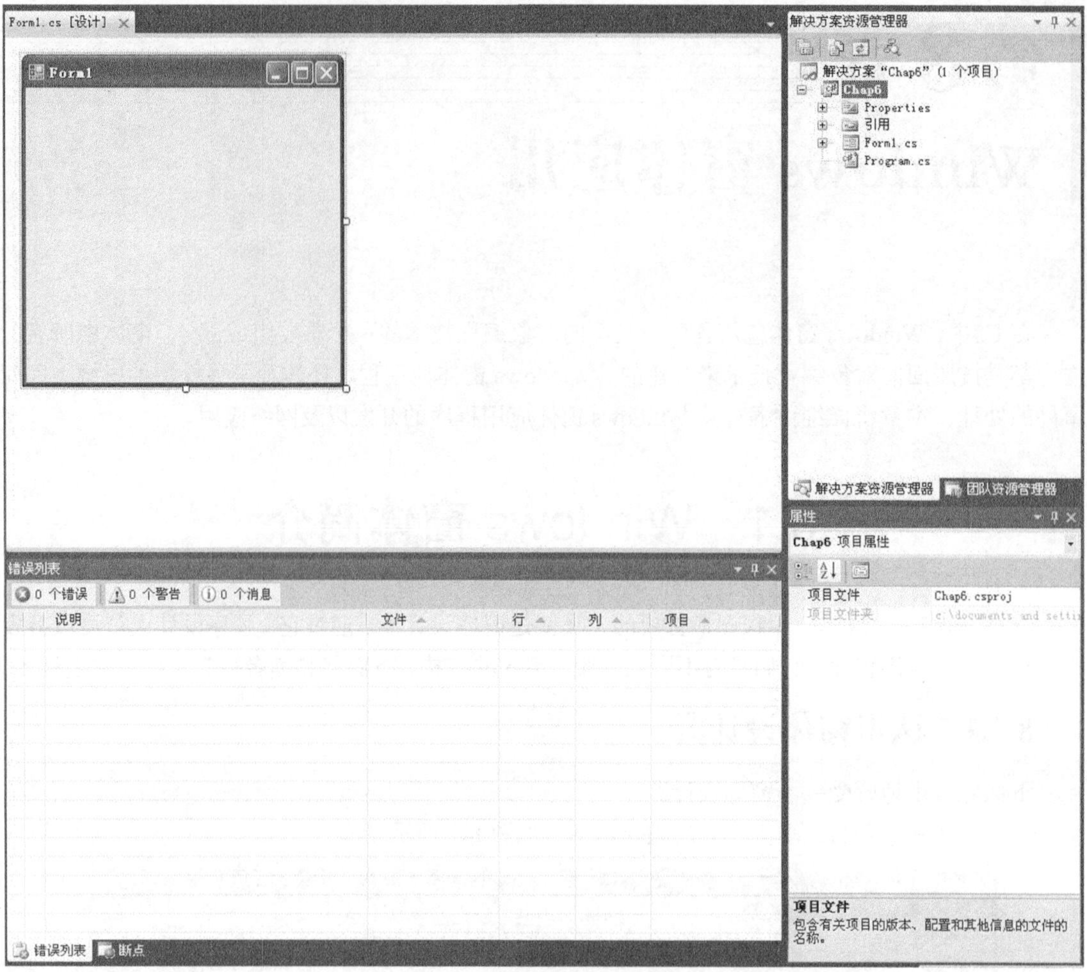

图 8-2　窗体设计器界面

如果读者有过窗体程序设计的经验，对 C#窗体设计器这样的窗体布局会感到比较熟悉。事实上，C#窗体设计器的布局并不复杂。除去菜单栏、工具栏，屏幕中间即是窗体设计器。窗体设计器的右方上半部分是“解决方案资源管理器”面板，下半部分是“属性”面板。屏幕的左侧有一个如图 8-3 所示的可以自由停靠和隐藏的“工具箱”面板。

“工具箱”面板为 Windows 窗体应用程序设计人员提供强有力的工具，它提供了丰富的控件类型。

在 Visual C# 2010 窗口中，按“F5”键运行程序，可以发现虽然读者并没有编写任何代码，Visual C# 2010 还是生成了一个没有任何实际意义的程序。其运行情况如图 8-4 所示。

Windows 窗体应用程序的通用操作都可以在本程序上运行，读者可以尝试双击“标题栏”，单击右上角的“最大化”、“最小化”和“关闭”按钮。单击“关闭”按钮可以关闭程序。可以看到，Visual C# 2010 直接支持了部分操作，程序设计人员可不必编写这种通用代码。

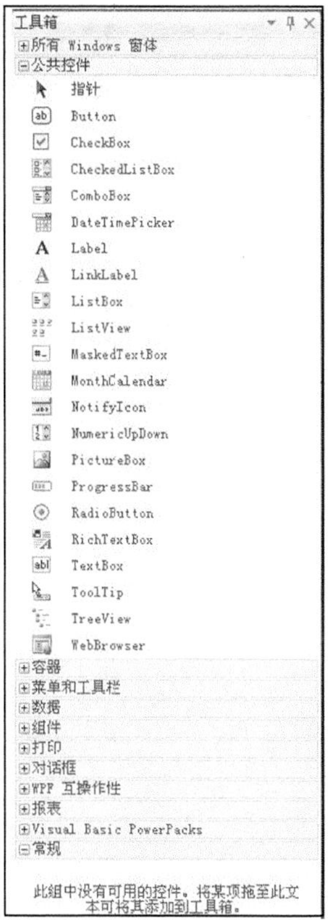

图 8-3　“工具箱”面板

图 8-4　运行结果

8.1.2　使用窗体设计器

窗体设计器的使用非常简单，单纯的设计只需鼠标的双击和拖放即可。例如在图 8-2 所示的窗体中添加一个按钮控件，则需进行以下操作。

（1）双击“工具箱”面板中的“Button”按钮，Visual C# 2010 将自动为 Form1 添加一个名为 Button1 的按钮，如图 8-5 所示。

（2）选中“button1”按钮，可以使用鼠标对其进行拖放、移动以及调整大小等操作，如图 8-6 所示。

图 8-5　添加按钮

图 8-6　移动按钮

Visual C# 2010 还另外提供了一种添加控件的方法，其步骤如下。

（1）单击“工具箱”面板上的“Button”按钮，将鼠标指针移至“Form1”窗体上，按下鼠标左键拖动出一个矩形框。该矩形框的大小即按钮的大小，调整至合适大小后松开鼠标左键，按钮添加完毕，其过程如图 8-7 所示。

（2）同样可以对该按钮进行各种调整位置、大小的操作。

另外，还可以通过编写代码的方式创建 Windows 窗体应用程序，添加各种控件。但是这对于初学者比较复杂，一般不推荐读者使用，此处仅给出一个例子供读者比较。创建如上窗体的代码如下。

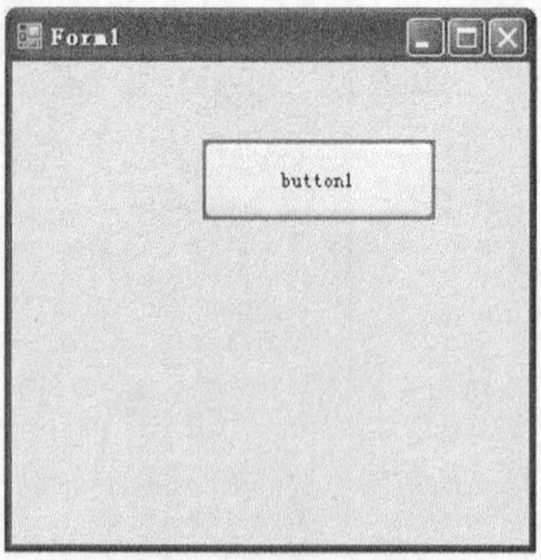

图 8-7　调整按钮大小

```
namespace Example6_1
{
    partial class Form1
    {
        /// <summary>
        /// 必需的设计器变量
        /// </summary>
        private System.ComponentModel.IContainer components = null;

        /// <summary>
        /// 清理所有正在使用的资源
        /// </summary>
        /// <param name="disposing">如果应释放托管资源，为 true；否则为 false。</param>
        protected override void Dispose(bool disposing)
        {
            if (disposing && (components != null))
            {
                components.Dispose();
            }
            base.Dispose(disposing);
        }

        #region Windows 窗体设计器生成的代码

        /// <summary>
        /// 设计器支持所需的方法 - 不要
        /// 使用代码编辑器修改此方法的内容
        /// </summary>
        private void InitializeComponent()
        {
            this.button1 = new System.Windows.Forms.Button();
            this.SuspendLayout();
            //
            // button1
            //
            //此处定义了一个按钮，位置由 Location 定义，名称由 Name 定义，大小由 Size 定义
            //按键顺序由 TabIndex 定义，按钮上的文本由 Text 定义
            this.button1.Location = new System.Drawing.Point(100, 104);
            this.button1.Name = "button1";
```

```
            this.button1.Size = new System.Drawing.Size(90, 33);
            this.button1.TabIndex = 0;
            this.button1.Text = "button1";
            this.button1.UseVisualStyleBackColor = true;
            //
            // Form1
            //
            //此处定义了一个窗体，名称由 Name 定义，大小由 ClientSize 定义，窗体标题由 Text 定义
            //Controls.Add 用于添加窗体上的控件
            this.AutoScaleDimensions = new System.Drawing.SizeF(6F, 12F);
            this.AutoScaleMode = System.Windows.Forms.AutoScaleMode.Font;
            this.ClientSize = new System.Drawing.Size(292, 273);
            this.Controls.Add(this.button1);
            this.Name = "Form1";
            this.Text = "Form1";
            this.ResumeLayout(false);

        }

        #endregion

        private System.Windows.Forms.Button button1;
    }
}
```

代码中的以下几行代码设置了窗体的属性：

```
this.AutoScaleDimensions = new System.Drawing.SizeF(6F, 12F);
this.AutoScaleMode = System.Windows.Forms.AutoScaleMode.Font;
this.ClientSize = new System.Drawing.Size(292, 273);
this.Controls.Add(this.button1);
this.Name = "Form1";
this.Text = "Form1";
this.ResumeLayout(false);
```

比较容易理解的有 Name 属性和 Text 属性，分别表示窗体的名称和标题。

代码的下面一行添加“button1”按钮到窗体中：

```
this.button1 = new System.Windows.Forms.Button();
```

代码中的以下几行设置了 button1 的属性：

```
this.button1.Location = new System.Drawing.Point(100, 104);
this.button1.Name = "button1";
this.button1.Size = new System.Drawing.Size(90, 33);
this.button1.TabIndex = 0;
this.button1.Text = "button1";
this.button1.UseVisualStyleBackColor = true;
```

这些属性中比较容易理解的有 Text 和 Size 等，分别表示文本和大小。上述手工编写的这部分代码，都可以由窗体设计器来完成。

8.2 Windows 窗体控件

页面是由一个个控件有机构成的，因此熟悉控件是进行合理、有效地程序开发的重要前提。本节内容将针对 Windows 窗体应用程序中常见的控件进行详细介绍。读者可以先从自己比较熟悉

的控件入手，逐渐掌握所有控件的使用。

8.2.1 按钮控件

按钮控件（Button）是读者最为熟悉的一个控件。本小节从按钮控件开始，逐步介绍各种控件的应用。Button 控件允许用户通过单击来执行操作。Button 控件既可以显示文本，又可以显示图像。当该按钮被单击时，它看起来像是被按下，然后被释放。Button 控件显示文本的属性为 Text，显示图像的属性为 Image。单击 Button 控件时将引发 Click 事件。下面演示 Button 的用法。

（1）新建一个 Windows 窗体应用程序，在 Form1 窗体上添加一个按钮。并在“属性”面板中更改其（Name）属性，设置其名称。通常用“btn”加英文单词的方式命名 Button 控件，这样可以方便区别 Button 控件和其他控件。将 button1 的（Name）属性设置为“btnClickMe”，Text 属性设置为“点我”。通常可以在两个汉字的按钮文本中间加一个空格，使其看起来更为美观一些。结果如图 8-8 所示。

图 8-8 控件设置

（2）为按钮添加图片，更改按钮的 Image 属性，弹出如图 8-9 所示的对话框。

可以选择两种方式导入图片，一种是本地资源导入，图片将作为单独的文件存在；另一种是作为项目资源文件存在。此处选择项目资源文件的形式，单击对话框左下角的“导入”按钮，选择相应的图片导入。

Visual C# 2010 为程序设计人员提供了一部分图像资源，如果读者将 Visual C# 2010 安装至 C 盘，这部分图片资源则位于 C:\Program Files\Microsoft Visual Studio 6\Common7\VS2010ImageLibrary 的 VS2010ImageLibrary.zip 文件中。这是一个 zip 格式的压缩文件，用解压缩工具将其释放至任意位置，可以看见里面的三个文件夹。

其中 animation 文件夹中包含了一些动画文件，bitmap 文件夹中包含了一些位图文件，icons 文件夹中包含了一些图标文件。这些文件夹的内部按照图像资源的颜色深度又做了分类，读者可以根据自己的配置选择相应的图标。作者此处了选择了 delete.ico 图标。导入后如图 8-10 所示。

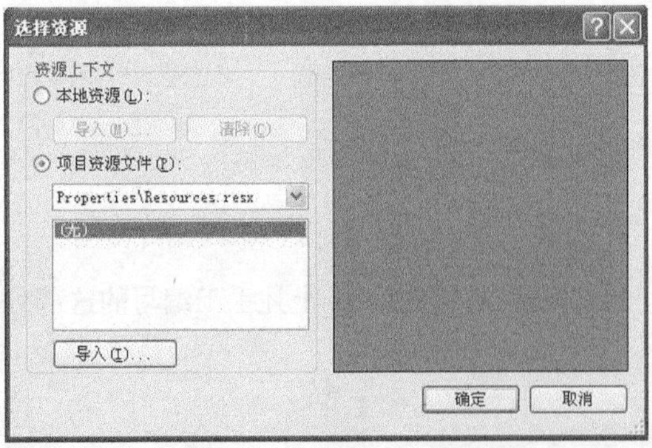

图 8-9 “选择资源”对话框

图 8-10 导入图标

导入图标完毕后，单击“确定”按钮返回窗体编辑器。

（3）调整按钮的大小，使其合适显示所选的图标和文本。设置 Button 的 ImageAlign 属性为 MiddleLeft，TextAlign 属性为 MiddleRight，如图 8-11 所示。

设置完毕后，窗体的效果如图 8-12 所示。

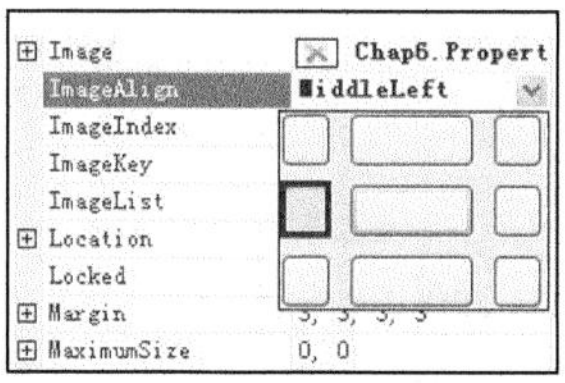

图 8-11　设置 ImageAlign 属性

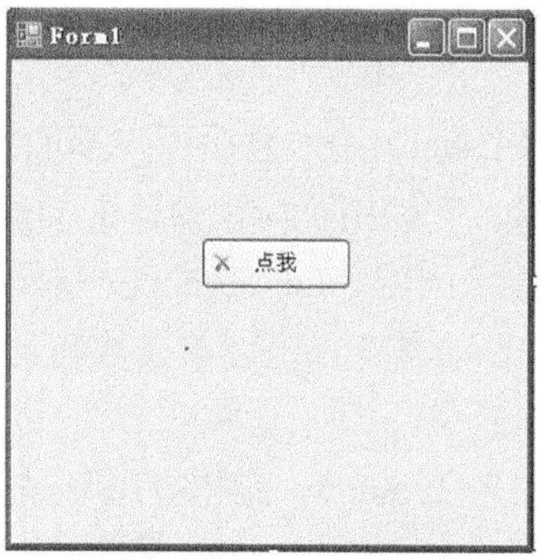

图 8-12　窗体效果

下面编写事件处理程序，此处想要实现的功能是单击“btnClickMe”按钮，按钮的位置在 Form1 窗体中随机变化。

双击“点我”按钮，Visual C# 2010 将自动转入代码编辑器，并在程序中添加了处理“btnClickMe”按钮 Click 事件的代码框架。在 Visual C# 2010 提示的位置键入相应代码即可实现对事件的处理。

```
private void btnClickMe_Click(object sender, EventArgs e)
{
    //创建伪随机数生成器变量 r
    Random r = new Random();

    //使用伪随机数生成器变量 r 产生随机数并赋值给 btnClickMe 按钮的 Left 和 Top 属性
    btnClickMe.Left = r.Next(this.Width - btnClickMe.Width);
    btnClickMe.Top = r.Next(this.Height - btnClickMe.Height);
}
```

这段代码中使用了一个名为 Random 的类，它的作用是生成随机数。初始化一个该类的实例后，便可用该实例的 Next 产生随机数。Random.Next 方法的整型参数可以限定产生一个介于零到这个整数的随机数。

代码中使用了 this 关键字，this 关键字表示当前类的一个实例，在本例中就是 Form1 的一个实例，在程序运行的时候代表了呈现在读者面前的窗体。代码中使用“this.Width - btnClickMe.Width”作为 Random.Next 方法的参数，这样的参数可以保证“btnClickMe”按钮位于 Form1 的可见范围内。

运行程序，随意地单击“点我”按钮，可以看到如图 8-13 和图 8-14 类似的效果。

图 8-13　运行结果 1

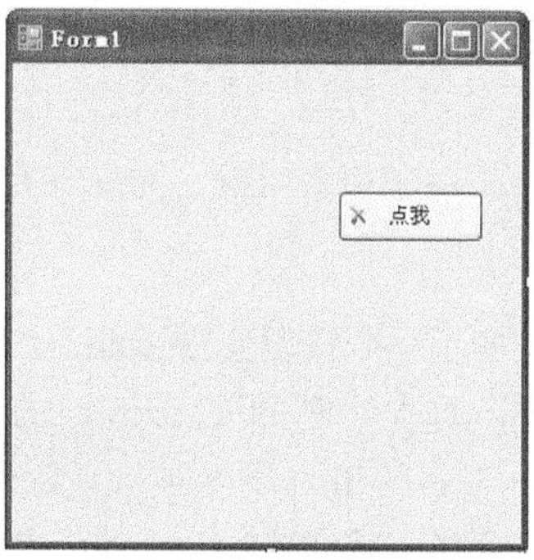

图 8-14　运行结果 2

由于代码中使用了随机数，因此运行结果可能不尽相同。

8.2.2 标签控件

标签控件（Label）用于显示用户不能编辑的文本，如标题或提示等。同样，Label 控件也可以用于显示图像。它们用于标识窗体上的对象，因为 Label 控件不能接收焦点，所以也可以用来为其他控件创建访问键。Label 控件相对简单，下面演示 Label 的用法。实例的目的是实现统计单击按钮的次数，并显示在 Label 控件上。

（1）创建一个 Windows 窗体应用程序，分别添加一个 Label 控件和一个 Button 控件。Label 控件的（Name）属性设置为“lblText”，Text 属性设置为“请点击下面的按钮”；Button 控件的 Name 属性设置为“btnClickMe”，Text 属性设置为“点我”。其效果如图 8-15 所示。

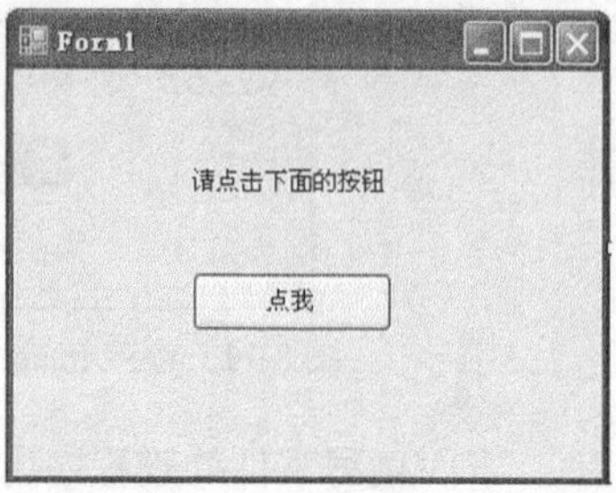

图 8-15 窗体效果

（2）双击“点我”按钮，编写其 Click 事件的代码。在本例中需要一个 Click 事件处理代码外部的变量用以记录单击次数。

全部代码如下。

```
using System;
using System.Collections.Generic;
using System.ComponentModel;
using System.Data;
using System.Drawing;
using System.Text;
using System.Windows.Forms;

namespace Example6_2
{
    public partial class Form1 : Form
    {
        public Form1()
        {
            InitializeComponent();
        }

        private void btnClickMe_Click(object sender, EventArgs e)
        {
            count++;
            lblText.Text = "你一共单击了"+ count.ToString() +"次按钮";
        }

        private int count = 0;
    }
}
```

代码中声明了一个整型变量 count 用于存储单击次数，并初始化为零。每次处理 btnClickMe 的 Click 事件代码时 count 加 1，lblText 的 Text 属性被重新赋值。

（3）运行程序，随意单击“点我”按钮，可以看到按钮上方的文字在不断变化。其运行结果大致如图 8-16 所示。

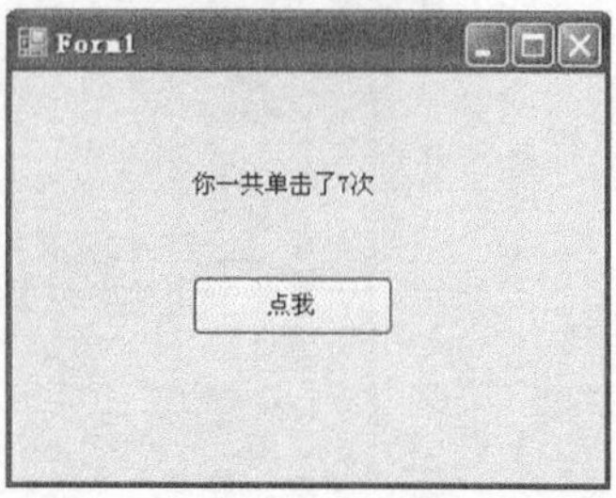

图 8-16 单击按钮次数程序运行结果

图 8-16 所示是单击了 7 次“点我”按钮后的结果。

8.2.3　文本框控件

文本框控件（TextBox）用于获取用户输入或显示文本。TextBox 控件通常用于可编辑文本，不过也可使其成为只读控件。文本框可以显示多个行，对文本换行使其符合控件的大小以及添加基本的格式设置。TextBox 控件仅允许在其中显示或输入的文本采用一种格式。文本框控件允许定义很多设置，以下是一些自定义属性。

（1）CausesValidation：当设置为 true 时，可以引发验证事件 Validating 和 Validated。这是一个很有用的属性，可以用于验证文本框内容的合法性。经常用于各种资料、数据录入时的验证。

（2）CharacterCasing：用于指示所输入文本的大小写格式。Normal 为不改变；Upper 为转换为大写；Lower 为转换为小写。

（3）MaxLength：指示文本框所输入字符的长度。

（4）MultiLine：指示文本框是否接受多行输入。

（5）PasswordChar：将单行输入的字符替换为指定字符，常用于密码输入栏，如用“*”代替输入的字符。当 MultiLine 设置为 true 时，此设置无效。

（6）ReadOnly：指示文本框是否为只读。

（7）ScrollBars：指示当为多行显示时，是否显示滚动条。

另外还有几个在属性框中不可以设置的属性，其说明如下。

（1）SelectText：表示文本框中选中的字符。

（2）SelectionLength：表示文本框中选中字符的长度。

（3）SelectionStart：表示文本框中选中字符的开头。

下面的实例演示了 TextBox 控件的用法。

（1）创建一个 Windows 窗体应用程序，为窗体添加如图 8-17 所示的控件。

（2）修改控件的 Text 属性，使其与图 8-17 所示相同。

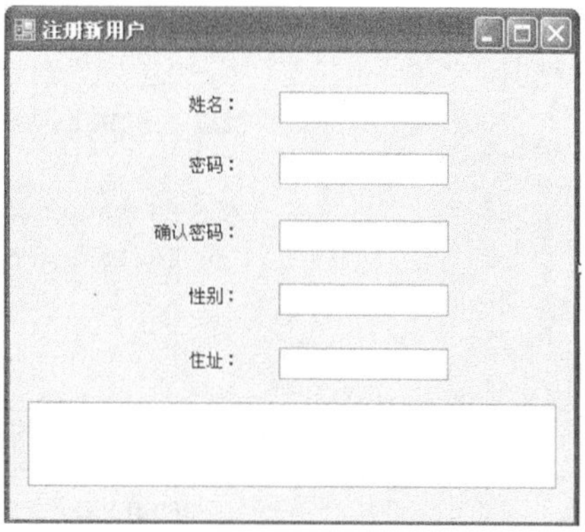

图 8-17　添加文本框控件

（3）对“txtPassword”文本框和“txtAgain”文本框进行设置，使其 PasswordChar 属性为“*”，设置“txtHelp”文本框的 ScrollBars 的属性为 Vertical，ReadOnly 属性设置为 True，效果如图 8-18 所示。

（4）设置所有除“txtHelp”文本框之外所有 TextBox 的 CausesValidation 属性为 True。为各个 TextBox 控件编写 Validating 和 Enter 方法。以“txtName”文本框为例，选中“txtName”文本框，单击其属性面板中的“方法”按钮。在其 Validating 方法右侧双击鼠标左键，Visual C# 2010 将自动为“txtName”文本框控件生成 Validating 方法的代码框架，如图 8-19 所示。同理，设置其 Enter 方法。

（5）编写事件处理代码，实现的功能如下：当某 TextBox 获得焦点时，“txtHelp”文本框控件显示文本提示，指示该 TextBox 中所需输入的内容；当离开某 TextBox 时，验证用户在 TextBox 中所输入内容的合法性。

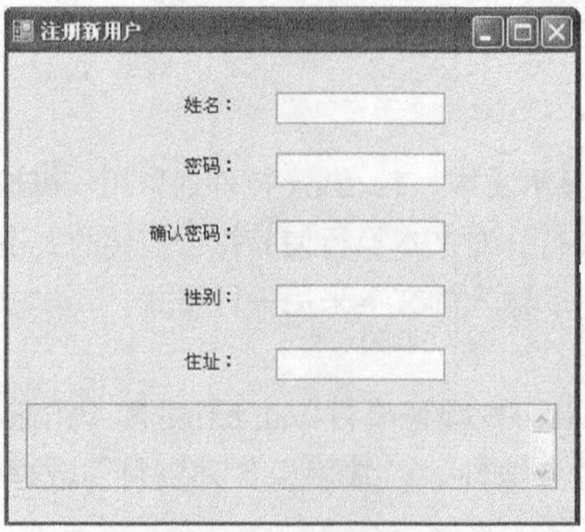

图 8-18　属性设置

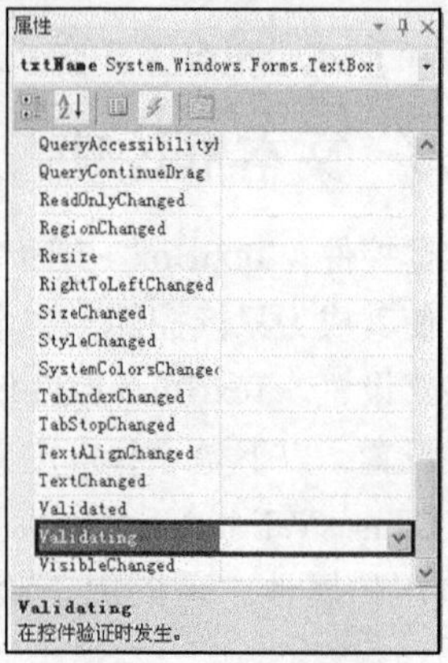

图 8-19　方法设置

编写代码如下：

```
using System;
using System.Collections.Generic;
using System.ComponentModel;
using System.Data;
using System.Drawing;
using System.Text;
using System.Windows.Forms;

namespace Example6_3
{
    public partial class frmMain : Form
    {
        public frmMain()
        {
            InitializeComponent();
        }

        private void txtPassword_Validating(object sender, CancelEventArgs e)
        {
            if (txtPassword.Text.Trim() == string.Empty)
            {
                MessageBox.Show("密码为空，请重新输入！");
                txtPassword.Focus();
            }
        }

        private void txtName_Validating(object sender, CancelEventArgs e)
        {
            if (txtName.Text.Trim() == string.Empty)
            {
                MessageBox.Show("用户名为空，请重新输入！");
                txtName.Focus();
            }
        }

        private void txtAgain_Validating(object sender, CancelEventArgs e)
        {
```

```
            //验证第二次输入的密码是否为空
            //如不为空是否与第一次输入的密码相同
            //如不相同则清空，要求重新输入
            if (txtAgain.Text.Trim() == string.Empty)
            {
                MessageBox.Show("密码为空，请重新输入！");
                txtAgain.Focus();
            }
            else if (txtAgain.Text.Trim() != txtPassword.Text.Trim())
            {
                MessageBox.Show("密码输入有误，请重新输入！");
                txtPassword.Clear();
                txtAgain.Clear();
                txtPassword.Focus();
            }
        }

        private void txtGender_Validating(object sender, CancelEventArgs e)
        {
            //判断 txtGender 中输入的内容是否为“男”或“女”
            if ((txtGender.Text.Trim() != "男") && (txtGender.Text.Trim() != "女"))
            {
                MessageBox.Show("性别输入不正确，请重新输入！");
                txtGender.SelectAll();
                txtGender.Focus();
            }
        }

        private void txtName_Enter(object sender, EventArgs e)
        {
            txtHelp.Text = "请输入您的姓名！";
        }

        private void txtPassword_Enter(object sender, EventArgs e)
        {
            txtHelp.Text = "请输入您的密码！";
        }

        private void txtAgain_Enter(object sender, EventArgs e)
        {
            txtHelp.Text = "请再次输入您的密码！";
        }

        private void txtGender_Enter(object sender, EventArgs e)
        {
            txtHelp.Text = "请输入您的性别！";
        }

        private void txtAddress_Enter(object sender, EventArgs e)
        {
            txtHelp.Text = "请输入您的地址！";
```

```
89.         }
90.     }
91. }
```

代码中用到了 TextBox 控件的以下几个方法。

（1）Clear 方法：清空 TextBox 控件中的文本。

（2）Focus 方法：使该 TextBox 控件重新获得焦点。

（3）SelectAll 方法：使该 TextBox 控件重新获得焦点，并使其所有文本处于选中状态。

代码中还使用了“MessageBox”对话框，用于提示用户的输入错误，其效果如图 8-20 所示。

程序运行结果如图 8-20 所示。程序可以检测许多输入错误，读者可以自行设置更多的细节，并对该程序进行改进。

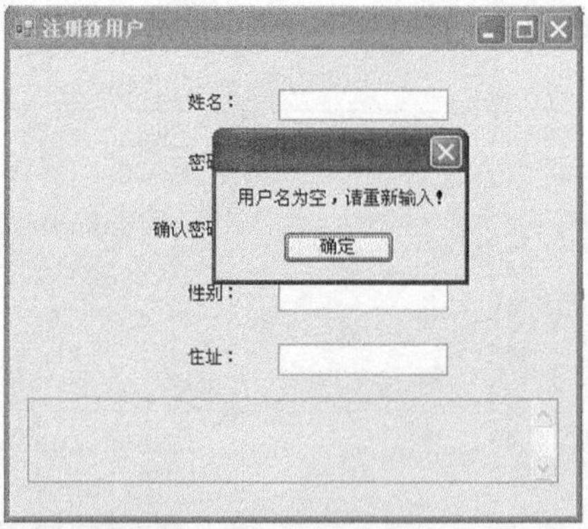

图 8-20　运行结果

8.2.4　单选按钮控件

单选按钮控件（RadioButton）为用户提供由两个或多个互斥选项组成的选项集。当用户选择某单选按钮时，同一组中的其他单选按钮不能同时选定。下面对上一小节的程序进行一点改进，将用于输入性别的 TextBox 控件替换为 RadioButton 控件。这样的好处在于 RadioButton 控件限制了用户输入的随意性，改为限制性选项，便于输入控制。替换后的效果如图 8-21 所示。

窗体中的这两个 RadioButton 控件是存在于同一个组中的，也就是说这两个 RadioButton 控件只能被同时选中一个。在一个容器（如 Panel 控件、GroupBox 控件或窗体）内绘制单选按钮即可将它们分组。直接添加到一个窗体中的所有单选按钮将形成一个组。若要添加不同的组，必须将它们放到面板或分组框中。关于 Panel 控件和 GroupBox 控件的使用以后将会讲到。

假设这个窗体中还存在第三个、第四个 RadioButton 控件，那么这些 RadioButton 控件也只能同时被选中一个。

当读者运行程序的时候会发现，默认的两个 RadioButton 控件都没有被选中。这时，需要对 RadioButton 控件的属性进行修改。RadioButton 控件有一个名为 Checked 的属性，用于指示当前的 RadioButton 控件是否被选中。将其中的某一个 RadioButton 控件的 Checked 属性置为 True 并运行程序，其效果如图 8-22 所示。

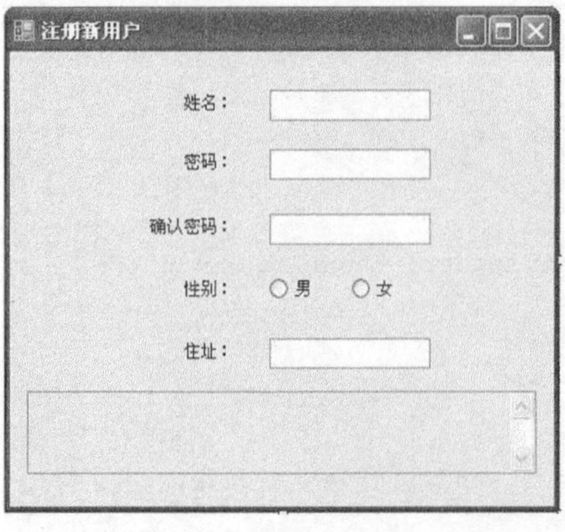

图 8-21　RadioButton 应用

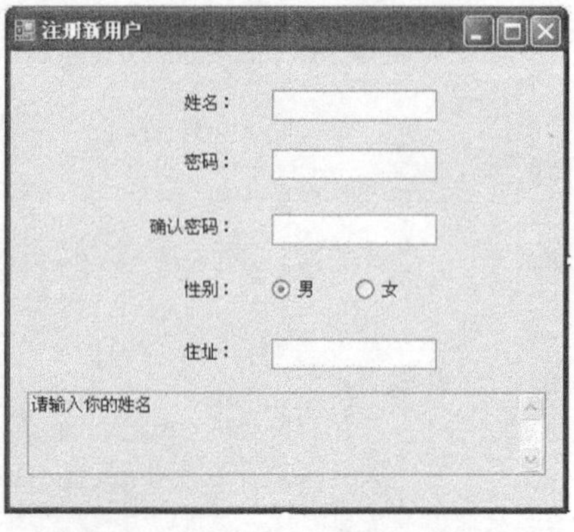

图 8-22　RadioButton 被选中的运行结果

RadioButton 控件的另一项经常用到的属性就是 CheckAlign，可以设置圆形按钮的位置，其几种不同的设置如图 8-23 所示。

通过对 RadioButton 控件的 Apperance 属性设置，可以使其呈现不同的风格，如图 8-24 所示。

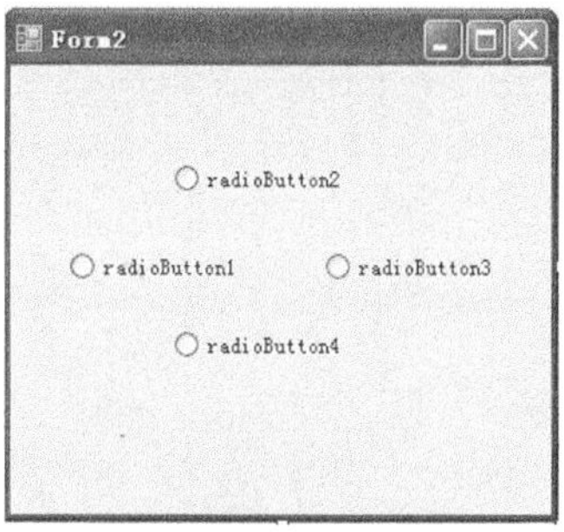

图 8-23　CheckAlign 属性设置

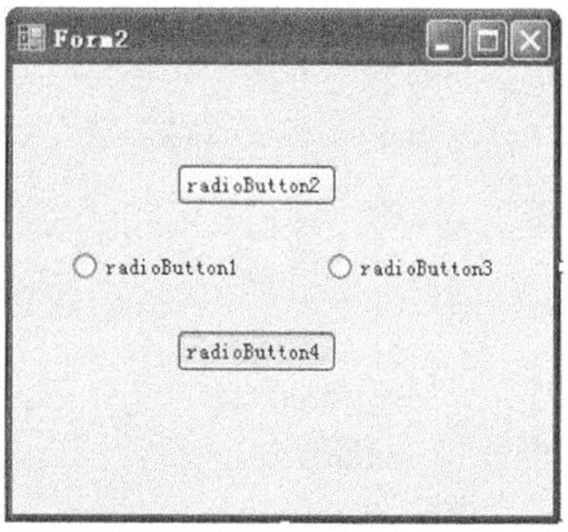

图 8-24　Apperance 属性设置

其中“radioButton2”单选框和“radioButton4”单选框的 Apperance 属性值为 Button，而其他两个 RadioButton 控件没有改变。“radioButton4”单选框的 Checked 属性设置为 True，其他三个皆为 False。

RadioButton 控件的常用的的方法有 Click 和 CheckChanged 两种。Click 事件的用法与其他控件中 Click 的用法大致相同，CheckChanged 事件与 RadioButton 控件的 Checked 属性值的改变有关。只有当 RadioButton 控件的 Checked 属性值改变时，CheckChanged 事件才会被引发。而 Click 事件不考虑 Checked 属性值的改变。

下面通过一个简单的实例演示 RadioButton 的用法，该实例类似于一个考试系统，题目为单项选择题，可以很好地利用 RadioButton。

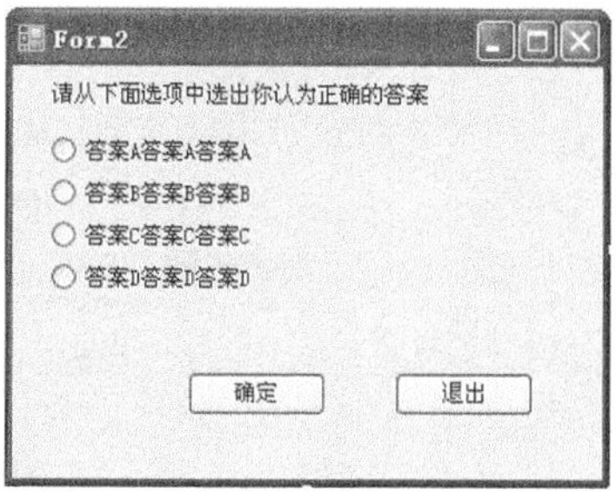

图 8-25　用 RadioButton 设计的单选题界面

程序界面如图 8-25 所示。

运行结果有如下两种，分别为选择了正确的答案和错误的答案，如图 8-26 和图 8-27 所示。

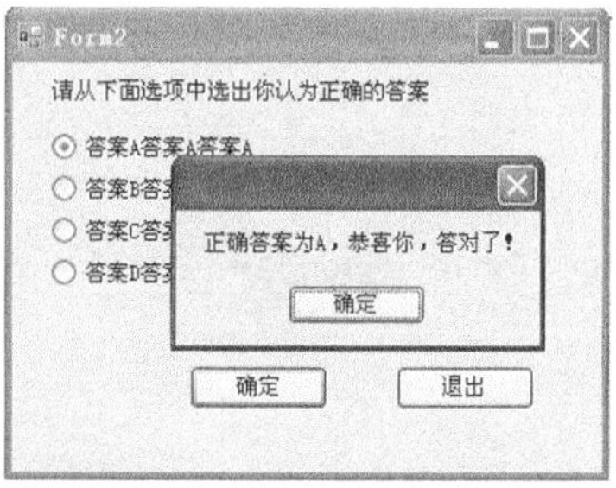

图 8-26　单选题程序运行结果 1

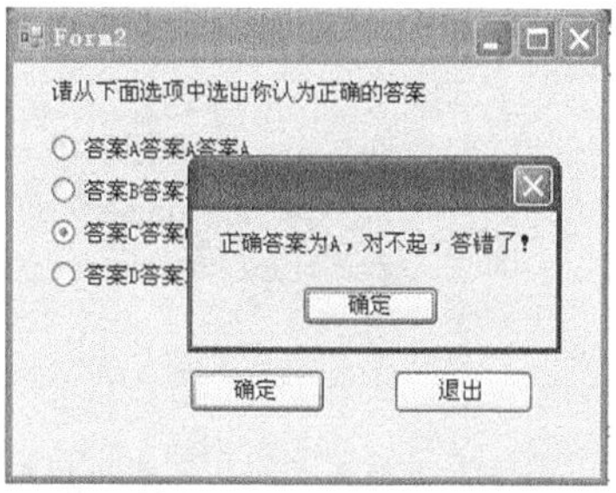

图 8-27　单选题程序运行结果 2

实例代码如下：

```
using System;
using System.Collections.Generic;
using System.ComponentModel;
using System.Data;
using System.Drawing;
```

```
using System.Text;
using System.Windows.Forms;

namespace RadioButtonDemo
{
    public partial class Form1 : Form
    {
        public Form1()
        {
            InitializeComponent();
        }

        /// <summary>
        /// 关闭程序
        /// </summary>
        /// <param name="sender"></param>
        /// <param name="e"></param>
        private void btnCancle_Click(object sender, EventArgs e)
        {
             this.Close();
        }

        /// <summary>
        /// 选择答案 A
        /// </summary>
        /// <param name="sender"></param>
        /// <param name="e"></param>
        private void radioButton1_CheckedChanged(object sender, EventArgs e)
        {
            if (radioButton1.Checked)
            {
                label2.Text = "你选择了 A 答案！";
            }
        }

        /// <summary>
        /// 选择答案 B
        /// </summary>
        /// <param name="sender"></param>
        /// <param name="e"></param>
        private void radioButton2_CheckedChanged(object sender, EventArgs e)
        {
            if (radioButton2.Checked)
            {
                label2.Text = "你选择了 B 答案！";
            }
        }

        /// <summary>
        /// 选择答案 C
        /// </summary>
        /// <param name="sender"></param>
```

```
        /// <param name="e"></param>
        private void radioButton3_CheckedChanged(object sender, EventArgs e)
        {
            if (radioButton3.Checked)
            {
                label2.Text = "你选择了 C 答案！";
            }
        }

        /// <summary>
        /// 选择答案 D
        /// </summary>
        /// <param name="sender"></param>
        /// <param name="e"></param>
        private void radioButton4_CheckedChanged(object sender, EventArgs e)
        {
            if (radioButton4.Checked)
            {
                label2.Text = "你选择了 D 答案！";
            }
        }

        /// <summary>
        /// 判断结果
        /// </summary>
        /// <param name="sender"></param>
        /// <param name="e"></param>
        private void btnOK_Click(object sender, EventArgs e)
        {
            if (radioButton1.Checked)
            {
                MessageBox.Show("正确答案为 A，恭喜你，答对了！");
            }
            else
            {
                MessageBox.Show("正确答案为 A，对不起，答错了！");
            }
        }
    }
}
```

RadioButton 的应用类似于考试中的单项选择题的选项，只能选一项。读者可以由此来理解 RadioButton 的用法。

8.2.5 复选框控件

复选框控件（CheckBox）指示某个特定条件是处于打开状态还是处于关闭状态。它常用于为用户提供是/否或真/假选项。可以成组使用 CheckBox 控件以显示多重选项，用户可以从中选择一项或多项。该控件与 RadioButton 控件类似，但可以选择任意数目的成组 CheckBox 控件。

从 CheckBox 控件与 RadioButton 控件的中文名称上就可以看出这两个控件的区别。CheckBox 控件提供了一种多选的方式。

CheckBox 控件与 RadioButton 控件还存在另外一个显著的不同，即 CheckBox 控件可以有三种状态：Checked、Indeterminate 和 Unchecked。读者可能对 Checked 和 Unchecked 这两种状态比较熟悉，对 Indeterminate 感到困惑。请读者查看 Windows 安装目录的属性（这个目录通常是 C:\Windows），如图 8-28 所示。

可以看到，“只读”复选框左侧的正方形呈现灰色，这表示 Windows 目录下某些文件是只读的，而另一些文件则不是只读的。这就是 Indeterminate 状态。

CheckBox 控件的 CheckState 属性可以由 ThreeState 属性控制。当 ThreeState 属性值为 False 时，Indeterminate 状态是无效的。此时，CheckBox 控件只有 Checked 和 UnChecked 两种状态。

CheckBox 控件还有另外一个属性，名为 Checked。当 CheckState 属性为 Checked 和 Indeterminate 状态时，Checked 属性为 True。当 CheckState 属性为 UnChecked 状态时，Checked 属性为 False。

与之对应,CheckBox 控件的事件也比较复杂。当 Checked 属性改变时,会引发 CheckedChanged 事件。当 CheckState 改变时，会引发 CheckStateChange 事件。

CheckBox 控件的属性和 RadioButton 控件的属性非常相似,也有 Apperance 属性和 CheckAlign 属性。这两个属性的使用和 RadioButton 控件相同，读者可以自己尝试，此处不再赘述。

与 RadioButton 相比，CheckBox 可以看作一个多项选择题的选项，可以同时选择多个，此处也以一种类似的方式演示 CheckBox 的使用。

程序界面如图 8-29 所示。

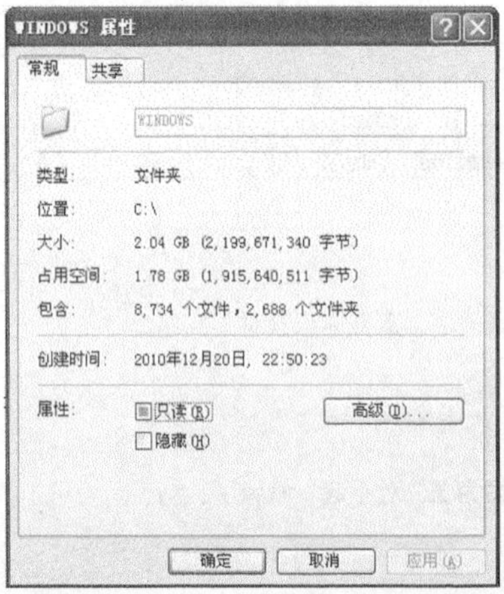

图 8-28 “WINDOWS 属性”对话框

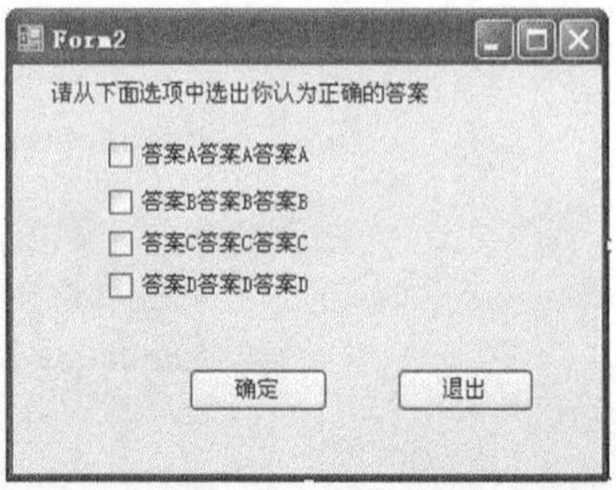

图 8-29 用 CheckBox 设计的多选题界面

程序运行结果有两种，分别为选择正确和选择错误，如图 8-30 和图 8-31 所示。

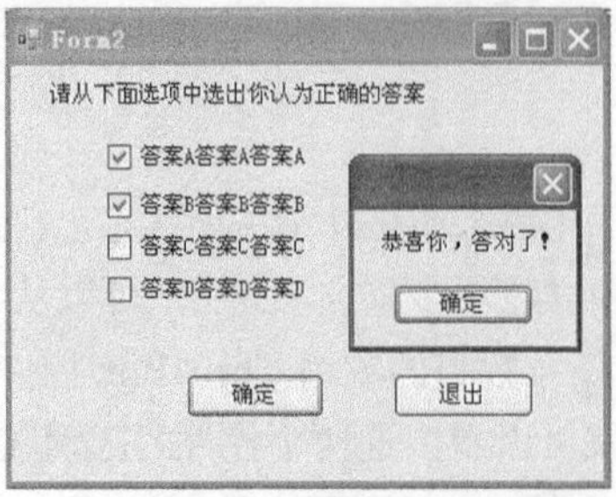

图 8-30 多选题程序运行结果 1

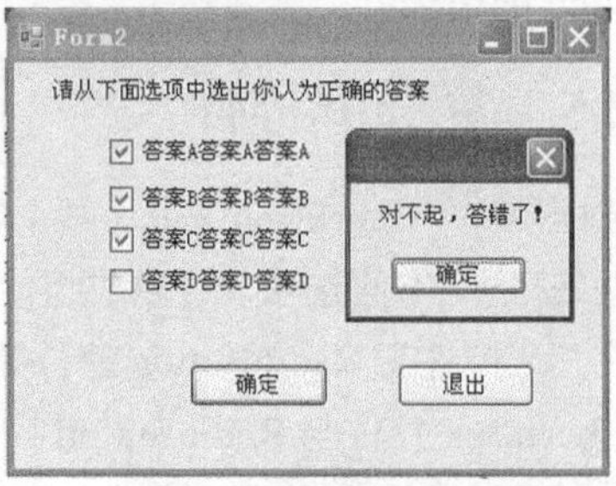

图 8-31 多选题程序运行结果 2

实例代码如下：

```
using System;
using System.Collections.Generic;
using System.ComponentModel;
using System.Data;
using System.Drawing;
using System.Text;
using System.Windows.Forms;

namespace CheckBoxDemo
{
    public partial class Form1 : Form
    {
        public Form1()
        {
            InitializeComponent();
        }

        /// <summary>
        /// 退出程序
        /// </summary>
        /// <param name="sender"></param>
        /// <param name="e"></param>
        private void button2_Click(object sender, EventArgs e)
        {
            this.Close();
        }

        /// <summary>
        /// 选择 A
        /// </summary>
        /// <param name="sender"></param>
        /// <param name="e"></param>
        private void checkBox1_CheckedChanged(object sender, EventArgs e)
        {
            label2.Text = "你选择的答案为: " + this.Check();
        }

        /// <summary>
        /// 检查所选结果
        /// </summary>
        /// <returns></returns>
        private string Check()
        {
            string anwser = string.Empty;
            if (checkBox1.Checked)
            {
                anwser += "A";
            }
            if (checkBox2.Checked)
            {
                anwser += "B";
            }
            if (checkBox3.Checked)
```

```
            {
                anwser += "C";
            }
            if (checkBox4.Checked)
            {
                anwser += "D";
            }
            return anwser;
        }

        /// <summary>
        /// 选择 B
        /// </summary>
        /// <param name="sender"></param>
        /// <param name="e"></param>
        private void checkBox2_CheckedChanged(object sender, EventArgs e)
        {
            label2.Text = "你选择的答案为: " + this.Check();
        }

        /// <summary>
        /// 选择 C
        /// </summary>
        /// <param name="sender"></param>
        /// <param name="e"></param>
        private void checkBox3_CheckedChanged(object sender, EventArgs e)
        {
            label2.Text = "你选择的答案为: " + this.Check();
        }

        /// <summary>
        /// 选择 D
        /// </summary>
        /// <param name="sender"></param>
        /// <param name="e"></param>
        private void checkBox4_CheckedChanged(object sender, EventArgs e)
        {
            label2.Text = "你选择的答案为: " + this.Check();
        }

        /// <summary>
        /// 显示结果
        /// </summary>
        /// <param name="sender"></param>
        /// <param name="e"></param>
        private void button1_Click(object sender, EventArgs e)
        {
            if (Check() == "AB")
            {
                MessageBox.Show("恭喜你，答对了！");
            }
            else
```

```
                {
                    MessageBox.Show("对不起，答错了！");
                }
            }
        }
}
```

读者在学习 CheckBox 的使用方法时可以和 RadioButton 对应起来，进行比较。

8.2.6　列表框控件

列表框控件（ListBox）用于显示一个项列表，用户可从中选择一项或多项。如果项总数超出可以显示的项数，则 ListBox 控件会自动添加滚动条。

当 ListBox 控件的 MultiColumn 属性设置为 True 时，列表框以多列形式显示项，并且会出现一个水平滚动条。当 MultiColumn 属性设置为 False 时，列表框以单列形式显示项,并且会出现一个垂直滚动条。当 ScrollAlwaysVisible 设置为 True 时，无论项数多少都将显示滚动条。SelectionMode 属性确定一次可以选择多少列表项。下面的实例演示了 ListBox 控件的用法。

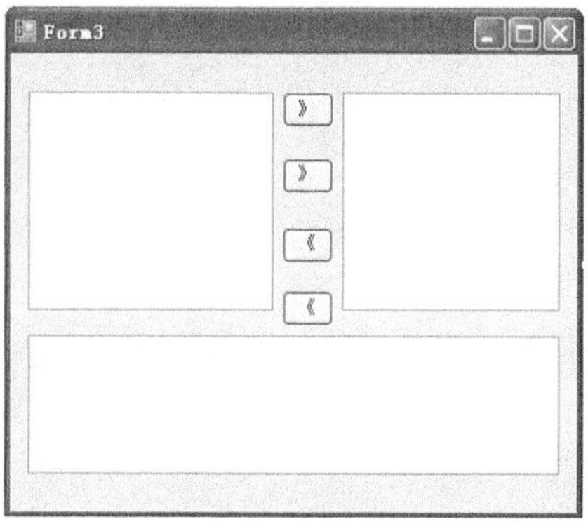

图 8-32　窗体布局

（1）创建一个 Windows 窗体应用程序，在窗体上添加如图 8-32 所示控件。ListBox 控件名称如图 8-34 所示，4 个按钮的名称依次为“btnRight”、“btnRightAll”、“btnLeftAll”和“btnLeft”。

（2）更改 lstLeft 控件的 Items 属性，弹出如图 8-33 所示的对话框。

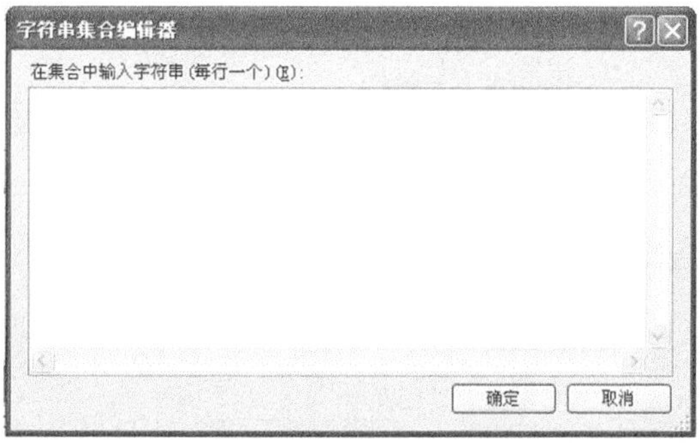

图 8-33　字符串集合编辑器

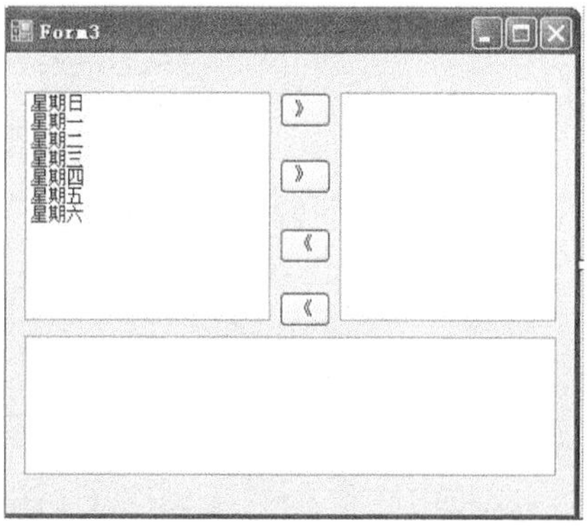

图 8-34　更改 ListBox 属性

依次输入星期日、星期一、星期二、星期三、星期四、星期五和星期六。单击“确定”按钮，得到如图 8-34 所示的窗体。

（3）编写各个按钮的代码，功能为使得 ListBox 控件的项在 lstLeft 和 lstRight 控件之间移动，并将记录输出到“lstBottom”列表框控件中。

完整的功能代码如下：

```
using System;
using System.Collections.Generic;
using System.ComponentModel;
```

```
using System.Data;
using System.Drawing;
using System.Text;
using System.Windows.Forms;

namespace Example6_4
{
    public partial class Form1 : Form
    {
        public Form1()
        {
            InitializeComponent();
        }

        private void btnRight_Click(object sender, EventArgs e)
        {
            if (lstLeft.SelectedItems.Count == 0)
            {
                return;
            }
            else
            {
                lstRight.Items.Add(lstLeft.SelectedItem);
                lstBottom.Items.Add(lstLeft.SelectedItem.ToString()+"被移至右侧");
                lstLeft.Items.Remove(lstLeft.SelectedItem);
            }
        }

        private void btnRightAll_Click(object sender, EventArgs e)
        {
            foreach (object item in lstLeft.Items)
            {
                lstRight.Items.Add(item);
            }
            lstBottom.Items.Add("左侧列表项被全部移至右侧");
            lstLeft.Items.Clear();
        }

        private void btnLeftAll_Click(object sender, EventArgs e)
        {
            foreach (object item in lstRight.Items)
            {
                lstLeft.Items.Add(item);
            }
            lstBottom.Items.Add("右侧列表项被全部移至左侧");
            lstRight.Items.Clear();
        }

        private void btnLeft_Click(object sender, EventArgs e)
        {
            if (lstRight.SelectedItems.Count == 0)
            {
                return;
            }
            else
```

```
                {
                    lstLeft.Items.Add(lstRight.SelectedItem);
                    lstBottom.Items.Add(lstRight.SelectedItem.ToString() + "被移至左侧");
                    lstRight.Items.Remove(lstRight.SelectedItem);
                }
            }
        }
}
```

运行程序，可以随意将两侧列表框中的项移动，如图 8-35 所示。

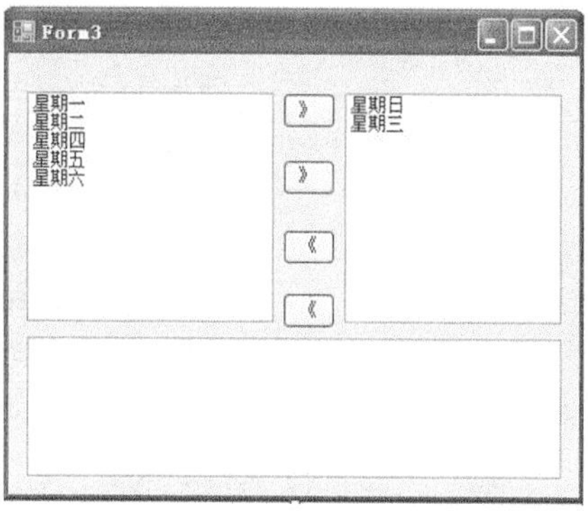

图 8-35　列表框程序运行结果

代码中使用了 ListBox 控件的 Items 属性，Items 属性的值是一个集合，它表示当前 ListBox 控件中项的集合。Items 拥有集合的一些方法，如 Count 用于指示项的个数，还有 Add 方法和 Clear 方法等。SelectedItem 属性表示当前 ListBox 控件控件中被选中的项。

8.2.7　可选列表框控件

可选列表框控件（CheckedListBox）与 ListBox 控件类似，但是其列表中项的左侧还可以显示选择框。其使用方法读者可以结合 CheckBox 控件和 ListBox 控件进行自学，在此不作详述。下面直接给出一个类似于 ListBox 的实例。程序界面如图 8-36 所示。

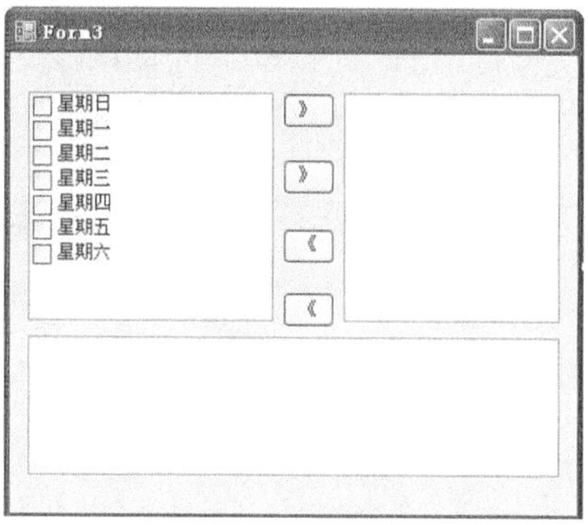

图 8-36　程序界面

实例代码如下。

```
using System;
using System.Collections.Generic;
using System.ComponentModel;
using System.Data;
using System.Drawing;
using System.Text;
using System.Windows.Forms;

namespace CheckedListBoxDemo
{
    public partial class Form1 : Form
    {
        public Form1()
        {
            InitializeComponent();
        }

        /// <summary>
        /// 退出程序
        /// </summary>
        /// <param name="sender"></param>
        /// <param name="e"></param>
        private void button5_Click(object sender, EventArgs e)
        {
            this.Close();
        }

        /// <summary>
```

```
        /// 添加集合项
        /// </summary>
        /// <param name="sender"></param>
        /// <param name="e"></param>
        private void Form1_Load(object sender, EventArgs e)
        {
             checkedListBox1.Items.Add("星期一");
             checkedListBox1.Items.Add("星期二");
             checkedListBox1.Items.Add("星期三");
             checkedListBox1.Items.Add("星期四");
             checkedListBox1.Items.Add("星期五");
             checkedListBox1.Items.Add("星期六");
             checkedListBox1.Items.Add("星期日");
        }

        /// <summary>
        /// 移至右侧部分项
        /// </summary>
        /// <param name="sender"></param>
        /// <param name="e"></param>
        private void button1_Click(object sender, EventArgs e)
        {
            foreach (object o in checkedListBox1.CheckedItems)
            {
                checkedListBox2.Items.Add(o);
            }
            for (int i = 0; i < checkedListBox1.Items.Count; i++)
            {
                if (checkedListBox1.CheckedItems.Contains(checkedListBox1.Items[i]))
                {
                    checkedListBox3.Items.Add(checkedListBox1.Items[i].ToString()
                        + "被移至右侧");
                     checkedListBox1.Items.Remove(checkedListBox1.Items[i]);
                }
            }
        }

        /// <summary>
        /// 左侧项全部移至右侧
        /// </summary>
        /// <param name="sender"></param>
        /// <param name="e"></param>
        private void button2_Click(object sender, EventArgs e)
        {
            foreach (object o in checkedListBox1.Items)
            {
                checkedListBox2.Items.Add(o);
            }
            checkedListBox1.Items.Clear();
            checkedListBox3.Items.Add("左侧项全部移至右侧");
        }

```

```
        /// <summary>
        /// 移至左侧部分项
        /// </summary>
        /// <param name="sender"></param>
        /// <param name="e"></param>
        private void button4_Click(object sender, EventArgs e)
        {
            foreach (object o in checkedListBox2.CheckedItems)
            {
                checkedListBox1.Items.Add(o);
            }
            for (int i = 0; i < checkedListBox2.Items.Count; i++)
            {
                if (checkedListBox2.CheckedItems.Contains(checkedListBox2.Items[i]))
                {
                    checkedListBox3.Items.Add(checkedListBox2.Items[i].ToString()
                        + "被移至左侧");
                    checkedListBox2.Items.Remove(checkedListBox2.Items[i]);
                }
            }
        }

        /// <summary>
        /// 右侧项全部移至左侧
        /// </summary>
        /// <param name="sender"></param>
        /// <param name="e"></param>
        private void button3_Click(object sender, EventArgs e)
        {
            foreach (object o in checkedListBox2.Items)
            {
          checkedListBox1.Items.Add(o);
            }
            checkedListBox2.Items.Clear();
            checkedListBox3.Items.Add(" 右侧项全部移至左侧");
        }
    }
}
```

程序运行结果如图 8-37 所示。

从图 8-37 中可以看到，CheckedListBox 比 ListBox 多出了复选功能。

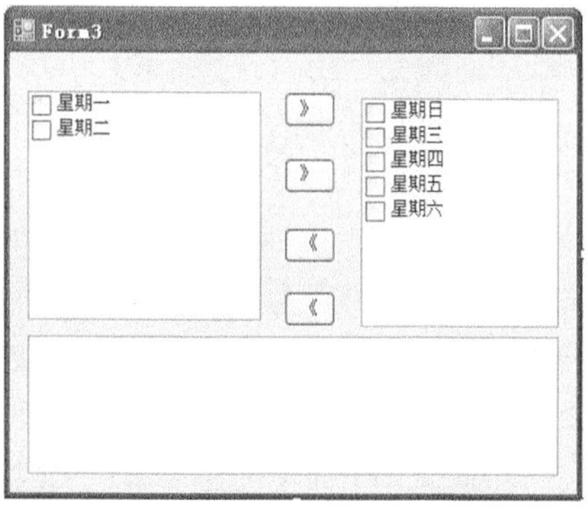

图 8-37　可选列表框程序运行结果

8.3 菜　　单

通常所说的主菜单位于程序标题栏的下方。如 Visual C# 2010 中的“文件”菜单、“编辑”菜单都属于主菜单的一部分。本节介绍如何设计和使用主菜单控件。

8.3.1 创建菜单

Visual C# 2010 中使用 MenuStrip 控件替换了以前的 MainMenu 控件。请读者注意，此控件将应用程序命令分组，从而使它们更容易访问。程序设计人员可以用此控件创建出各种复杂的主菜单，鉴于读者对菜单的概念比较熟悉，此处直接介绍 Menu Strip 控件用法。

（1）创建一个 Windows 窗体应用程序，在左侧的工具箱双击 MenuStrip 控件，将其添加到窗体中，如图 8-38 所示。

可以看到，窗体的上方出现一个空菜单，并提示输入菜单名称。下方多出了一个“menuStrip1”控件。

（2）输入菜单文本的时候，Visual C# 2010 将会自动产生下一个输入菜单文本的提示输入，方便程序设计人员使用，如图 8-39 所示。

图 8-38　菜单演示

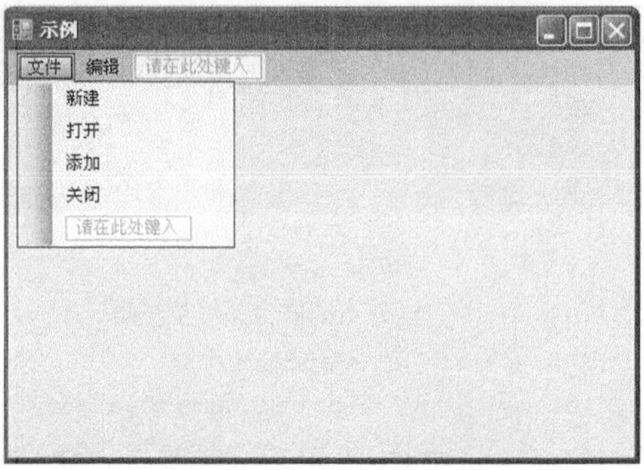

图 8-39　输入菜单文本

（3）下面创建一个类似于 Visual C# 2010 的部分菜单。在图 8-39 提示的文本框中输入“文件（&F）”，将会产生“文件（F）”的效果，&被识别为确认快捷键的字符。同理在“文件”下创建“新建”、“打开”、“添加”和“关闭”子菜单。右击新创建的菜单，可以添加其他内容，如分隔符。还可以为菜单添加图像，以方便用户识别和使用。

（4）添加完毕，效果如图 8-40 所示。

至此，一个简单的主菜单就已经设计完毕了。此时，该菜单的功能还没有完全实现，不会响应任何的用户交互事件。

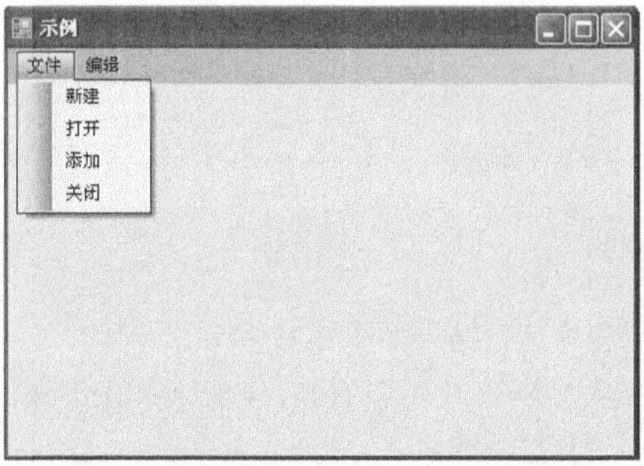

图 8-40　菜单示意图

8.3.2 相应菜单事件

菜单最重要的目的就是起到导航的功能，因此，必须对菜单的事件处理程序进行良好的设计和实现。本小节将介绍主菜单事件处理部分的内容。

通常，只需处理主菜单中各个菜单项的 Click 事件即可。下面仍使用前一小节的实例，依次编写各个菜单项实现 Click 事件的处理代码。其完整代码如下：

```
using System;
using System.Collections.Generic;
using System.ComponentModel;
using System.Data;
using System.Drawing;
using System.Text;
using System.Windows.Forms;

namespace Example_5
{
    public partial class Form1 : Form
    {
        public Form1()
        {
            InitializeComponent();
        }

        private void 新建ToolStripMenuItem_Click(object sender, EventArgs e)
        {
            MessageBox.Show("您单击了“新建”按钮");
        }

        private void 打开ToolStripMenuItem_Click(object sender, EventArgs e)
        {
            MessageBox.Show("您单击了“打开”按钮");
        }

        private void 添加ToolStripMenuItem_Click(object sender, EventArgs e)
        {
            MessageBox.Show("您单击了“添加”按钮");
        }

        private void 关闭ToolStripMenuItem1_Click(object sender, EventArgs e)
        {
            MessageBox.Show("您单击了“关闭”按钮");
        }
    }
}
```

上面的代码在单击菜单项的时候将弹出一个信息提示窗口，表示单击了该菜单项，其运行结果如图 8-41 所示。

实际上菜单项的处理代码应该更为复杂一些，必须实现具体的功能，此处仅作演示用，请读者注意。

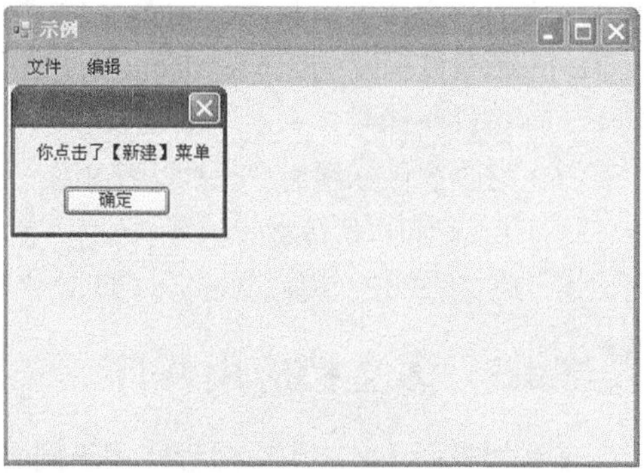

图 8-41 处理菜单 Click 事件程序的运行结果

8.4 单文档和多文档应用程序

通常将 Windows 窗体应用程序分为三类：基于对话框的应用程序、单一文档界面（SDI）应用程序和多文档界面应用程序。本部分内容将会对这三种应用程序的形式分别进行介绍。

8.4.1 基于对话框的应用程序

基于对话框的应用程序往往功能比较简单，用途比较单一。在一个对话框形式的界面中可以完成绝大部分的操作，常见的如 Windows 中自带的计算器实用程序，本书前面章节中的 Windows 窗体应用程序实例都属于这一类型。

基于对话框的应用程序之前已介绍较多，在此不作详述。

8.4.2 单文档应用程序

单文档应用程序（SDI）顾名思义就是处理单一文档的应用程序。通常 SDI 应用程序只用于完成单一的任务，涉及单一的文档。相比基于对话框的应用程序，SDI 应用程序比较复杂，涉及的操作比较多。典型的 SDI 应用程序如 Windows 写字板。

SDI 应用程序每次只能处理一个文档。当用户打开第二个文档时，将会打开写字板的第二个实例，与之前打开的写字板应用程序没有任何关系。建立 SDI 应用程序的过程比较简单，下面简要说明这个过程。

（1）创建一个 Windows 应用程序。

（2）为创建的窗体添加主菜单，依次添加“文件”、“编辑”、“查看”、“插入”、“格式”和“帮助”等菜单。

（3）为窗体添加工具栏，依次添加”新建”、“最小化”、“最大化”和“关闭”工具栏按钮，选择相应的图片。

（4）为窗体添加状态栏。与状态栏对应的控件为 StatusStrip，在“工具箱”面板的“菜单和工具栏”组中。此处未对状态栏做特殊设置，读者只需添加即可。

（5）为窗体添加 RichTextBox 控件， RichTextBox 是一种复杂的文本框。该控件用于显示、输入和操作带有格式的文本。RichTextBox 控件除了执行 TextBox 控件的所有功能之外，它还可以显示字体、颜色和链接，从文件加载文本和嵌入的图像，撤销和重复编辑操作以及查找指定的字符。与字处理应用程序（如 Microsoft Word）类似，RichTextBox 通常用于提供文本操作和显示功能。与 TextBox 控件一样，RichTextBox 控件也可以显示滚动条；但与 TextBox 控件不同的是在默认情况下，该控件将同时显示水平滚动条和垂直滚动条，并具有更多的滚动条设置。

（6）修改窗体标题为“我的写字板”，运行程序，在“RichTextBox”文本框中输入部分字符。

这是一个足以以假乱真的记事本程序，但是此处并没有实现对菜单项以及工具栏按钮的代码。读者可以通过现有的知识，模拟 Windows 自带写字板的功能，逐步地完善这个“我的写字板”应用程序。

8.4.3 多文档应用程序

多文档界面（MDI）应用程序用于同时显示多个文档，每个文档显示在各自的窗口中。MDI 应用程序中常有包含子菜单的“窗口”菜单，用于在窗口或文档之间进行切换。MDI 应用程序也十分常见，如图 8-42 所示的浏览器就是一个 MDI 应用程序。

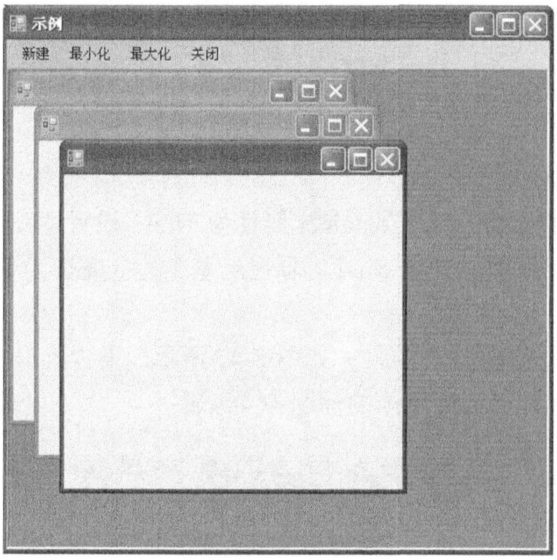

图 8-42　MDI 应用程序

由图 8-42 可以看到，在一个程序中可以有很多个窗口。通常，在这类程序的主菜单中有“窗口”菜单。在这个菜单中显示所有的窗口、活动的窗口以及窗口的显示方式等。

图 8-42 显示的是 MDI 的“层叠窗口”的效果，其垂直平铺的效果如图 8-43 所示。

图 8-43　垂直平铺窗口

MDI 的水平平铺的效果如图 8-44 所示。

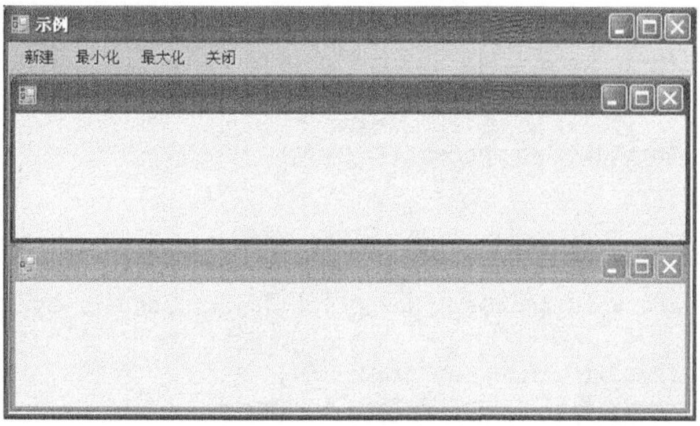

图 8-44　水平平铺窗口

下面介绍如何创建一个 MDI 应用程序。

（1）创建一个 Windows 窗体应用程序。

（2）为创建的窗体添加主菜单。

（3）为窗体添加工具栏。依次添加”新建”、“最小化”、“最大化”和“关闭”按钮，选择相应的图片。

（4）为窗体添加状态栏。

（5）设置“Form1”窗体的 IsMdiContainer 属性为 True。设置“From1”的标题为“我的记事本”，名称为“frmMain”。此时，一个 MDI 容器已经基本建立完毕，下面建立 MDI 的子窗体。

（6）在项目中新添加一个窗体。

（7）为子窗体添加 RichTextBox 控件，如图 8-45 所示。设置此 RichTextBox 的 Dock 属性为 Fill，使其充满整个窗体。并设置此窗体的标题为“编辑”。

图 8-45　为子窗体添加 RichTextBox 控件

（8）编写父窗体“frmMain”窗体工具栏“新建”按钮的事件处理程序。其完整代码如下：

```
using System;
using System.Collections.Generic;
using System.ComponentModel;
using System.Data;
using System.Drawing;
using System.Text;
using System.Windows.Forms;

namespace Example6_6
{
    public partial class frmMain : Form
    {
        public frmMain()
        {
            InitializeComponent();
        }

        //新建工具栏按钮事件
        private void toolStripNew_Click(object sender, EventArgs e)
        {
            frmEdit frm = new frmEdit();
            //使新建的 Form2 窗体的父窗体为当前窗体
            frm.MdiParent = this;
```

```
                frm.Show();
            }
        }
}
```

运行程序，单击工具栏上的“新建”按钮，如图 8-46 所示。多次单击“新建”按钮，生成多个新建编辑窗口，如图 8-47 所示。

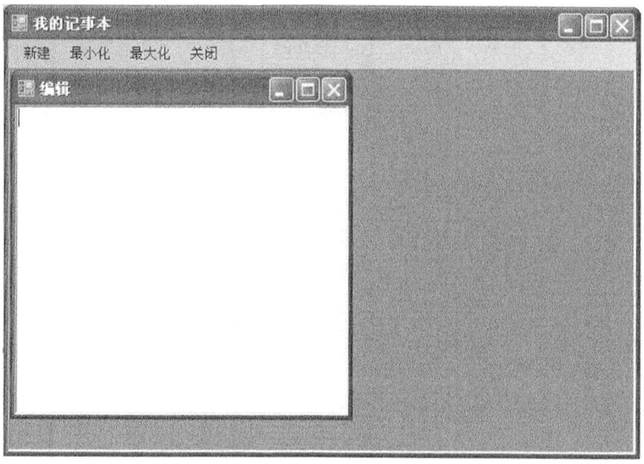

图 8-46 “新建”按钮处理程序运行结果

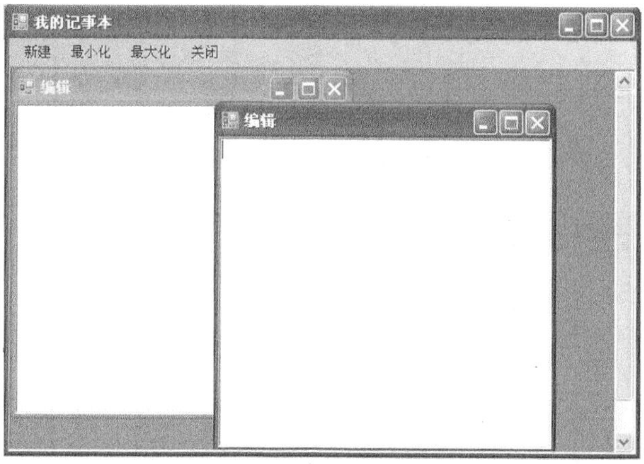

图 8-47 创建多个新建编辑窗口的结果

（9）下面为 MDI 容器窗体编写“窗口”菜单。为“frmMain”窗体添加“窗口”菜单。

（10）编写代码，使其支持“窗口”菜单的单击事件。完整代码如下：

```
using System;
using System.Collections.Generic;
using System.ComponentModel;
using System.Data;
using System.Drawing;
using System.Text;
using System.Windows.Forms;

namespace Example6_6
{
    public partial class frmMain : Form
    {
```

```
        public frmMain()
        {
            InitializeComponent();
        }

        //新建工具栏按钮事件
        private void toolStripNew_Click(object sender, EventArgs e)
        {
            frmEdit frm = new frmEdit();
            //使新建的 Form2 窗体的父窗体为当前窗体
            frm.MdiParent = this;
            ToolStripMenuItem newWindowItem = new ToolStripMenuItem(frm.Text);
            mnuWindows.DropDownItems.Add(newWindowItem);
            frm.Show();

        }

        private void mnuCascade_Click(object sender, EventArgs e)
        {
            this.LayoutMdi(MdiLayout.Cascade);                    //层叠窗口
        }

        private void mnuVerticle_Click(object sender, EventArgs e)
        {
            this.LayoutMdi(MdiLayout.TileVertical);               //垂直平铺
        }

        private void mnuHorizontal_Click(object sender, EventArgs e)
        {
            this.LayoutMdi(MdiLayout.TileHorizontal);             //水平平铺
        }

    }
}
```

运行程序，通过单击“新建”按钮，新建两个“编辑”窗口，如图 8-48 所示。可以在“窗口”菜单中看到新建的窗口标题。

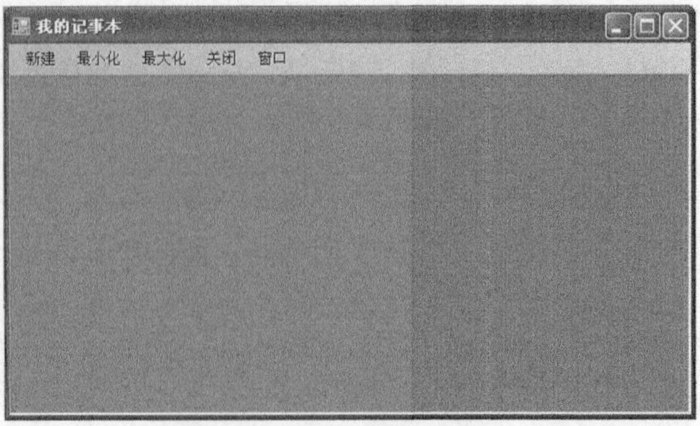

图 8-48 “窗口”菜单示意图

依次单击“窗口”的菜单项，如图 8-49 和图 8-50 所示。

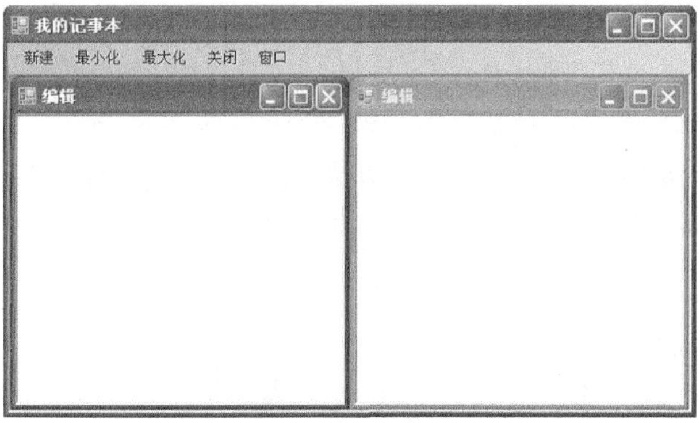

图 8-49　垂直平铺子窗体

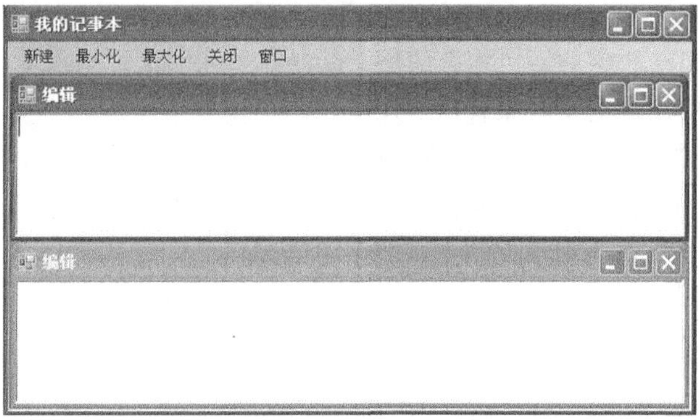

图 8-50　水平平铺子窗体

MDI 应用程序的介绍到此就结束了，读者可以继续完善本程序，使其拥有更多的功能。

8.5　GDI+绘制图形

GDI+是.NET Framework 2.0 中提供的二维图形、图像处理等功能。GDI+在 GDI（较早版本的 Windows 中提供的 Graphics Device Interface）的基础上进行了改进，添加了新功能并改进了现有功能。GDI+主要用于在窗体上绘制各种图形图像，可以用于绘制各种数据图形及数学仿真等。GDI+可以在窗体程序中产生很多自定义的图形，便于程序设计人员展示各种图形化的数据。

8.5.1　Graphics 对象

Graphics 类封装一个 GDI+绘图图面。Graphics 对象表示 GDI+绘图表面，是用于创建图形图像的对象。绘图时需要先创建 Graphics 对象，然后才可以使用 GDI+绘制线条和形状、呈现文本或显示与操作图像。绘制图形包括以下两个步骤。

（1）创建 Graphics 对象。

（2）使用 Graphics 对象绘制线条和形状、呈现文本或显示与操作图像。

创建 Graphics 对象有以下三个方法。

（1）在窗体或控件的 Paint 事件中进行对图形对象的引用，作为 PaintEventArgs 的一部分。在为控件创建绘制代码时，通常会使用此方法来获取对图形对象的引用。如下的代码演示了这种用法。

```
private void Form1_Paint(object sender, System.Windows.Forms.PaintEventArgs pe)
{
    Graphics g = pe.Graphics;
}
```

（2）调用某控件或窗体的 CreateGraphics 方法以获取对 Graphics 对象的引用，该对象表示该控件或窗体的绘图图面。如果想在已存在的窗体或控件上绘图，应该使用此方法。如下的代码演示了这种用法。

```
Graphics g;
g = this.CreateGraphics();
```

（3）由从 Image 继承的任何对象创建 Graphics 对象。此方法在需要更改已存在的图像时十分有用。如下的代码演示了这种用法。

```
Bitmap myBitmap = new Bitmap(@"C:\myPic.bmp");
Graphics g = Graphics.FromImage(myBitmap);
```

在创建完毕 Graphics 对象后，可将其应用于绘制线条和形状、呈现文本或显示与操作图像。与 Graphics 对象一起使用的主要对象有以下几个。

（1）Pen 类：Pen 类主要用于绘制线条，或者用线条组合成的其他几何形状。

（2）Brush 类：Brush 类主要用于填充几何图形，如将正方形和圆形填充其他颜色。

（3）Font 类：Font 类主要用于控制文本的字体样式。

（4）Color 结构：可以设置不同颜色。

下面介绍各种图形的绘制方法。

8.5.2 画笔类

画笔（Pen）类主要起到一个画笔的作用，用于绘制线条，或者用线条组合成的其他几何形状。下面的实例演示了如何使用 Pen 类画出一条直线。可以使用 Graphics 类的 DrawLine 方法绘制直线。具体步骤如下。

（1）创建 Windows 窗体应用程序，添加“画直线”按钮，如图 8-51 所示。

图 8-51 添加“画直线”按钮

（2）为“画直线”按钮的 Click 事件编写程序。完整代码如下：

```
using System;
using System.Collections.Generic;
using System.ComponentModel;
using System.Data;
using System.Drawing;
using System.Text;
using System.Windows.Forms;

namespace Example8_7
{
    public partial class Form1 : Form
    {
        public Form1()
        {
            InitializeComponent();
        }

        private void button1_Click(object sender, EventArgs e)
```

```
        {
            //定义一个 Pen 对象
            System.Drawing.Pen myPen = new System.Drawing.Pen(System.Drawing.
                Color.Blue);
            //定义一个 Graphics 对象
            System.Drawing.Graphics g;
            g = this.CreateGraphics();
            //使用 Pen 对象画直线
            g.DrawLine(myPen, 100, 100, 200, 200);
            myPen.Dispose();
            g.Dispose();
        }
    }
}
```

代码使用了 DrawLine 方法，使 Pen 对象在窗体中画了一条斜线。

（3）运行程序，单击“画直线”按钮，如图 8-52 所示。

借助 Pen 类，还可以画出其他几何形状，下面的实例演示如何画出矩形和圆。

（1）打开 8.5.1 小节的项目，添加“画形状”按钮，如图 8-53 所示。

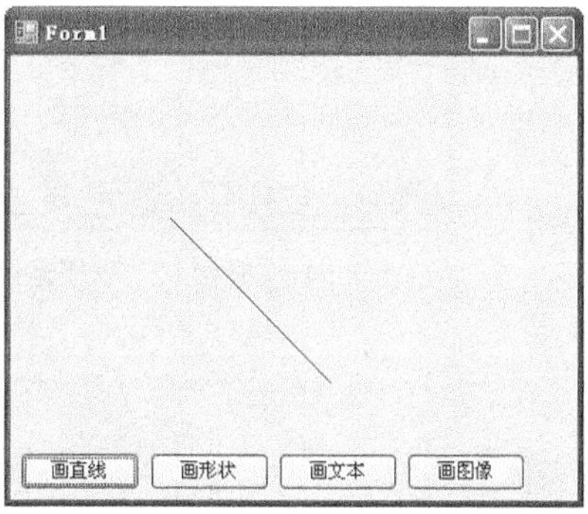

图 8-52　“画直线”程序运行结果

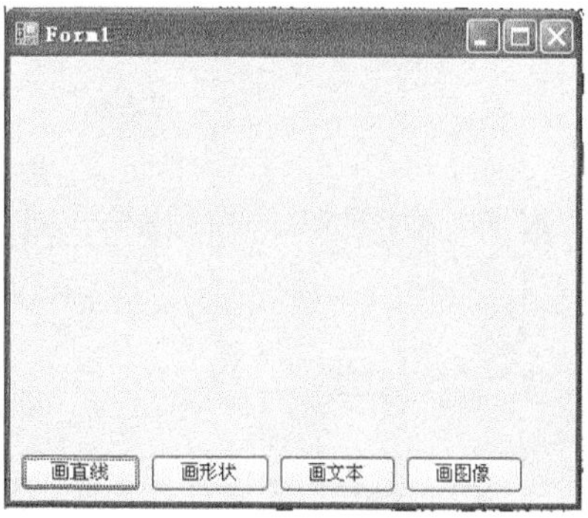

图 8-53　添加“画形状”按钮

（2）编写“画形状”按钮的 Click 事件代码。完整代码如下。

```
using System;
using System.Collections.Generic;
using System.ComponentModel;
using System.Data;
using System.Drawing;
using System.Text;
using System.Windows.Forms;

namespace Example8_7
{
    public partial class Form1 : Form
    {
        public Form1()
        {
            InitializeComponent();
        }

        private void button2_Click(object sender, EventArgs e)
        {
```

```
            //定义一个 Pen 对象
            System.Drawing.Pen myPen1 = new System.Drawing.Pen(System.Drawing.
                Color.Blue);
            System.Drawing.Graphics g1;
            g1 = this.CreateGraphics();

            //使用 DrawEllipse 方法绘制圆形
            g1.DrawEllipse(myPen1, new Rectangle(10, 10, 200, 200));
            myPen1.Dispose();
            g1.Dispose();

            //定义一个 Pen 对象
            System.Drawing.Pen myPen2 = new System.Drawing.Pen(System.Drawing.
                Color.Red);
            System.Drawing.Graphics g2;
            g2 = this.CreateGraphics();

            //使用 DrawRectangle 方法绘制矩形
            g2.DrawRectangle(myPen2, new
Rectangle(10, 10, 200, 200));
            myPen2.Dispose();
            g2.Dispose();
        }
    }
}
```

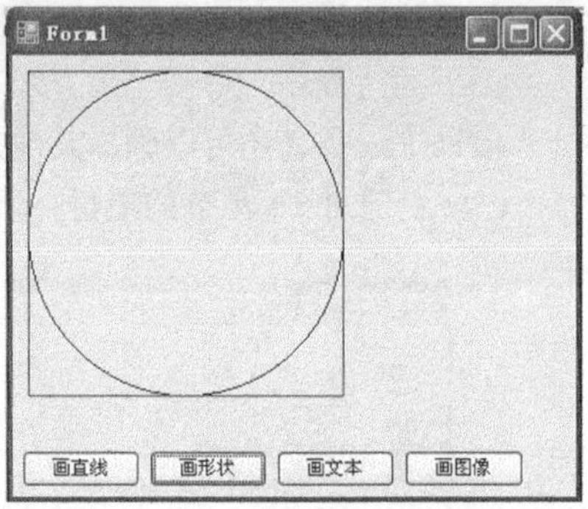

图 8-54 “画形状”程序运行结果

（3）添加“画形状”按钮程序的运行结果如图 8-54 所示。

8.5.3 字体类

字体（Font）类表示字体，如果需要使用 GDI+在窗体上描绘文本的时候，则可以借助 Font 类来实现。下面的实例演示了在窗体上绘制文本的功能。

可以使用 Graphics 类的 DrawString 方法绘制文本。具体步骤如下。

（1）打开 8.5.2 小节中的项目，添加“画文本”按钮，如图 8-55 所示。

图 8-55 添加“画文本”后的窗体布局

（2）为“画文本”按钮的 Click 事件编写处理代码。完整代码如下：

```
using System;
using System.Collections.Generic;
using System.ComponentModel;
using System.Data;
using System.Drawing;
using System.Text;
using System.Windows.Forms;

namespace Example8_7
{
    public partial class Form1 : Form
    {
        public Form1()
```

```
        {
            InitializeComponent();
        }

        private void btnText_Click(object sender, EventArgs e)
        {
            //定义一个 Graphics 对象
            System.Drawing.Graphics g = this.CreateGraphics();
            string drawString = "使用 DrawString 方法";

            //定义字体和画刷
            System.Drawing.Font myFont = new System.Drawing.Font("黑体", 20);
            System.Drawing.Brush b = new System.Drawing.SolidBrush(System.Drawing.
                Color.Blue);

            //所画文本的位置
            float x = 50.0F;
            float y = 50.0F;

            //字体的格式
            System.Drawing.StringFormat
myFormat = new System.Drawing.String-
                Format();
           g.DrawString(drawString, myFont,
b, x, y, myFormat);
            myFormat.Dispose();
            myFont.Dispose();
            g.Dispose();
        }
    }
}
```

（3）添加“画文本”按钮程序后的运行结果如图 8-56 所示。

图 8-56　“画文本”程序运行结果

8.5.4　位图 Bitmap 类

可以在应用程序中使用 GDI+展现以文件形式存在的图像。可通过以下方式做到这一点：创建一个 Image 类（如 Bitmap）的新对象，创建一个 Graphics 对象来引用要使用的绘图图面，然后调用 Graphics 对象的 DrawImage 方法。将在图形类所表示的绘图表面上绘制图像。可以在设计时使用图像编辑器创建和编辑图像文件，而在运行时使用 GDI+呈现图像。具体步骤如下。

（1）打开 8.5.3 小节的项目，在窗体中添加“画图像”按钮，如图 8-57 所示。

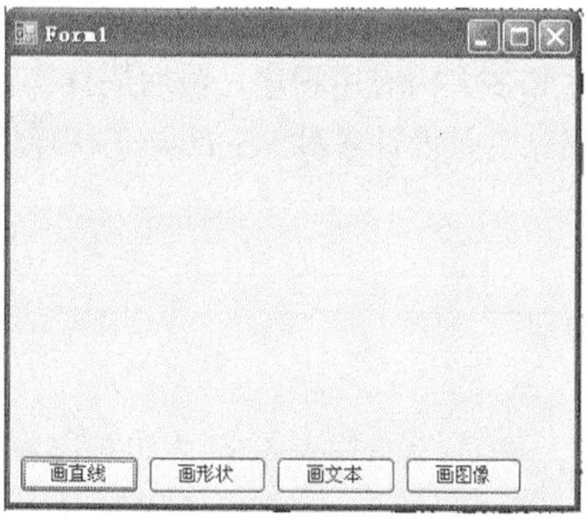

图 8-57　添加“画图像”按钮

（2）为“画图像”按钮的 Click 事件编写程序。完整代码如下：

```
using System;
using System.Collections.Generic;
using System.ComponentModel;
using System.Data;
```

```
using System.Drawing;
using System.Text;
using System.Windows.Forms;

namespace Example8_7
{
    public partial class Form1 : Form
    {
        public Form1()
        {
            InitializeComponent();
        }

        private void btnImage_Click(object sender, EventArgs e)
        {
            //文件位置
            string file = @"C:\windows\winnt.bmp";

            //创建位图对象
            Bitmap myBitmap = new Bitmap
                (file);

            //创建 Graphics 对象并调用其
            //DrawImage 方法画图
            Graphics g = this.CreateGrap-
                hics();
            g.DrawImage(myBitmap, 5, 5);
        }
    }
}
```

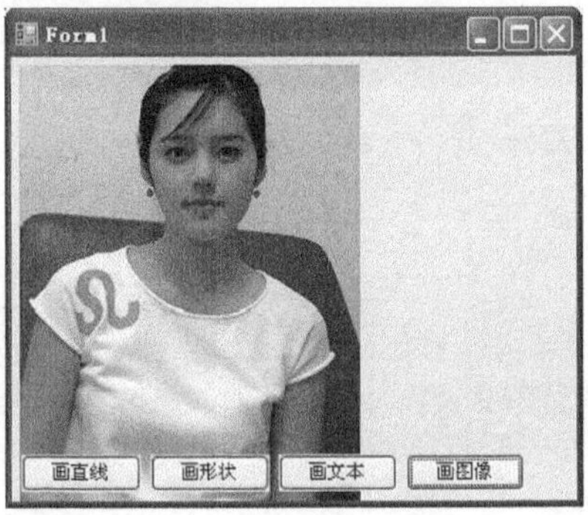

图 8-58　添加“画图像”程序的运行结果

（3）添加“画图像”按钮程序的运行结果如图 8-58 所示。

小　　结

本章主要介绍了 C#在 Windows 窗体程序的应用，包括对话框应用程序、单文档应用应用程序和多文档应用程序，最后还详细讲解了 GDI+在窗体程序中的应用。本章重点是各个控件的使用，它是设计各种 Windows 应用程序的基础，读者要勤加练习。

习　　题

8-1　Windows 窗体应用程序有什么优点？

8-2　解决方案管理器的作用是什么？

8-3　如何创建并使用按钮控件？

8-4　如何创建菜单以及相应事件？

8-5　如何创建单文档和多文档的应用程序？

上机指导

Windows 窗体应用程序也是面向对象编程技术的一个重要组成部分。窗体中所有的内容都是按照面向对象编程技术来构建的。Windows 窗体应用程序还体现了另外一种思维，即对事件的处理。

实验一　创建菜单

实验内容

本实验使用 MenuStrip 控件创建类似 VS2010 中的菜单。效果如图 8-59 所示。

图 8-59　VS2010 的菜单

实验目的

巩固知识点——创建菜单。Visual C# 2010 中使用 MenuStrip 控件替换了以前的 MainMenu 控件。此控件将应用程序命令分组，从而使它们更容易访问。

实验思路

在 8.3.12 节介绍创建菜单时，介绍了如何使用 MenuStrip 控件创建一个菜单。通过学习，我们还可以创建一些常用应用程序的菜单，如开发工具 VS2010 中的菜单。

实验二　创建多文档应用程序

实验内容

本实验参考多文档文本编辑器 UltraEdit，创建一个类似的多文档应用程序。效果如图 8-60 所示。

实验目的

巩固知识点——创建多文档应用程序。多文档界面（MDI）应用程序用于同时显示多个文档，每个文档显示在各自的窗口中。

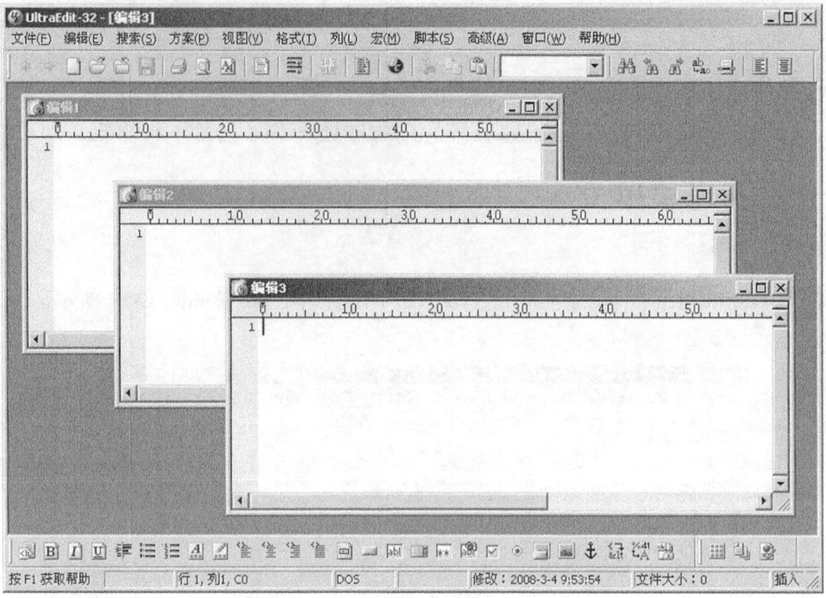

图 8-60　多文档文本编辑器 UltraEdit

实验思路

在 8.4.3 小节介绍多文档应用程序时，介绍了如何创建一个多文档应用程序。通过学习，我们也可以模拟实际中常用的一些多文档应用程序，比如文本编辑器 UltraEdit。

实验三　创建一个用户登录的界面

实验内容

本实验使用 Windows 常用控件，创建一个用户登录程序。效果如图 8-61 所示。

实验目的

巩固知识点——Windows 控件。Windows 控件是窗体应用的基础，熟悉并掌握该控件的使用可以加快应用程序的开发效率。

实验思路

要实现一个用户登录的程序，需要使用几个 Windows 常用控件，包括按钮、文本和文本框等。实现的步骤如下。

（1）创建一个 Windows 应用程序的项目，命名为 LoginApp。

（2）绘制用户界面。在界面中，有两个 Label 控件，分别命名为用户名和密码；两个 TextBox 控件，其 Name 属性分别为 txtUser 和 txtPwd，并把密码输入框的 PasswordChar 属性设置为“*”；还有两个按钮控件，分别命名为“登录”和“重置”。用户登录界面的布局如图 8-62 所示。

（3）单击“登录”按钮，验证用户名和密码，并且给出相应的提示信息。登录事件代码如下所示：

```
if (txtUser.Text == "admin" && txtPwd.Text == "admin")
{
```

```
        MessageBox.Show("登录成功！");
}
else
{
        MessageBox.Show("登录失败，请重新登录！");
}
```

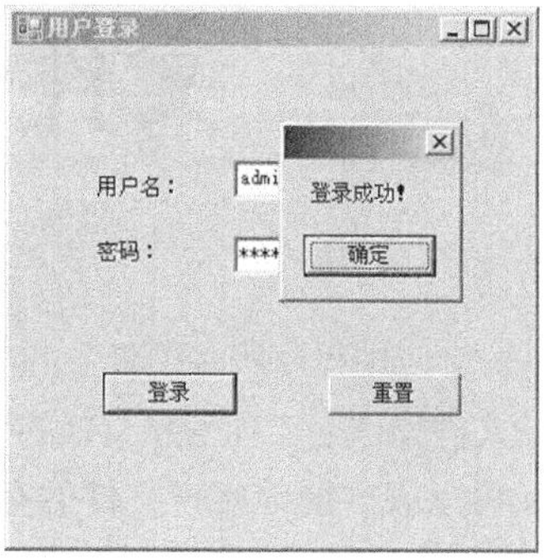

图 8-61　用户登录的运行效果

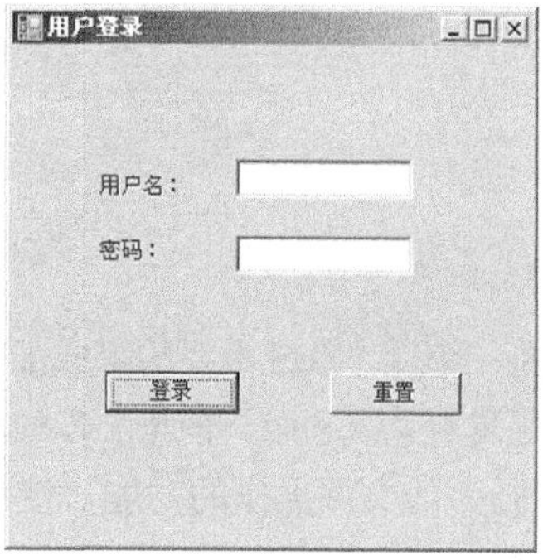

图 8-62　用户登录界面布局

（4）单击“重置”按钮，用户名和密码的输入框重置为空。重置事件的代码如下所示：

```
txtUser.Text = "";
txtPwd.Text = "";
```

第 9 章 文件操作

文件操作是一个操作系统重要的组成部分之一，也是一个应用程序所必须具备的功能。一个完整的应用程序必须具有系统和用户信息交换的功能。有效的文件操作是实现信息交换的手段之一。

C#提供了强大的文件操作的功能。使用这些功能，可以很方便地实现文件的存储管理、对文件的读写操作等。

9.1 文件和文件夹

文件与前文介绍的数组等变量不同。变量中的数据只是在程序运行时存在，随着程序的终结变量的内容也随之丢失。而文件中的内容可以永久地存储数据到硬盘或其他设备上，这就是通常所说的持久性数据。文件的这种特性可以使我们方便地存储应用程序配置等数据，以便在程序下一次运行时使用。.NET 对文件的操作提供了方便的工具。

本章的代码实例中如无特殊说明，将会包含以下引用：

```
1.  using System;
2.  using System.IO;
```

9.1.1 System.IO 类介绍

System.IO 类包含了所有本章所要介绍的输入输出类。下面先对 System.IO 类进行一个简要的介绍，使读者有一个简单的了解。表 9-1 所示为 System.IO 包含的所有类及其功能。

表 9-1 System.IO 类列表

类　名	说　明
BinaryReader	用特定的编码将基元数据类型读作二进制值
BinaryWriter	以二进制形式将基元类型写入流，并支持用特定的编码写入字符串
BufferedStream	给另一流上的读写操作添加一个缓冲层。无法继承此类
Directory	公开用于创建、移动和枚举通过目录和子目录的静态方法。无法继承此类
DirectoryInfo	公开用于创建、移动和枚举目录和子目录的实例方法。无法继承此类
DirectoryNotFoundException	当找不到文件或目录的一部分时所引发的异常
DriveInfo	提供对有关驱动器信息的访问
DriveNotFoundException	当尝试访问的驱动器或共享不可用时引发的异常

续表

类 名	说 明
EndOfStreamException	读操作试图超出流的末尾时引发的异常
ErrorEventArgs	为 Error 事件提供数据
File	提供用于创建、复制、删除、移动和打开文件的静态方法，并协助创建 FileStream 对象
FileInfo	提供创建、复制、删除、移动和打开文件的实例方法，并且帮助创建 FileStream 对象。无法继承此类
FileLoadException	当找到托管程序集却不能加载它时引发的异常
FileNotFoundException	试图访问磁盘上不存在的文件失败时引发的异常
FileStream	公开以文件为主的 Stream，既支持同步读写操作，也支持异步读写操作
FileSystemEventArgs	提供目录事件的数据：Changed、Created、Deleted
FileSystemInfo	为 FileInfo 和 DirectoryInfo 对象提供基类
FileSystemWatcher	侦听文件系统更改通知，并在目录或目录中的文件发生更改时引发事件
InternalBufferOverflowException	内部缓冲区溢出时引发的异常
InvalidDataException	在数据流的格式无效时引发的异常
IODescriptionAttribute	设置可视化设计器在引用事件、扩展程序或属性时可显示的说明
IOException	发生 I/O 错误时引发的异常
MemoryStream	创建其支持存储区为内存的流
Path	对包含文件或目录路径信息的 String 实例执行操作。这些操作是以跨平台的方式执行的
PathTooLongException	当路径名或文件名超过系统定义的最大长度时引发的异常
RenamedEventArgs	为 Renamed 事件提供数据
Stream	提供字节序列的一般视图
StreamReader	实现一个 TextReader，使其以一种特定的编码从字节流中读取字符
StreamWriter	实现一个 TextWriter，使其以一种特定的编码向流中写入字符
StringReader	实现从字符串进行读取的 TextReader
StringWriter	实现一个用于将信息写入字符串的 TextWriter。该信息存储在基础 StringBuilder 中
TextReader	表示可读取连续字符系列的读取器
TextWriter	表示可以编写一个有序字符系列的编写器。该类为抽象类
UnmanagedMemoryStream	提供从托管代码访问非托管内存块的能力

从表 9-1 中可以看到，System.IO 命名空间下的类提供了非常强大的功能。对这些类熟练地掌握可以使我们编写出功能十分强大的代码，但对于初学者来说，常用的类有 File、Directory、Path、FileInfo、DirectoryInfo、FileStream、StreamReader、StreamWriter 及 FileSystemWatcher 等，这些类的功能可以满足一般应用程序的需求。下面的章节中，将对这些常用类进行逐一介绍。

9.1.2 文件类

文件类（File）是最重要和最基础的一个类。File 类提供了大量的公开方法，有 42 种之多，其中大部分方法为静态方法。File 类提供了用于创建、复制、删除、移动和打开文件的静态方法，并协助创建 FileStream 对象。File 类的常用方法如表 9-2 所示。

表 9-2　File 类常用方法

方　法	说　明
Copy	将现有文件复制到新文件
Create	在指定路径中创建文件
Delete	删除指定的文件。如果指定的文件不存在，则不引发异常
Exists	确定指定的文件是否存在
Move	将指定文件移到新位置，并提供指定新文件名的选项
Open	打开指定路径上的 FileStream

以下实例实现文件的创建功能：

```
using System;
using System.IO;

public class FileTest
{
    public static void Main()
    {
        string m_path = @"c:\file.txt";      //设置所要创建文件的绝对路径
        File.Create(m_path);                 //以路径为参数创建文件
        Console.ReadLine();
    }
}
```

程序运行结果如图 9-1 所示。已经成功创建了 c:\file.txt，但是现在它的大小还是 0kB，因为没有对文件进行任何写入操作。

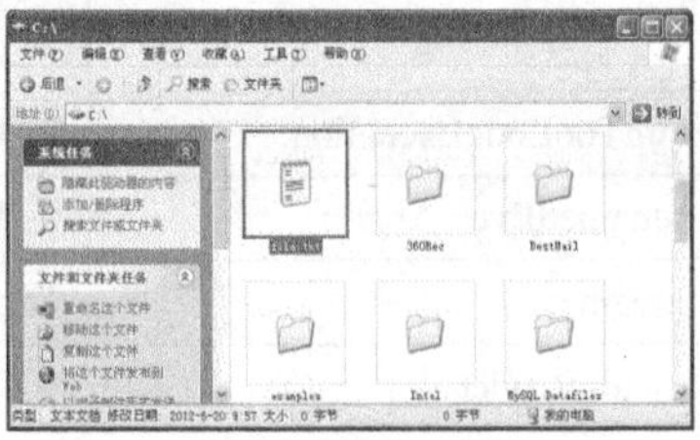

图 9-1　创建文件程序的运行结果

9.1.3　文件夹类

读者对 Windows 的文件管理方式应该并不陌生，其采用的是一种树形管理模式，文件的上层通常还存在若干层文件夹。本小节将要向读者介绍 C#中文件夹类 Directory 的知识。Directory 类同 File 类相似，公开了用于创建、移动目录和子目录等静态方法，方法非常多，此处介绍一些常用方法，如表 9-3 所示。

表 9-3　Directory 类常用方法

方　法	说　明
CreateDirectory	创建指定路径中的所有目录
Delete	删除指定的目录
Exists	确定给定路径是否引用磁盘上的现有目录
GetCurrentDirectory	获取应用程序的当前工作目录
GetDirectories	获取指定目录中子目录的名称
GetFiles	返回指定目录中的文件的名称
GetLogicalDrives	检索此计算机上格式为“<驱动器号>:\”的逻辑驱动器的名称
GetParent	检索指定路径的父目录，包括绝对路径和相对路径
Move	将文件或目录及其内容移到新位置

以下实例实现创建一个目录的功能：

```
using System;
using System.IO;

public class DirectoryTest
{
        public static void Main()
        {
                string m_path = @"c:\Files"; //设置所要创建文件夹的绝对路径
                Directory.CreateDirectory(m_path); //以路径为参数创建文件夹
                Console.ReadLine();
        }
}
```

运行结果如图 9-2 所示，成功地创建了 C:\Files 文件夹。

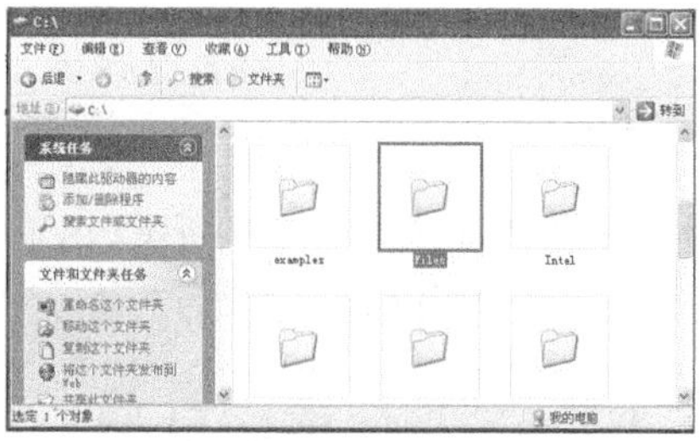

图 9-2　创建目录程序的运行结果

9.1.4　文件信息类

文件信息类（FileInfo）与 File 类不同。它虽然也提供了创建、复制、删除、移动和打开文件的方法，并且帮助创建 FileStream 对象，但是它提供的仅仅是实例方法。因此要使用 FileInfo 类，必须先实例化一个 FileInfo 对象。FileInfo 类的常用方法与 File 类基本相同，此处仅介绍 FileInfo 类的常用属性，如表 9-4 所示。

表 9-4　FileInfo 常用属性

属　性	说　明
Attributes	获取或设置当前 FileSystemInfo 的 FileAttributes
CreationTime	获取或设置当前 FileSystemInfo 对象的创建时间
Directory	获取父目录的实例
DirectoryName	获取表示目录的完整路径的字符串
Exists	获取指示文件是否存在的值
Extension	获取表示文件扩展名部分的字符串
FullName	获取目录或文件的完整目录
IsReadOnly	获取或设置确定当前文件是否为只读的值
Length	获取当前文件的大小
Name	获取文件名

以下实例实现创建检测文件是否存在的功能：

```
using System;
using System.IO;

public class FileInfoTest
{
        public static void Main()
        {
                string m_path = @"c:\file.txt";              //设置所要检测文件的绝对路径
                FileInfo m_FileInfo = new FileInfo(m_path); //以路径为参数构造FileInfo对象
```

```
        if (m_FileInfo.Exists)                    //检测文件是否存在
        {
            Console.WriteLine("File Exists!");
        }
        else
        {
            Console.WriteLine("File Not Exists!");
        }
        Console.ReadLine();
    }
}
```

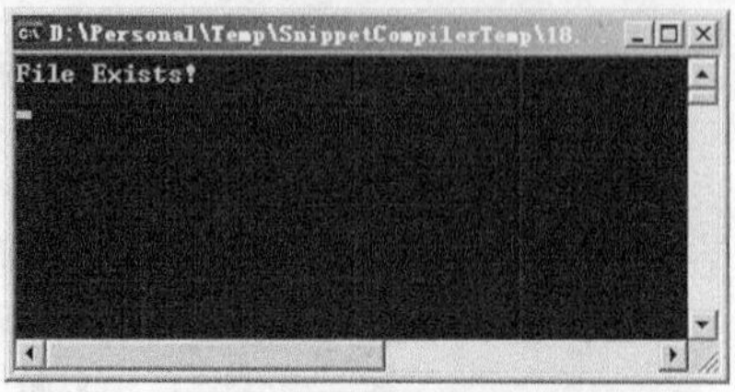

图 9-3　检测文件存在程序的运行结果

程序运行结果如图 9-3 所示。由于 9.1.2 小节中曾经创建了该文件，所以显示该文件存在。

9.1.5　文件夹信息类

文件夹信息类（DirectoryInfo）与文件信息类（FileInfo）相似。它是一个实例类，同样提供了 Directory 类中的大部分方法。同 FileInfo 类一样，使用 DirectoryInfo 类之前必须实例化一个 DirectoryInfo 对象。DirectoryInfo 类拥有和 FileInfo 类几乎相同的属性，其常用属性如表 9-5 所示。

表 9-5　DirectoryInfo 常用属性

属　性	说　明
Attributes	获取或设置当前 FileSystemInfo 的 FileAttributes
CreationTime	获取或设置当前 FileSystemInfo 对象的创建时间
Exists	获取指示目录是否存在的值
Extension	获取表示文件扩展名部分的字符串
Name	获取此 DirectoryInfo 实例的名称
Parent	获取指定子目录的父目录
Root	获取路径的根部分

以下实例实现创建检测文件夹是否存在的功能：

```
using System;
using System.IO;

public class DirectoryInfoTest
{
    public static void Main()
    {
        string m_path = @"c:\files";              //设置所要检测文件夹的绝对路径
        //以路径为参数构造 DirectoryInfo 对象
        DirectoryInfo m_DirInfo = new DirectoryInfo(m_path);
        if (m_DirInfo.Exists)                     //检测文件夹是否存在
        {
            Console.WriteLine("Directory Exists!");
        }
        else
```

```
            {
                Console.WriteLine
("Directory
                Not Exists!");
            }
            Console.ReadLine();
        }
}
```

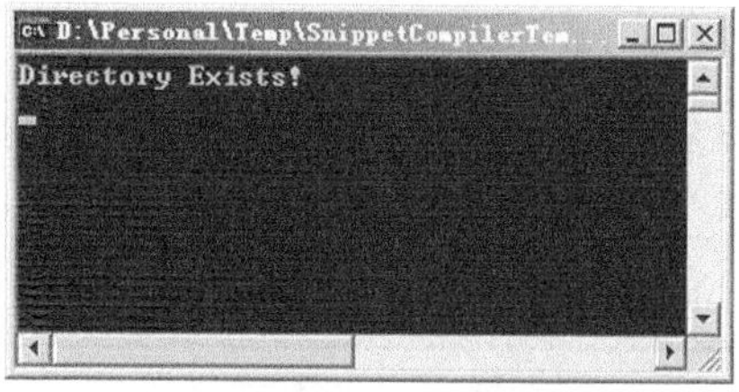

图 9-4 检测文件夹存在程序的运行结果

程序运行结果如图 9-4 所示。由于 9.1.3 小节中曾经创建了该文件夹，所以显示该文件夹存在。

9.1.6 文件信息类与文件夹信息类的用法

文件信息类（FileInfo）和文件夹信息类（DirectoryInfo）具有文件类（File）和文件夹类（Directory）的大部分功能。读者在实际应用中应当注意选择使用不同的实现。

（1）File 类和 Directory 类适合用于在对象上单一的方法调用。此种情况下静态方法的调用在速度上效率比较高，因为此种方法省去了实例化新对象的过程。

（2）FileInfo 类和 DirectoryInfo 类适合用于对同一文件或文件夹进行几种操作的情况。此种情况下，实例化的对象不需要每次都寻找文件，只需调用该实例化的方法，比较节省时间。

读者可以根据自己应用程序的实际需求应用不同的方法。

9.2 流

流是.NET 操作文件的基本类。.NET 中对文件的输入输出操作都要用到流。流分为输入流和输出流。通常，输入流用于读取数据，最常见的输入流莫过于键盘了。此前应用的大部分输入都是来源于键盘，其实输入流可以来源于很多设备，本章所主要讨论的输入流形式是磁盘文件。输出流则用于向外部目标写数据，本章所讨论的输出流形式也仅限于磁盘文件。

9.2.1 流操作类介绍

.NET Framework 中提供了 5 种常见的流操作类，用以提供文件的读取、写入等常见操作。该操作类的简单说明如表 9-6 所示。

表 9-6 流操作类简单说明

类	说 明
BinaryReader	用特定的编码将基元数据类型读作二进制值
BinaryWriter	以二进制形式将基元类型写入流，并支持用特定的编码写入字符串
FileStream	公开以文件为主的 Stream，既支持同步读写操作，也支持异步读写操作
StreamReader	实现一个 TextReader，使其以一种特定的编码从字节流中读取字符
StreamWriter	实现一个 TextWriter，使其以一种特定的编码向流中写入字符

9.2.2 文件流类

文件流类（FileStream）公开了以文件为主的 Stream，既支持同步读写操作，也支持异步读写操作。

FileStream 类的特点是操作字节和字节数组。这种方式不适合以字符数据构成的文本文件等类似文件的操作，但对随机文件操作等比较有效。FileStream 类提供了对文件的低级而复杂的操作，但却可以实现更多高级的功能。FileStream 类的构造函数有 15 种，此处仅对两种作简要介绍，如表 9-7 所示。

表 9-7　FileStream 类构造函数

构造函数	说明
FileStream(String,FileMode)	使用指定的路径和创建模式初始化 FileStream 类的新实例
FileStream(String,FileMode,FileAccess)	使用指定的路径、创建模式和读/写权限初始化 FileStream 类的新实例

这两种构造函数中都要求提供一个 FileMode 参数，这是.NET 中定义的一个枚举，限定类打开文件的方式，其成员如表 9-8 所示。

表 9-8　FileMode 枚举成员

成员	说明
Append	打开现有文件并查找到文件尾，或创建新文件。FileMode.Append 只能同 FileAccess.Write 一起使用。任何读尝试都将失败并引发<ArgumentException>
Create	指定操作系统应创建新文件。如果文件已存在，它将被改写。这要求<FileIOPermissionAccess.Write>。System.IO.FileMode.Create 等效于这样的请求：如果文件不存在，则使用<CreateNew>；否则使用<Truncate>
CreateNew	指定操作系统应创建新文件。此操作需要 FileIOPermissionAccess.Write。如果文件已存在，则将引发 IOException
Open	指定操作系统应打开现有文件。打开文件的能力取决于 FileAccess 所指定的值。如果该文件不存在，则引发 System.IO.FileNotFoundException
OpenOrCreate	指定操作系统应打开文件（如果文件存在）；否则，应创建新文件。如果用 FileAccess.Read 打开文件，则需要<FileIOPermissionAccess.Read>。如果文件访问为 FileAccess.Write 或 FileAccess.ReadWrite，则需要 FileIOPermissionAccess.Write。如果文件访问为 FileAccess.Append，则需要<FileIOPermissionAccess.Append>
Truncate	指定操作系统应打开现有文件。文件一旦打开，就将被截断为零字节大小。此操作需要 FileIOPermissionAccess.Write。试图从使用 Truncate 打开的文件中进行读取将导致异常

以下代码调用表 9-7 中第一种构造函数：

```
FileStream m_FileStream = new FileStream(@"c:\file.txt",FileMode.OpenOrCreate);
```

此种构造函数默认以只读方式打开文件。若需要规定不同的访问级别，则需要使用第二种构造函数。第二种构造函数中需要 FileAccess 枚举参数，其成员简介如表 9-9 所示。

表 9-9　FileAccess 枚举成员简介

成员	说明
Read	对文件的读访问。可从文件中读取数据。同 Write 组合即构成读/写访问权
ReadWrite	对文件的读访问和写访问。可从文件读取数据和将数据写入文件
Write	文件的写访问。可将数据写入文件。同 Read 组合即构成读/写访问权

以下代码调用表 9-7 中第二种构造函数：

```
FileStream m_FileStream = new FileStream(@"c:\file.txt",FileMode.OpenOrCreate,
```

```
FileAccess.ReadWrite);
```

此处将打开文件进行读写操作，也可以利用 FileAccess.Read 和 FileAccess.Write 限定对文件只进行读操作或写操作。事实上，利用 9.1 节中介绍过的 File 类和 FileInfo 类，可以通过另一种更为简洁的方式获得 FileStream 的实例。这两个类同时提供了 OpenRead()和 OpenWrite()方法，如表 9-10 所示。

表 9-10 OpenRead()和 OpenWrite()方法简介

方　法	说　明
OpenRead	打开现有文件以进行读取
OpenWrite	打开现有文件以进行写入

以下代码实现打开用于只读的文件：

```
FileStream m_FileStream = File.OpenRead(@"c:\file.txt");
```

以下代码同样实现以上功能：

```
FileInfo m_FileInfo = new FileInfo(@"c:\file.txt");
FileStream m_FileStream = m_FileInfo.OpenRead();
```

下面用详细的实例来演示 FileStream 的读取和写入功能。

（1）在 Visual Studio 2010 中新建一个控制台应用程序项目，如图 9-5 所示。

（2）将项目名称和解决方案名称改为 FileStreamProject，单击“确认”按钮；双击解决方案资源管理器中的 Program.cs，如图 9-6 所示。

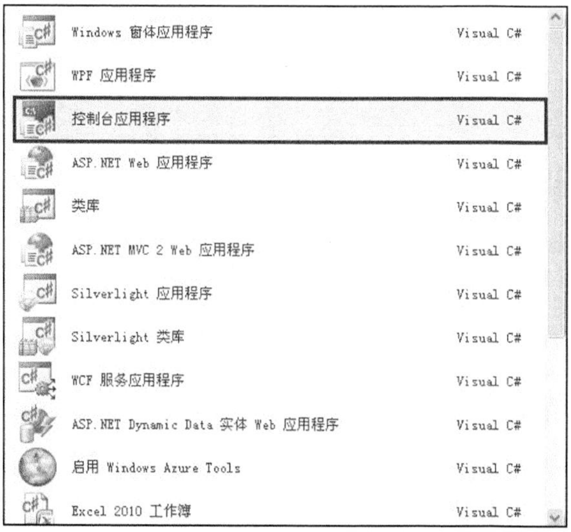

图 9-5 新建项目

图 9-6 解决方案资源管理器

在 Program.cs 的编辑界面中添加如下引用：

```
using System;
using System.IO;
using System.Text
```

在 Program 类的 Main()函数中添加如下代码：

```
static void Main(string[] args)
{
    byte[] m_bDataWrite = new byte[100];
    char[] m_cDataWrite = new char[100];
```

```

        try
        {
            //创建 C:\file.txt 的 FileStream 对象
            FileStream m_FileStream = new FileStream(@"C:\file.txt", FileMode.
                OpenOrCreate);
            //将要写入的字符串转换成字符数组
            m_cDataWrite = "My First File Operation".ToCharArray();
            //通过 UTF-8 编码方法将字符数组转换成字节数组
            Encoder m_Enc = Encoding.UTF8.GetEncoder();
            m_Enc.GetBytes(m_cDataWrite, 0, m_cDataWrite.Length, m_bDataWrite, 0, true);
            //设置流的当前位置为文件开始位置
            m_FileStream.Seek(0, SeekOrigin.Begin);
            //将字节数组中的内容写入文件
            m_FileStream.Write(m_bDataWrite, 0, m_bDataWrite.Length);
        }
        catch (IOException ex)
        {
            Console.WriteLine("There is an IOException");
            Console.WriteLine(ex.Message);
            Console.ReadLine();
            return;
        }

        Console.WriteLine("Write to File Succeed!");
        Console.ReadLine();
        return;
}
```

程序运行结果如图 9-7 所示。查看 C:\file.txt，如图 9-8 所示。

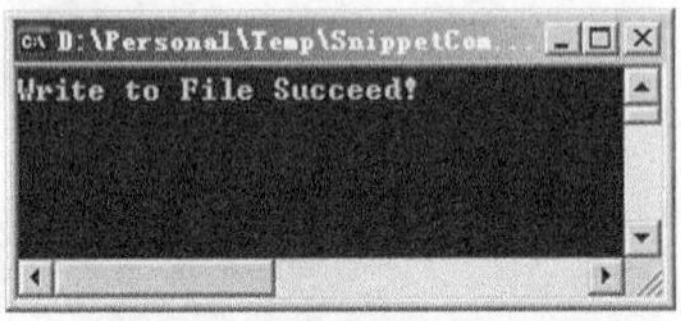

图 9-7　FileStream 写入程序的运行结果

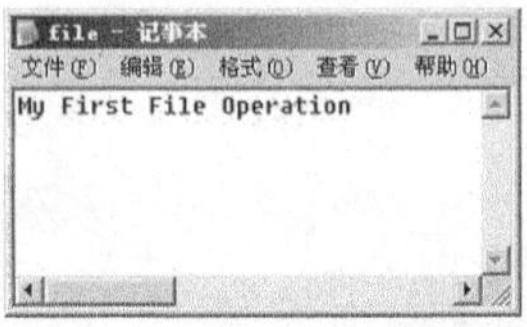

图 9-8　文件写入内容

上面的实例中通过 FileStream 类成功地向文件中写入了“My First File Operation”。下面通过对另一个实例的讲解演示 FileStream 对文件的读取功能。

项目建立方式同上，此处不再赘述。将下面的代码添加到新工程 Program.cs 中的 Main()函数中：

```
static void Main(string[] args)
{
        byte[] m_bDataRead = new byte[100];
        char[] m_cDataRead = new char[100];

        try
        {
            //创建 C:\file.txt 的 FileStream 对象
            FileStream m_FileStream = new FileStream(@"C:\file.txt", FileMode.Open);
            m_FileStream.Seek(0, SeekOrigin.Begin);      //设置流的当前位置为文件开始位置
```

```
            m_FileStream.Read(m_bDataRead, 0, 100);  //将文件的内容读入字节数组中
        }
        catch(IOException ex)
        {
            Console.WriteLine("There is an IOException");
            Console.WriteLine(ex.Message);
            Console.ReadLine();
            return;
        }

        //通过 UTF-8 编码方法将字节数组转换成字符数组
        Decoder m_Dec = Encoding.UTF8.GetDecoder();
        m_Dec.GetChars(m_bDataRead, 0, m_bDataRead.Length, m_cDataRead, 0);
        Console.WriteLine("Read From File Succed!");
        Console.WriteLine(m_cDataRead);
        Console.ReadLine();

        return;
}
```

程序运行结果如图 9-9 所示。

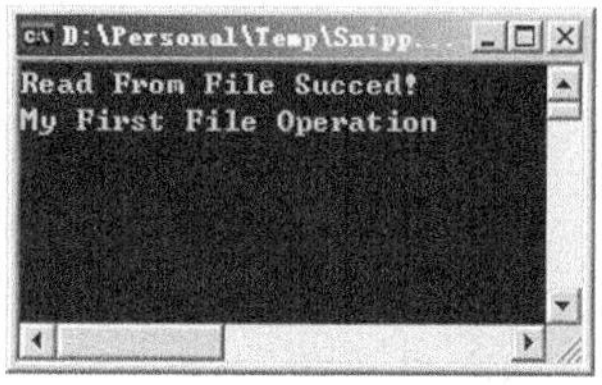
D:\Personal\Temp\Snipp...
Read From File Succed!
My First File Operation

图 9-9　FileStream 读取程序的运行结果

9.2.3　流写入类

应用 FileStream 类需要许多额外的数据类型转换操作，十分影响效率。本小节将介绍另外一种更为简单实用的写入方法，即流写入类（StreamWriter）。StreamWriter 类允许直接将字符和字符串写入文件。StreamWriter 类的构造函数一共有 7 种，此处只介绍常用的 3 种，如表 9-11 所示。表 9-12 所示为 StreamWriter 类的常用方法。

表 9-11　StreamWriter 的构造函数

构 造 函 数	说　　明
StreamWriter(Stream)	用 UTF-8 编码及默认缓冲区大小，为指定的流初始化 StreamWriter 类的一个新实例
StreamWriter(String)	使用默认编码和缓冲区大小，为指定路径上的指定文件初始化 StreamWriter 类的新实例
StreamWriter(String, Boolean)	使用默认编码和缓冲区大小，为指定路径上的指定文件初始化 StreamWriter 类的新实例 如果该文件存在，则可以将其改写或向其追加。如果该文件不存在，则此构造函数将创建一个新文件

表 9-12　StreamWriter 的方法

方　　法	说　　明
Close	关闭当前的 StreamWriter 对象和基础流
Write	写入流
WriteLine	写入重载参数指定的某些数据，后跟行结束符

以下实例将采用 StreamWriter 类提供的方法操作现有的 C:\file.txt 文件。

```
using System;
using System.IO;

public class StreamWriterTest
{
    public static void Main()
    {
```

```
        try
        {
                //保留文件现有数据，以追加写入的方式打开 C:\file.txt 文件
                StreamWriter m_SW = new StreamWriter(@"C:\file.txt", true);
                //向文件写入新字符串，并关闭 StreamWriter
                m_SW.WriteLine("Another File Operation Method");
                m_SW.Close();
        }
        catch(IOExecption ex)
        {
                Console.WriteLine("There is an IO exception!");
                Console.WriteLine(ex.Message);
                Console.ReadLine();
                return;
        }

        Console.WriteLine("Write to File Succeed!");
        Console.ReadLine();
        return;
    }
}
```

程序运行结果如图 9-10 所示。查看 C:\file.txt，如图 9-11 所示。

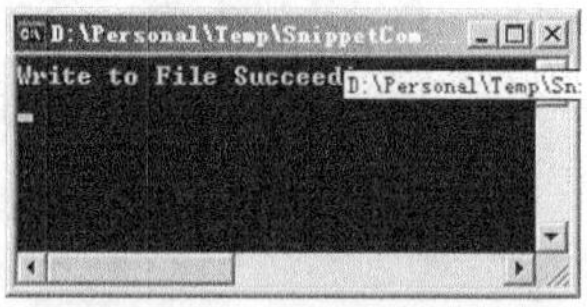

图 9-10　StreamWriter 写入程序的运行结果

图 9-11　追加写入后文件/内容

9.2.4　流读取类

相对于 StreamWriter 类，流读取类（StreamReader）提供了另一种从文件中读取数据的方法。StreamReader 类的应用方式非常相似于 StreamWriter 类，此处直接介绍 StreamReader 类的构造函数。其常见构造函数如表 9-13 所示。表 9-14 介绍了其常用方法。

表 9-13　StreamReader 的构造函数

构 造 函 数	说　明
StreamReader(Stream)	为指定的流初始化 StreamReader 类的新实例
StreamReader(String)	为指定的文件名初始化 StreamReader 类的新实例

表 9-14　StreamReader 的方法

方　法	说　明
Close	关闭 StreamReader 对象和基础流，并释放与读取器关联的所有系统资源
Read	读取输入流中的下一个字符或下一组字符
ReadLine	从当前流中读取一行字符并将数据作为字符串返回
ReadToEnd	从流的当前位置到末尾读取流

下面的实例实现了从 C:\file.txt 中读取所有数据的功能。

```
using System;
using System.IO;

public class StreamReaderTest
{
      public static void Main()
      {
            try
            {
                  //以绝对路径方式构造新的 StreamReader 对象
                  StreamReader m_SW = new StreamReader(@"C:\file.txt");
                  //用 ReadToEnd 方法将 C:\file.txt 中的数据全部读入字符串 m_Data 中，并
                  //关闭 StreamReader
                  string m_Data = m_SW.ReadToEnd();
                  Console.WriteLine(m_Data);
                  m_SW.Close();
            }
            catch(IOException ex)
            {
                  Console.WriteLine("There is an IO exception!");
                  Console.WriteLine(ex.Message);
                  Console.ReadLine();
                  return;
            }

            Console.ReadLine();
            return;
      }
}
```

程序运行结果如图 9-12 所示。

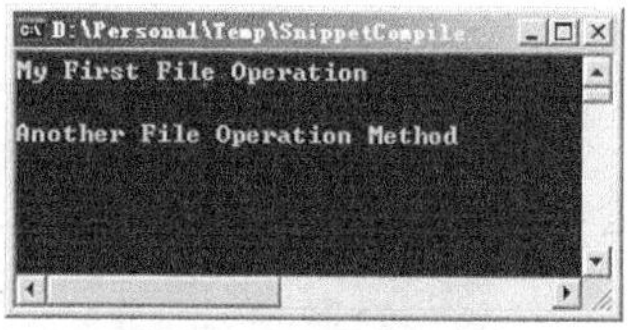
My First File Operation
Another File Operation Method

图 9-12　StreamReader 读取程序的运行结果

9.2.5　二进制流写入类

二进制流写入类（BinaryWriter）是除了 FileStream 和 StreamWriter 之外的另一种向文件写入数据的方式。与之前两种方式不同的是 BinaryWriter 类以二进制形式将基元类型写入流，并支持用特定的编码写入字符串。其构造函数如表 9-15 所示。表 9-16 所示为 BinaryWriter 类的常用方法。

表 9-15　BinaryWriter 的构造函数

构 造 函 数	说　明
BinaryWriter()	初始化向流中写入的 BinaryWriter 类的新实例
BinaryWriter(Stream)	基于所提供的流，用 UTF-8 作为字符串编码来初始化 BinaryWriter 类的新实例
BinaryWriter(Stream, Encoding)	基于所提供的流和特定的字符编码，初始化 BinaryWriter 类的新实例

表 9-16　BinaryWriter 的常用方法

方　法	说　明
Close	关闭当前的 BinaryWriter 对象和基础流
Write	将值写入当前流

下面的实例实现了向文件中写入二进制数据的功能：

```
using System;
using System.IO;
class BinaryWriterTest
{
      public static void Main(String[] args)
      {
            FileStream m_FS = new FileStream(@"C:\Data.dat", FileMode.Create);
            //通过文件流创建相应的BinaryWriter向C:\Data.dat中写入数据
            BinaryWriter m_BW = new BinaryWriter(m_FS);
            for (int i = 0; i < 11; i++)
            {
                    m_BW.Write( (int) i);
            }
            m_BW.Close();
            m_FS.Close();
            Console.WriteLine("Write to Data File Succeed!");
            Console.ReadLine();
      }
}
```

程序运行结果如图 9-13 所示。由于其写入的数据是二进制格式的，如果用记事本打开产生的 C:\Data.dat 文件，弹出如图 9-14 所示的效果。

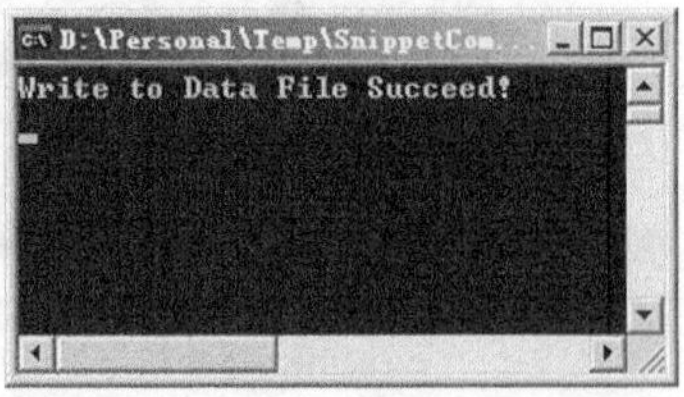

图 9-13　BinaryWriter 写入程序的运行结果

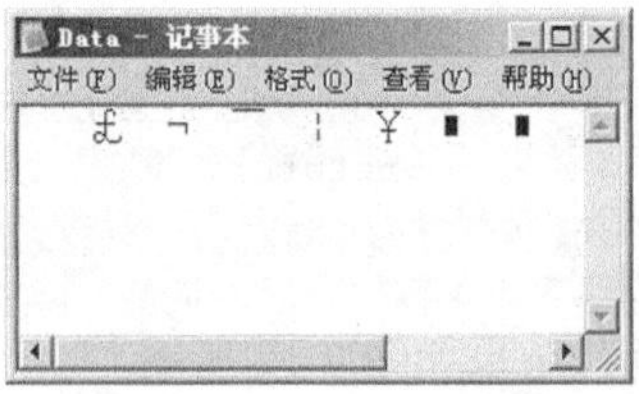

图 9-14　记事本查看 BinaryWriter 写入文件内容

此处需要用到一款十六进制文件编辑与磁盘编辑软件 WinHex 查看所创建的文件。读者可以自由选用其他具有同样功能的软件。用 WinHex 打开 C:\Data.dat 可以看到如图 9-15 所示的效果。

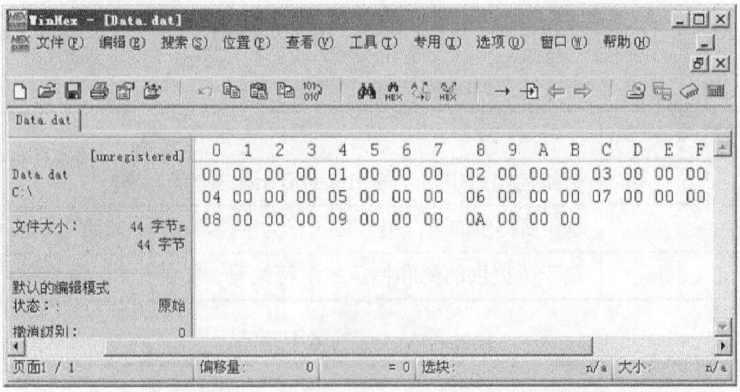

图 9-15　使用 WinHex 查看文件内容

可以看到程序中输入的 0～10 的 11 个数字依次出现在 Data.dat 中，其中 0A 是 10 的十六进制表示。

9.2.6　二进制流读取类

二进制流读取类（BinaryReader）是和 BinaryWriter 类相对应的二进制数据读取类。BinaryReader 类用特定的编码将基元数据类型读作二进制值。其应用方法与 BinaryWriter 大致相同，此处直接介绍其构造函数。其构造函数如表 9-17 所示。表 9-18 所示为 BinaryWriter 类的常用方法。

表 9-17　　BinaryReader 的构造函数

构 造 函 数	说　　明
BinaryReader (Stream)	基于所提供的流，用 UTF8Encoding 初始化 BinaryReader 类的新实例
BinaryReader (Stream, Encoding)	基于所提供的流和特定的字符编码，初始化 BinaryReader 类的新实例

表 9-18　　BinaryReader 的常用方法

方　　法	说　　明
Close	关闭当前阅读器及基础流
Read	从基础流中读取字符，并提升流的当前位置

此外，BinaryReader 类还提供来了诸如 ReadChar、ReadByte 和 ReadInt32 等方法，此处就不一一介绍了。下面的实例实现了从 C:\Data.dat 中读取已写入数据的功能：

```
using System;
using System.IO;
class BinaryReaderTest
{
    public static void Main(String[] args)
    {
        FileStream m_FS = new FileStream(@"C:\Data.dat", FileMode.Open,
                FileAccess.Read);
        // 通过文件流创建相应的 BinaryReader，从 C:\Data.dat 中读取数据
        BinaryReader    m_BR    =    new
BinaryReader(m_FS);
        for (int i = 0; i < 11; i++)
        {
            Console.WriteLine(m_BR.ReadInt32());
        }
        m_BR.Close();
        m_FS.Close();
        Console.ReadLine();
    }
}
```

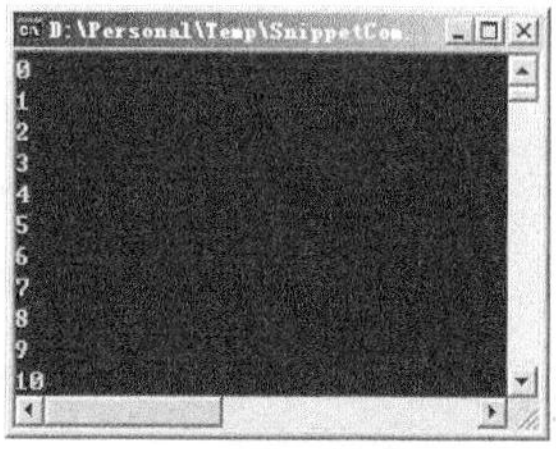

图 9-16　BinaryReader 读取程序的运行结果

运行结果如图 9-16 所示。

9.3　文件操作实例

此处将会实现一个比较复杂的实例。这个实例中将涉及大部分于文件相关的操作，使读者对

文件的相关操作有一个更为全面的认识。实例中将要实现如下功能：

（1）指定目录下文件的显示；

（2）文件的添加；

（3）文件的删除；

（4）文件的重命名；

（5）文件的打开。

9.3.1 窗体布局

窗体布局步骤如下。

（1）在 Visual Studio 2010 中创建一个 Windows 应用程序，并将其名称命名为 FileProject。

（2）Visual Studio 2010 会在项目中自动创建 Form1.cs 和 Program.cs。

（3）右击 Form1.cs，弹出相关菜单，将其重命名为 frmMain.cs。对 Visual Studio 2010 弹出的提示菜单直接单击“是（Y）”按钮。

（4）按表 9-19 所示对 frmMain 的属性进行设置。

表 9-19　frmMain 属性设置

属　性	设　置	属　性	设　置
Text	FileProject	MinimizeBox	False
FormBorderStyle	FixedDialog	StartPosition	CenterScreen
MaximizeBox	False	Size	298, 298

（5）在 frmMain 中添加表 9-20 所示的控件，并作相应设置。

表 9-20　控件及其属性设置

控　件	Text	Name
ListView		lstFile
Button	创 建	btnCreate
Button	删 除	btnDelete
Button	重命名	btnRename
TextBox		txtName

窗体的结构如图 9-17 所示。然后在 frmMain 中添加一个不可见控件 ImageList。设置其 Name 为 imgFile，其 ImageSize 为 48，ColorDepth 为 Depth32Bit。

（6）单击属性设置窗体中 Images 右侧的“...”按钮，如图 9-18 所示。

图 9-17　窗体结构示意图

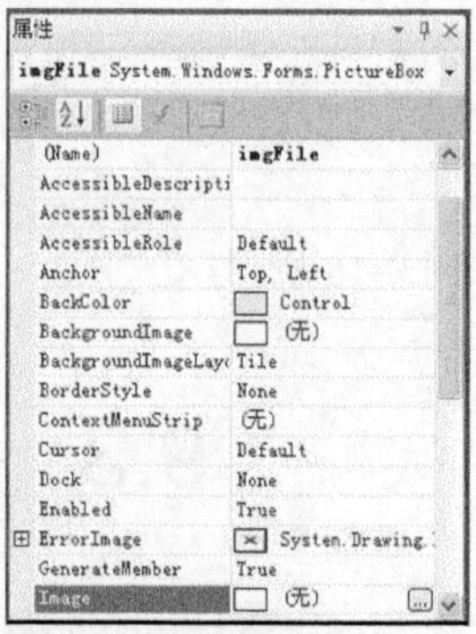

图 9-18　ImageList 属性面板

（7）选取配套代码中提供的图标 notepad.ico。

（8）选取 lstFile 的 LargeImageList 为 imgFile 就可以了。

9.3.2 代码实现

下面开始编写代码。在 frmMain.cs 中添加如下引用：

```
using System.IO;
using System.Diagnostics;
```

在 frmMain 窗体的属性面板中的“事件”选项卡中找到 Load 项，双击右侧空白处，如图 9-19 所示。

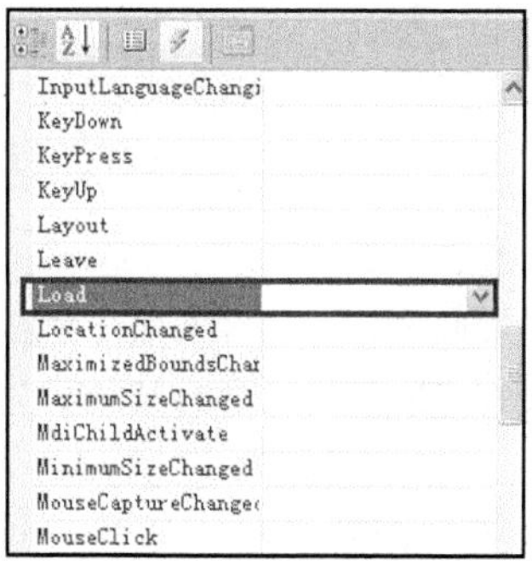

图 9-19 “frmMain 属性”面板

Visaul Studio 2010 会自动转入代码编辑页面，并产生了一个空方法 frmMain_Load。Visaul Studio 2010 已经在 frmMain.Designer.cs 中将“frmMain”窗体的 Load 方法和 frmMain_Load 方法关联起来。读者可以在 frmMain.Designer.cs 中查看到以下语句：

```
this.Load += new System.EventHandler(this.frmMain_Load);
```

此处只需对 frmMainLoad 方法进行编辑即可。在 frmMain_Load 中添加如下代码：

```
FillList();
```

根据实例的功能设计，需要在程序运行开始显示指定目录下的文件列表。此处用 ListView 控件来显示文件。FillList 方法即实现此功能，将以下的代码添加到 frmMain.cs 中。

```
private void FillList()
{
    lstFile.Clear();                                    //清除 lstFile 的当前内容
    //使用 foreach 遍历指定路径下的所有文件
    foreach(string m_FileName in Directory.GetFiles(m_Address))
    {
        //对获得的文件名进行处理，使其只包含文件名和后缀名
        string m_Name =
            m_FileName.Substring(m_Address.Length + 1, m_FileName.Length -
             m_Address.Length - 1);

        //将文件名显示到 lstFile 中
        ListViewItem m_Item = lstFile.Items.Add(m_ Name);
        //设置 ListViewItem 的显示图标
        m_Item.ImageIndex = 0;
  }
    return;
}
```

在窗体设计器中双击 frmMain 的“创建”按钮。同上面添加的 frmMain_Load 方法一样，Visaul Studio 2010 会自动转入代码编辑页面，并产生了一个空方法 btnCreate_Click。Visaul Studio 2010 已经在 frmMain.Designer.cs 中将 btnCreate 的 Click 方法和 btnCreate_Click 方法关联起来。

btnCreate_Click 将实现根据 txName 中输入的字符串创建相应文件的功能。在 btnCreate_Click 中添加如下代码：

```
private void btnCreate_Click(object sender, EventArgs e)
{
      //若 txtName 文本框中的内容为空，则不进行任何操作
```

```
    if (txtName.Text.Trim() == string.Empty) return;
    //生成所需创建文件的绝对路径
    string m_Path = m_Address + @"\" + txtName.Text.Trim();
    //使用 FileInfo 类创建指定的文件
    FileInfo m_FileInfo = new FileInfo(m_Path);
    m_FileInfo.Create();
    //刷新“lstFile”列表，使其内容与指定文件夹中的内容保持同步
    FillList();
    return;
}
```

到此为止，已经实现了程序的文件显示功能和文件添加功能。由于 C:\Files 文件夹下并无任何文件，第一次运行时其列表为空。程序运行时在文本框中输入“file.txt”，并单击“创建”按钮。

下面继续编写实现文件的删除功能的代码。同 btnCreate 一样创建删除的关联方法 btnDelete_Click，并在其中添加如下代码：

```
private void btnDelete_Click(object sender, EventArgs e)
{
    //若 lstFile 中选中的内容为空，则不进行任何操作
    if (lstFile.SelectedItems.Count < 1) return;
    //使用 foreach 遍历指定选中的所有文件
    foreach (ListViewItem m_Item in lstFile.SelectedItems)
    {
        //生成所需创建文件的绝对路径并删除
        string m_Path = m_Address + @"\" + m_Item.Text;
        File.Delete(m_Path);
    }

    //刷新 lstFile，使其内容与指定文件夹中的内容保持同步
    FillList();

    return;
}
```

同样编写重命名文件功能的代码。创建删除的关联方法 btnRename_Click，并在其中添加如下代码：

```
private void btnRename_Click(object sender, EventArgs e)
{
    //若 lstFile 中选中的文件个数不等于 1，则不进行任何操作
    if (lstFile.SelectedItems.Count != 1) return;
    //生成原文件的绝对路径
    string m_PathOld = m_Address + @"\" + lstFile.SelectedItems[0].Text;
    //生成新文件的绝对路径
    string m_PathNew = m_Address + @"\" + txtName.Text.Trim();
    //判断当前目录下是否已存在同名文件
    if (File.Exists(m_PathNew))
    {
        MessageBox.Show("已存在同名文件！");
        return;
    }
    else
```

```
    {
        //重命名文件
        FileInfo m_FileInfo = new FileInfo(m_PathOld);
        m_FileInfo.MoveTo(m_PathNew);
        //刷新 lstFile，使其内容与指定文件夹中的内容保持同步
        FillList();
        return;
    }
}
```

以上两个方法中的核心分别是 File 类的 Delete 方法和 FileInfo 类的 MoveTo 方法。有兴趣的读者可以对这两个方法和两个类中的其他方法进行研究。读者可以自行尝试运行程序，观察程序中以上两个方法的运行结果。

下面实现程序的最后一个功能：文件的打开。

此处需要用到进程的知识。进程是程序在计算机上的一次执行活动。当运行一个程序，就启动了一个进程。程序中只用到了进程类 Process 及其方法 Start 和属性 StartInfo，此处就不作详细介绍了，感兴趣的读者可以阅读相关的资料。用上面讲到的步骤为 lstFile 的 Click 事件添加一个关联方法，并在方法中添加如下代码：

```
private void lstFile_DoubleClick(object sender, EventArgs e)
{
    //若 lstFile 中选中的文件个数不等于 1，则不进行任何操作
    if (lstFile.SelectedItems.Count != 1) return;
    //初始化一个 Process 类的实例
    Process m_Process = new Process();
    //生成所需打开文件的绝对路径并将其 StartInfo 的 FileName 属性设置为此路径
    string m_Path = m_Address + @"\" + lstFile.SelectedItems[0].Text;
    m_Process.StartInfo.FileName = m_Path;
    //尝试打开指定的文件并对异常进行处理
    try
    {
        m_Process.Start();
    }
    catch (Exception ex)
    {
        MessageBox.Show(ex.Message);
    }
    return;
}
```

方法中对异常的处理较为简单。读者可以更详细地针对不同的异常进行不同方式的处理，以实现更为实用的程序功能。运行程序，并创建一个并没有在 Windows 中设置过任何关联操作的文件，如 file.xtx。可以发现其图标也是记事本的图标，如图 9-20 所示。这是由于程序在之前的方法中将所有的文件图标均设置为此图标，双击新创建的 file.xtx 文件，会抛出如图 9-21 所示的异常。

图 9-20　创建无关联操作文件

图 9-21　抛出的异常

至此，程序的功能已基本实现，读者可以先运行一下程序，以获得一个直接的认识。读者还可以做以下的工作：

（1）强化程序各个方法中的异常处理；

（2）添加多样的图片使程序做到更友好地显示不同的文件类型；

（3）添加对文件夹的管理功能，如显示、创建、删除、重命名、打开等。

9.3.3 实例进阶

希望读者通过对程序的进一步的修改增强对文件输入输出的了解和认识，并最终实现一个简单的资源管理器。通常一个资源管理器的结构中需要包含文件列表，这其中包括树形列表和一般列表。另外还要包括一些常用的文件操作。Windows 自带的资源管理器界面如图 9-22 所示。

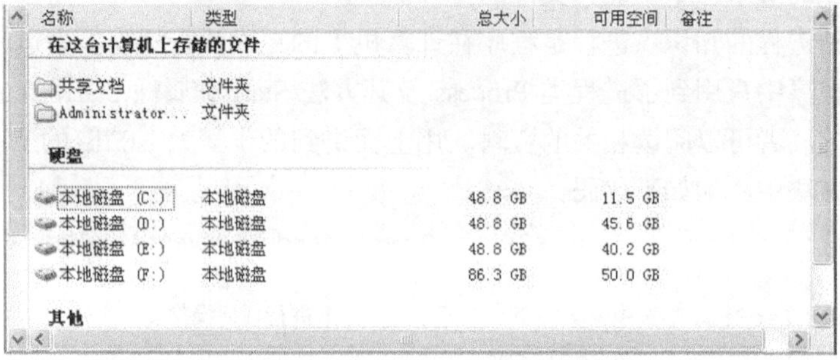

图 9-22　Windows 资源管理器

这是一个简单的资源管理器，但它实现了日常文件管理的大部分功能。一款比较流行的用于替代 Windows 自带的资源管理器名为 Total Commander。其外观如图 9-23 所示。

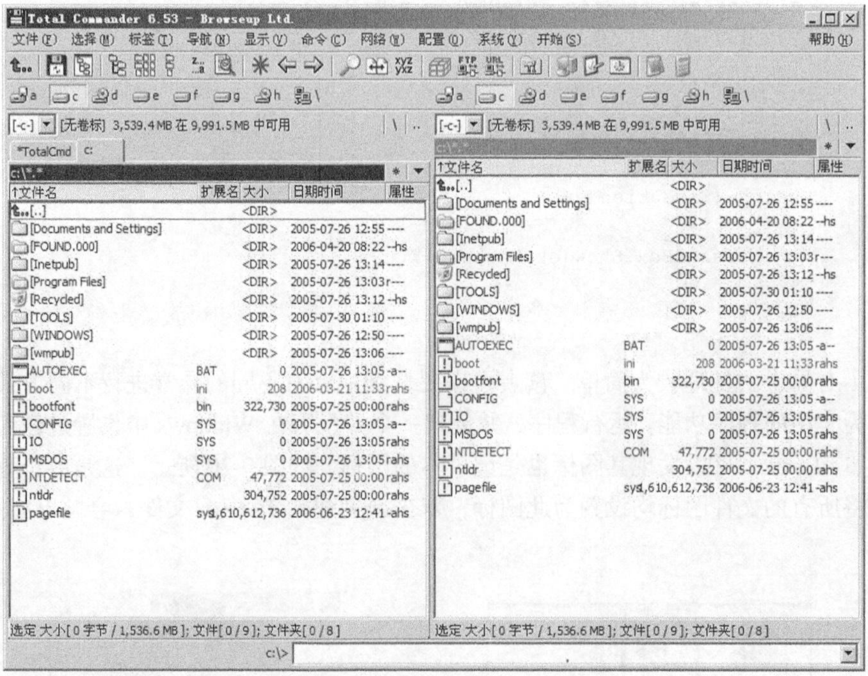

图 9-23　Total Commander 外观

从图 9-23 中可以看到，这款增强的资源管理器功能更加复杂，更加强大。读者可以安装此类程序以便于获得对这类资源管理器软件的直观认识，然后制订一个实现功能列表。最终通过查阅文档资料，对所编写程序的功能进行不断地完善，争取实现一个能完成大多数日常工作的资源管理器。

希望读者能够通过以上程序实例的编写对本章的内容进行全面的复习和总结，并掌握相关的知识，培养自我学习的能力。

小　结

至此，在本章已经讲解了.NET 中操作文件进行输入输出操作的大部分方法。本章介绍了 System.IO 命名空间下的 File 类、Directory 类、FileInfo 类、DirectoryInfo 类等基础类。本章还介绍了 FileStream 类、StreamReader 类、StreamWriter 类、BinaryReader 类及 BinaryWriter 类等常用操作类，并且通过代码实例，使读者了解了这些类的用法。

本章的最后还实现了一个较为复杂的应用程序。帮助读者加深对输入输出的了解，以及对文件操作的认识。对本章内容感兴趣的读者还可以尝试以下内容。

（1）文件的加解密：File.Encrypt 方法和 File.Decrypt 方法。

（2）文件的压缩与解压缩：System.IO.Compression 命名空间。

（3）驱动器信息类：DriveInfo 类。

（4）文件系统监控类：FileSystemWatcher 类。

（5）路径类：Path 类。

习　题

9-1　如何创建一个文件夹和文件？

9-2　如何使用流操作类完成文件的读取操作和写入？

上机指导

文件操作是一个操作系统重要的组成部分之一，也是一个应用程序所必须具备的功能。一个完整的应用程序必须具有系统和用户信息交换的功能。

实验一　创建文件

实验内容

本实验使用 Filer 类创建一个 word 文档文件。效果如图 9-24 所示。

实验目的

巩固知识点——文件类。File 类提供了用于创建、复制、删除、移动和打开文件的静态方法，并协助创建 FileStream 对象。

实验思路

在 9.1.2 小节介绍文件类时，以创建文件“file.txt”为例，介绍了如何使用文件类创建文件。我们也可以创建其他格式的文件，如 word 文档。修改代码中文件的名称，就可以创建一个 word 文档 CSharp.doc。

图 9-24　创建 word 文档文件

实验二　创建文件夹

实验内容

本实验使用 Directory 类创建一个文件夹。效果如图 9-25 所示。

图 9-25　创建文件夹

实验目的

巩固知识点——文件夹类。Directory 类同 File 类相似，公开了用于创建、移动目录和子目录等的静态方法。

实验思路

在 9.1.3 小节介绍文件夹类时，以创建文件目录“Files”为例，介绍了如何使用 Directory 类创建文件目录。我们也可以在其他路径下创建文件夹，少量改动该例子，就可以创建一个文件夹“D:\My Doc”。

第 10 章 数据库开发技术

数据库操作是应用开发中非常重要的部分。在数据库应用系统中，系统前端的用户界面（如 Web 浏览器、窗体、控制台等）和后台的数据库之间，.NET 使用 ADO.NET 将二者联系起来，用户和系统一次典型的交互过程如图 10-1 所示。

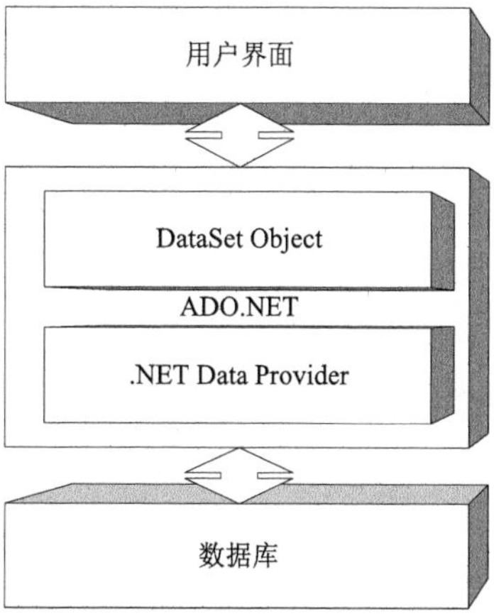

图 10-1　.NET 数据库应用的应用过程

从图 10-1 中可以看出，用户和系统的交互过程是：用户首先通过用户界面向系统发出数据操作的请求，用户界面接收请求后传送到 ADO.NET；然后 ADO.NET 分析用户请求，并通过数据库访问接口与数据源交互，向数据源发送 SQL 指令，并从数据源获取数据；最后，ADO.NET 将数据访问结果传回用户界面，显示给用户。

.NET 使用 ADO.NET 可以完成对 Microsoft SQL Server 等数据库，以及 OLE DB 和 XML 公开数据源的访问。本章将详细介绍使用 ADO.NET 进行数据操作的技术。

10.1　ADO.NET 简介

简单来说，ADO.NET 就是一系列提供数据访问服务的类。本节将简要介绍一下数据访问技术，以及 ADO.NET 的基本框架。

10.1.1　数据访问技术

下面简单回顾一下微软公司的数据访问技术所走过的几个阶段，如图 10-2 所示。

（1）ODBC：第一个使用 SQL 语言访问不同关系数据库的数据访问技术。

（2）DAO：提供给 Visual Basic 程序设计人员的一种简单数据访问方法，用于操纵 Access 数据库。

（3）RDO：解决了 DAO 需要在 ODBC 和 Access 之间切换导致的性能下降问题。

（4）OLE DB：基于 COM（Component Object Model），支持非关系数据的访问。

（5）ADO：基于 OLE DB，更简单，更高级，更适合于 Visual Basic 程序设计人员。

（6）ADO.NET：基于.NET 体系架构，优化的数据访问模型和基于 COM 的 ADO 是完全不同的数据访问方式，最新 ADO.NET 2.0 版本在性能方面有了更进一步的提高。

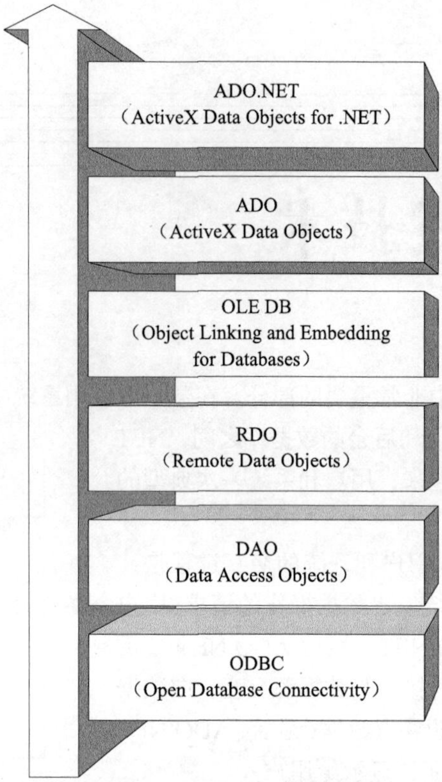

图 10-2　微软公司数据访问技术发展阶段

10.1.2　System.Data 命名空间

ADO.NET 结构的类包含在 System.Data 命名空间内，如图 10-3 所示。根据功能划分，System.Data 空间又包含了多个子空间，各个子空间的功能说明如表 10-1 所示。

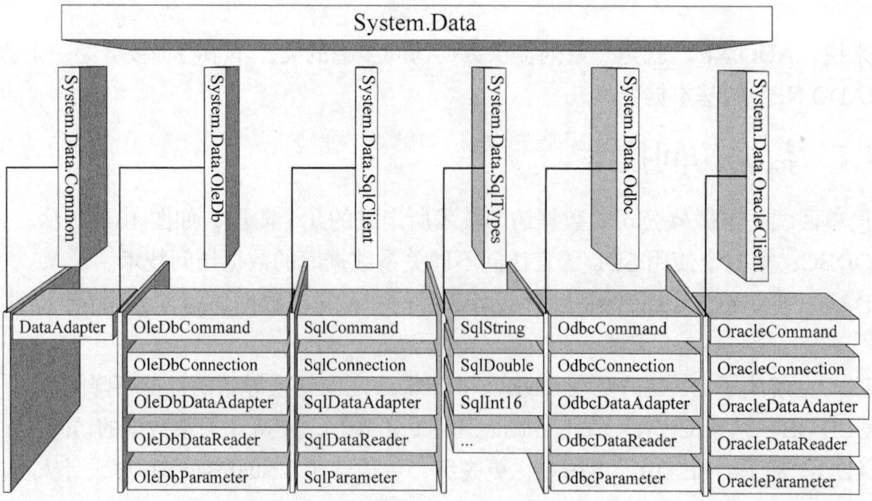

图 10-3　System.Data 命名空间结构

表 10-1　　System.Data 子命名空间说明

空　间	说　明
System.Data.Common	包含 ADO.NET 共享的类
System.Data.OleDb	包含访问 OLE DB 数据源的类
System.Data.SqlClient	包含访问 SQL Server 数据库的类
System.Data.SqlTypes	包含在 SQL Server 内部用于本机数据类型的类，这些类对其他数据类型提供了一种更加安全、快捷的选择
System.Data.Odbc	包含访问 ODBC 数据源的类
System.Data.OracleClient	包含访问 Oracle 数据库的类

表 10-1 中，空间 OleDb、SqlClient、Odbc 以及 OracleClient 具有非常相似的结果，本章将主要以 SqlClient 对 MS SQL Server 2000 的操作为例，详细介绍如何使用其中的各个类，来完成对数据的连接、读取、修改等操作。

10.2　连接数据库

若要访问数据库，必须连接到数据库，本节将首先以连接 SQL Server 数据库为例进行数据库连接技术的介绍。

10.2.1　SqlConnection 类

System.Data.SqlClient.SqlConnection 类提供对 SQL Server 数据库的连接，其常用属性和方法如图 10-4 所示。常用属性和方法的简单说明如表 10-2 所示。

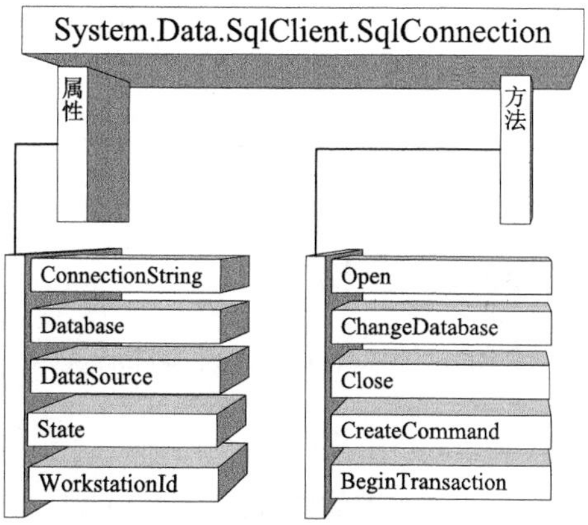

图 10-4　SqlConnection 类常用属性和方法

表 10-2　　SqlConnection 类常用属性和方法说明

属性/方法	说　明
ConnectionString	获取或设置用于打开 SQL Server 数据库的字符串
Database	获取当前数据库或连接打开后要使用的数据库的名称

续表

属性/方法	说　明
DataSource	获取要连接的 SQL Server 实例的名称
State	获取连接的当前状态
WorkstationId	获取标识数据库客户端的一个字符串
Open	使用 ConnectionString 所指定的属性设置打开数据库连接
ChangeDatabase	从 ArrayList 中移除所有元素
Close	关闭与数据库的连接
CreateCommand	创建并返回一个与 SqlConnection 关联的 SqlCommand 对象
BeginTransaction	开始数据库事务

10.2.2　设置连接参数

SqlConnection 的 ConnectionString 属性指定了所要打开 SQL Server 数据库的参数，包含源数据库名称和建立初始连接所需的其他参数。因此，在连接数据库之前，首先要构造一个合理的连接字符串。

为了给读者一个直观的印象，下面首先给出一个典型的连接字符串：

```
"Persist Security Info=False;User id=sa;pwd=sa;database=northwind;server=(local)"
```

可以看出，连接字符串的基本格式包括一系列由分号分隔的关键字/值对，并用等号（=）连接各个关键字及其值（“keyword= value”）。

常用的关键字意义包括以下几点。

（1）Data Source：要连接的 SQL Server 实例的名称或网络地址；若要连接到本地机器，可将服务器指定为“(local)”。

（2）Initial Catalog/Database：数据库的名称。

（3）Integrated Security：当为 False 时，将在连接中指定用户 ID 和密码。当为 True 时，将使用当前的 Windows 账户凭据进行身份验证，默认为 False。

（4）Password/Pwd：SQL Server 账户登录的密码。

（5）User ID：SQL Server 登录账户。

10.2.3　创建 SQL Server 连接

在构造完成 SqlConnection 对象的 ConnectionString 属性后，便可以使用其 Open 方法连接 SQL Server 数据库了，形式如下。

```
public virtual void Open();
```

下面的示例建立本机 NorthWind 数据库的连接：

```
//得到一个 SqlConnection
SqlConnection myCon = new SqlConnection();

//构造连接字符串
myCon.ConnectionString =
    "Persist Security Info=False;User id=sa;pwd=sa;database=northwind; server=(local)";

```

```
//建立连接
myConn.Open();
//输出连接状态
Console.WriteLine("{0}",myCon.State);   //输出：Open
```

另外，也可以直接使用 SqlConnection 的构造函数，并把连接字符串作为参数来建立连接。下面的代码同样完成数据库连接：

```
//得到一个 SqlConnection
SqlConnection myCon = new SqlConnection
    ("Persist Security Info=False;User id=sa;pwd=sa;database=northwind;server= (local)");
//建立连接
myConn.Open();
```

10.2.4　断开 SQL Server 连接

断开 SQL Server 连接也非常简单，使用 SqlConnection 的 Close 方法即可：

```
public virtual void Close();
```

下面的示例断开了上一小节建立的 Northwind 数据库连接：

```
//断开连接
myCon.Close();
//输出连接状态
Console.WriteLine("{0}",myCon.State);       //输出：Closed
```

10.2.5　其他数据库连接

与连接 SQLServer 数据库类似，可以使用 System.Data 中其他的类来创建其他数据库的连接，具体包括以下 3 个类。

（1）OleDbConnection：可管理通过 OLE DB 访问的任何数据库连接。

（2）OdbcConnection：可管理通过使用连接字符串或 ODBC 数据源名称（DSN）创建的数据库连接。

（3）OracleConnection：可管理 Oracle 数据库连接。

这 3 个类的使用与 SqlConnection 非常相似，不再赘述。

10.3　与数据库交互

上面介绍了如何使用 ADO.NET 中的 Connection 类创建数据库连接，下面介绍查询数据操作。

查询数据操作可以通过多种方式来实现，其中，DBCommand 对象常表示一个 SQL 查询或者一个存储过程，而 DataAdpater 对象常用于把一个 DBCommand 提交给数据库。

10.3.1　使用 SqlCommand 提交增删改命令

DBCommand 对象是一个统称，它包括以下 4 个类。

（1）OleDbCommand：用于任何 OLE DB 提供程序。

（2）SqlCommand：用于 SQL Server 8.0 或更高版本。

（3）OdbcCommand：用于 ODBC 数据源。

（4）OracleCommand：用于 Oracle 数据库。

本节仍以 SqlCommand 为例来介绍。简单来说，SqlCommand 表示要对 SQL Server 数据库执行的一个 Transact-SQL 语句或存储过程。常用的属性和方法如图 10-5 所示。

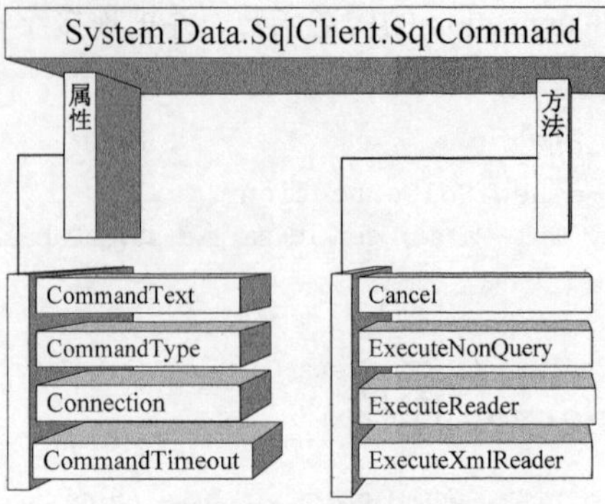

图 10-5　SqlCommand 类的常用属性和方法

SqlCommand 常用属性和方法的简单说明如表 10-3 所示。

表 10-3　SqlCommand 类常用属性和方法说明

属性/方法	说　明
CommandText	获取或设置对数据源执行的 Transact-SQL 语句或存储过程
CommandType	获取或设置一个值，该值指示如何解释 CommandText 属性
Connection	获取或设置 SqlCommand 的此实例使用的 SqlConnection
CommandTimeOut	获取或设置终止执行命令的尝试，并生成错误之前的等待时间
Cancel	试图取消 SqlCommand 的执行
ExecuteNonQuery	对连接执行非查询的 Transact-SQL 语句并返回受影响的行数
ExecuteReader	将 CommandText 发送到 Connection 并生成一个 SqlDataReader
ExecuteXmlReader	将 CommandText 发送到 Connection 并生成一个 XmlReader 对象

除了表示一条 SQL 语句或者一个存储过程之外，SqlCommand 还可以执行一个非查询的 SQL，即非 SELECT 的 SQL 语句。这通过 ExecuteNonQuery 方法来实现。下面的代码中，使用 ExecuteNoQuery 方法修改一行数据：

```
//连接数据库
SqlConnection myCon = new SqlConnection();
myCon.ConnectionString =
"Persist Security Info=False;User id=sa; pwd=sa;database=northwind; ;server=(local)";
myCon.Open();

//得到 SqlCommand 对象
SqlCommand selectCMD = new SqlCommand();
selectCMD.Connection=myCon;

//使用修改一行数据，完成非查询的 SQL 操作
selectCMD.CommandText=
"UPDATE Customers SET CompanyName='KFC' WHERE CustomerID = 'ALFKI'";
int i=selectCMD.ExecuteNonQuery();
```

```
15. Console.WriteLine("{0}行被修改。",i);          //输出：1 行被修改
16.
17. //断开连接
18. myCon.Close();
```

这段代码比较简单，首先在第 1～5 行连接数据库，然后在第 8 行实例化一个 SqlCommand 对象，第 9 行使用其 Connection 属性设置其数据库信息，第 12 行通过 CommandText 属性设置所要提交的 SQL 命令。最后，第 13 行调用了 SqlCommand 对象的 ExecuteNonQuery 方法，并输出被修改的记录数目。

程序运行后，到数据库中观察一下，会发现 CustomerId 为“ALFKI”的公司名已经被修改了。

10.3.2　使用 SqlCommand 获取查询命令

上面介绍了使用 SqlCommand 执行非查询的数据操作，除此之外，SqlCommand 也可以执行数据查询操作。SqlCommand 有两种方式执行查询操作。

（1）使用自身的 ExecuteReader 和 ExecuteXmlReader 方法，获取只读的数据，并分别放入 DataReader 对象或 XmlReader 对象中。

（2）本身只作为一条 SQL 语句或者一个存储过程，结合后面所介绍的 DataAdapter、DataSet 实现数据查询。

本节只讨论第二种方式，对于第一种方式，将在讲解 DataReader 和 XmlDataReader 的时候介绍。

下面的代码创建了一个 SqlCommand 对象，该对象仅仅代表了一个 SQL 命令：

```
1.  //连接数据库
2.  SqlConnection myCon = new SqlConnection();
3.  myCon.ConnectionString =
4.  "Persist Security Info=False;User id=sa; pwd=sa;database=northwind;server=(local)";
5.  myCon.Open();
6.
7.  //使用 SqlCommand，创建一个 SQL 命令对象
8.  SqlCommand selectCMD = new SqlCommand();
9.  selectCMD.Connection=myCon;
10. selectCMD.CommandText=
11.     "SELECT top 10 CustomerID, CompanyName FROM Customers";
12.
13. //断开连接
14. myCon.Close();
```

代码的 1～4 行连接了数据库 NorthWind，然后在第 8 行实例化一个 SqlCommand 对象，第 9，10 行分别使用 Connection 属性和 CommandText 属性设置其数据库信息和 SQL 语句。最后，第 14 行断开数据库连接。

到目前为止，仅生成了一个能够代表 SQL 语句“SELECT top 10 CustomerID, CompanyName FROM Customers”的 SqlCommand 对象，那么怎样把这个命令提交给数据库呢？需要使用下面所介绍的 DataAdapter 对象来完成。

10.3.3　使用 DataAdapter 提交查询命令

DataAdapter 表示一组数据命令和一个数据库连接，可以向数据库提交 DBCommand 对象所代表的 SQL 查询命令，同时获取返回的数据结果集。

对于不同的数据源，ADO.NET 同样提供了多个不同的 DataAdapter 子类。本节仍以处理 SQL Server 数据库的 SqlDataAdapter 为例进行说明，最常用的成员如图 10-6 所示。

其中，属性 SelectCommand 用于指定 SqlDataAdapter 所要提交的 SQL 语句，是最常用的属性。InsertCommand 和 DeleteCommand 分别表示向 SqlDataAdapter 插入或删除一条 SQL 命令。

方法 Fill 用于完成向数据库提交 SQL，以及将查询结果数据集放入 ADO.NET 数据集对象中的任务，是 DataAdapter 最重要的方法，其形式为：

```
public abstract int Fill (DataSet dataSet);
```

参数 dataSet 表示查询结果所要填充的 DataSet（将在下一节介绍）。

下面的示例，SqlDataAdapter 对象将结合 SqlCommand 对象，向 NorthWind 数据库提交数据查询命令。

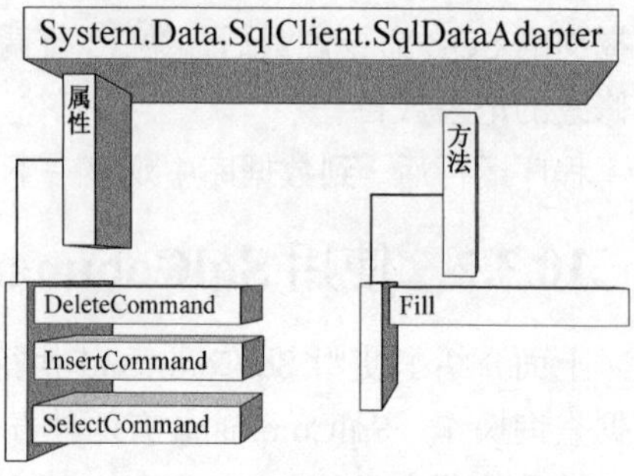

图 10-6　DataAdapter 类的属性和方法

```
1.  //连接数据库
2.  SqlConnection myCon = new SqlConnection ("Persist Security Info=False;
3.  User id=sa;pwd=sa;database=northwind;server=(local)");
4.  myCon.Open();
5.
6.  //使用 SqlCommand
7.  SqlCommand selectCMD = new SqlCommand
8.      ("SELECT top 10 CustomerID, CompanyName FROM Customers",myCon);
9.
10. //获取数据适配器
11. SqlDataAdapter custDA = new SqlDataAdapter();
12. custDA.SelectCommand = selectCMD;
13.
14. //提交查询，获取结果数据集
15. DataSet custDS=new DataSet();
16. custDA.Fill(custDS);
17.
18. //断开连接
19. myCon.Close();
```

代码首先在 1～6 行连接数据库 Northwind，然后在第 8～10 行实例化一个 SqlCommand 对象，并通过其构造行数设置了所代表的 SQL 语句。

第 12 行实例化一个 SqlDataAdapter 对象 custDA，第 13 行利用其 SelectCommand 属性获取 SQL 语句，然后在第 18 行使用 Fill 方法提交查询，并将查询结果放入 DataSet 中。

这里的 DataSet 是什么？数据到底在哪儿呢？下一节将为读者解答这些问题。

10.4　管理内存数据

通过 ADO.NET 从数据库中读取的数据集，是被保存在内存中的。本节将主要讲解如何管理内存中的数据。

10.4.1　数据集简介

当完成对数据库的查询后，需要把所获取的数据保留下来，ADO.NET 使用数据集对象在内存中缓存查询结果数据。

数据集对象的结构类似于关系数据库的表，包括表示表、行和列等数据对象模型的类，还包含为数据集定义的约束和关系。在 ADO.NET 中，可以作为数据集对象的类如图 10-7 所示。

下面将详细讨论使用数据集管理查询结果数据的技术。

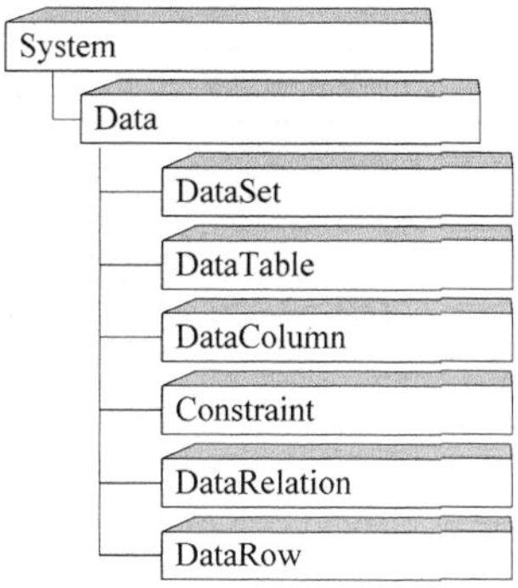

图 10-7　ADO.NET 中的数据集

10.4.2　使用 DataTable 实现内存表

ADO.NET 试图模拟所有的数据库对象。首先来看对数据表的实现。数据表包括列、行、约束、关系等，这些对象与 ADO.NET 中对象的对应关系为：

（1）数据表←→DataTable；

（2）数据列←→DataColumn；

（3）数据行←→DataRow；

（4）约束←→Constraint；

（5）关系←→DataRelation。

本节将通过编程的方式在内存中建立一个数据表。与在数据库中建表的过程一样，首先需要把生成的一系列的列放入到数据表，以建立表的结构；然后再向表中添加数据行。首先来看数据列的实现。

1. DataColumn

DataColumn 的常用的属性如图 10-8 所示。

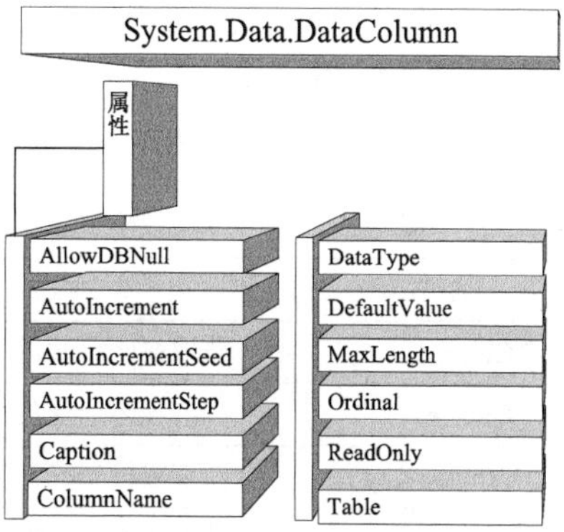

图 10-8　DataColumn 类

DataColumn 的常用属性简单说明如表 10-4 所示。

表 10-4　DataColumn 类常用属性说明

属　性	说　明
AllowDBNull	获取或设置一个值，指示对于属于该表的行，此列中是否允许空值
AutoIncrement	获取或设置一个值，指示对于添加到该表中的新行，列是否将列的值自动递增
AutoIncrementSeed	获取或设置其 AutoIncrement 属性设置为 True 的列的起始值
AutoIncrementStep	获取或设置其 AutoIncrement 属性设置为 True 的列使用的增量

续表

属　性	说　明
Caption	获取或设置列的标题
ColumnName	获取或设置列的名称
DataType	获取或设置存储在列中的数据的类型
DefaultValuel	在创建新行时获取或设置列的默认值
MaxLength	获取或设置文本列的最大长度
Ordinal	获取列在 DataColumnCollection 集合中的位置
ReadOnly	获取或设置一个值，指示一旦向表中添加了行，列是否还允许更改
Table	获取列所属的 DataTable

下面的代码生成一个数据列 myDataColumn1，并通过其属性对其进行格式化。

```
// 生成一个列，并设置其各个属性
DataColumn myDataColumn1 = new DataColumn();
myDataColumn1.DataType = System.Type.GetType("System.Int32");//该列的数据类型
myDataColumn1.ColumnName = "学号"; //该列的名称
myDataColumn1.AllowDBNull=false;   //该列是否可空
myDataColumn1.Caption="ID";    //该列的标题
myDataColumn1.Unique=true;     //该列是否有唯一性
```

2. DataTable

生成数据列后，便可以将其放入一个内存表 DataTable 中。这样，不断向一个 DataTable 添加列，便创建了一个内存表。这个过程同在数据库中创建表的过程类似。DataTable 常用的属性和方法如图 10-9 所示。

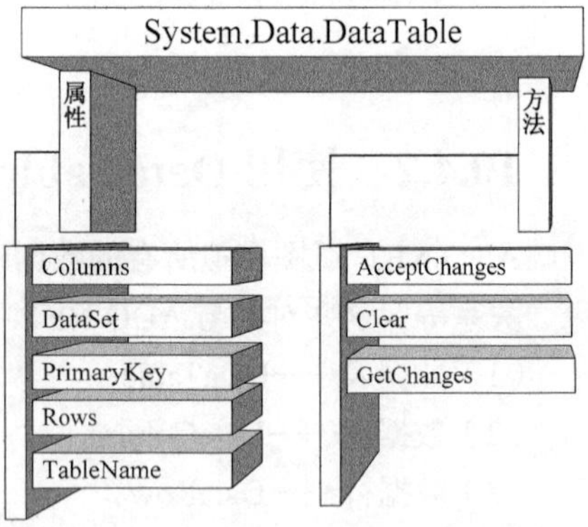

图 10-9　DataTable 类的常用属性和方法

DataTable 常用属性和方法的简单说明如表 10-5 所示。

表 10-5　DataSet 类常用属性和方法说明

属性/方法	说　明
Columns	获取属于该表的列的集合
DataSet	获取该表所属的 DataSet
PrimaryKey	获取或设置充当数据表主键的列的数组
Rows	获取属于该表的行的集合
TablesName	获取或设置 DataTable 的名称
AcceptChanges	提交自加载 DataSet 或调用 AcceptChanges 以来对 DataSet 进行的所有更改
Clear	通过移除所有表中的所有行来清除任何数据的 DataSet
GetChanges	获取 DataSet 的副本，包含自上次加载以来或自调用 AcceptChanges 以来对该数据集进行的所有更改

下面通过一个构造 DataTable 的示例，来加深读者对 DataTable 对象的了解。这个示例构造一个内存表 myDataTable，包含两列：“学号”和“姓名”。

```
1.  // 声明一个 DataTable
2.  DataTable myDataTable = new DataTable("ParentTable");
3.
4.  // 生成第一个列，并放入 DataTable 中
5.  DataColumn myDataColumn1 = new DataColumn();
6.  myDataColumn1.DataType = System.Type.GetType("System.Int32");   //该列的数据类型
7.  myDataColumn1.ColumnName = "学号";        //该列的名称
8.  myDataTable.Columns.Add(myDataColumn1);
9.
10. // 生成第二个列，并放入 DataTable 中
11. DataColumn myDataColumn2 = new DataColumn();
12. myDataColumn2.DataType = System.Type.GetType("System.String");  //该列的数据类型
13. myDataColumn2.ColumnName = "姓名";        //该列的名称
14. myDataTable.Columns.Add(myDataColumn2);
15.
16. // 将“学号”列作为 DataTable 的主键
17. DataColumn[] PrimaryKeyColumns = new DataColumn[1];
18. PrimaryKeyColumns[0] = myDataTable.Columns["学号"];
19. myDataTable.PrimaryKey = PrimaryKeyColumns;
```

代码首先在第 2 行实例化一个 DataTable 对象 myDataTable，在第 4～8 行创建了一个 DataRow 对象，设置其数据类型为 Int32，列名为“学号”。然后在第 8 行将这一列添加到 myDataTable 中；类似地，在第 10～14 行添加了第二列“姓名”。

第 16～19 行通过 DataTable 的 PrimaryKey 属性，将“学号”列设置为内存表 myDataTable 的主键。

3. DataRow

下面来看如何向 DataTable 中添加数据。需要使用 NewRow 方法得到一个新的数据行对象 DataRow，然后将数据行插入到 DataTable 中。DataRow 的常用属性和方法如图 10-10 所示。

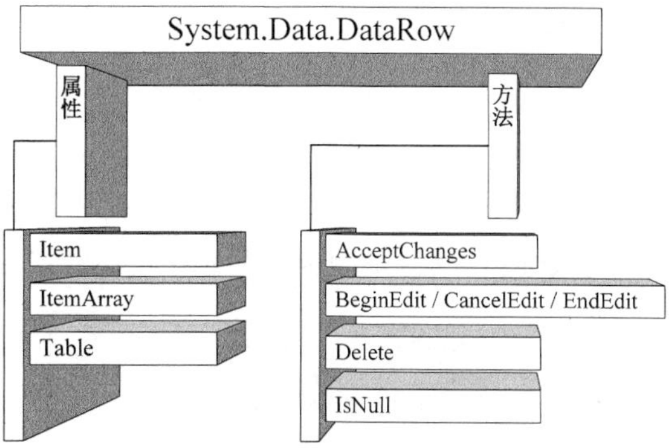

图 10-10　DataRow 类的常用属性和方法

DataRow 常用属性说明如表 10-6 所示。

表 10-6　DataRow 类常用属性说明

属　性	说　明
Item	获取或设置存储在指定列中的数据
ItemArray	通过数组获取或设置此行的所有值
Table	获取行所属的 DataTable

在本节创建的 DataTable 的基础上，下面的代码会生成两行数据：

```
1.  // 向 DataTable 中插入几行数据
2.  DataRow myDataRow1 = myDataTable.NewRow();
3.  myDataRow1["学号"] = 1;
4.  myDataRow1["姓名"] = "张三";
5.  myDataTable.Rows.Add(myDataRow1);
6.
7.  DataRow myDataRow2 = myDataTable.NewRow();
8.  myDataRow2["学号"] = 2;
9.  myDataRow2["姓名"] = "李四";
10. myDataTable.Rows.Add(myDataRow2);
11.
12. //输出 DataTable 中的数据
13. for(int i=0;i<2;i++)
14. {
15.     for(int j=0;j<2;j++)
16.     {
17.         Console.Write("{0} ",myDataTable.Rows[i].ItemArray[j]);
18.     }
19.     Console.WriteLine();
20. }
```

第 1～5 行使用 DataRow 对象向表 myDataTable 添加了一行数据；第 8～10 行类似。然后，第 12～20 行输出了内存表 myDataTable 中的数据，如图 10-11 所示。

图 10-11　DataTable 中数据

除了在控制台显示数据之外，.NET 还提供了一系列图形化的控件，用图形化的界面显示数据，这些控件包括 DataGrid、DataList 等。

10.4.3　使用 DataSet 管理数据

如果把上一部分介绍的内存表 DataTable 对应为数据库中的表，那么 DataSet 对象则对应于整个数据库。

DataSet 是 ADO.NET 结构的主要组件，是从数据源中检索到的数据在内存中的缓存，可以包括多个 DataTable 对象。常用的属性和方法如图 10-12 所示。

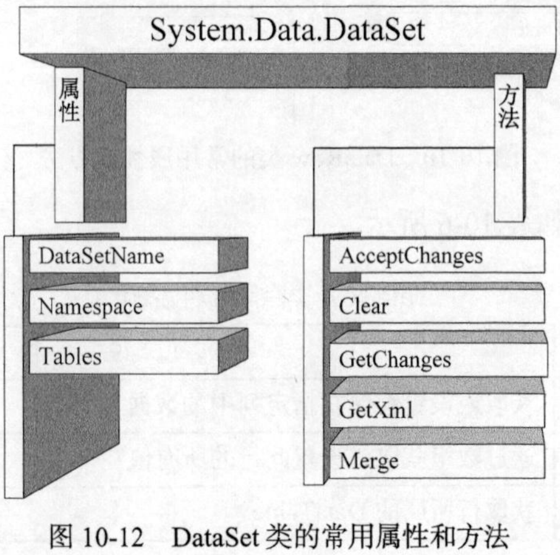

图 10-12　DataSet 类的常用属性和方法

DataSet 常用属性和方法的说明如表 10-7 所示。

表 10-7　　DataSet 类常用属性和方法说明

属性/方法	说　明
DataSetName	获取或设置当前 DataSet 的名称
NameSpace	获取或设置 DataSet 的命名空间
Tables	获取包含在 DataSet 中的表的集合
AcceptChanges	提交自加载 DataSet 或调用 AcceptChanges 以来对 DataSet 进行的所有更改
Clear	通过移除所有表中的所有行来清除任何数据的 DataSet
GetChanges	获取 DataSet 的副本，包含自上次加载以来或自调用 AcceptChanges 以来对该数据集进行的所有更改
GetXml	返回存储在 DataSet 中的数据的 XML 表示形式
Merge	指定 DataSet、DataTable 或 DataRow 对象的数组合并到当前的 DataSet 或 DataTable 中

下面来看如何将数据填充到 DataSet 里面，常用的方式是使用 DataAdapter 的 Fill 方法将数据填充到数据集 DataSet 中。下面的代码示例是操作 Northwind 数据库。通过 SQL 语句获取 10 条记录，然后填充到一个 DataSet 中，最后用 XML 的方式将其中的数据打印出来。

```
1.  //连接数据库
2.  SqlConnection myCon = new SqlConnection();
3.  myCon.ConnectionString
4.  ="Persist Security Info=False;User id=sa;pwd=sa;database=northwind;server=(local)";
5.  myCon.Open();
6.
7.  //使用 SqlCommand 提交查询命令
8.  SqlCommand selectCMD = new SqlCommand
9.         ("SELECT top 10 CustomerID, CompanyName FROM Customers", myCon);
10.
11. //获取数据适配器
12. SqlDataAdapter custDA = new SqlDataAdapter();
13. custDA.SelectCommand = selectCMD;
14.
15. //填充 DataSet
16. DataSet custDS = new DataSet();
17. custDA.Fill(custDS, "Customers");
18. Console.WriteLine("{0}",custDS.GetXml());
19.
20. //断开连接
21. myCon.Close();
```

代码首先在第 1～4 行连接 Northwind 数据库；然后在第 6～8 行创建了一个 SqlCommand 对象，用于提交 SQL 命令；第 9～11 行获取了相应的数据适配器；最后在第 13～15 行把查询得到的数据填充到 DataSet 中。第 16 行以 XML 的形式输出了查询结果，如图 10-13 所示。

本例中的 DataSet 对象中包含了一个 DataTable，使用上一小节的方法把其中的数据输出，可按如下方法实现：

```
//显示其中的 DataTable 对象中的数据
for(int i=0;i<custDS.Tables[0].Rows.Count;i++)
{
      for(int j=0;j<custDS.Tables[0].Columns.Count;j++)
```

```
        {
            Console.Write("{0} ",custDS.Tables[0].Rows[i].ItemArray[j]);
        }
        Console.WriteLine();
    }
```

结果如图 10-14 所示。

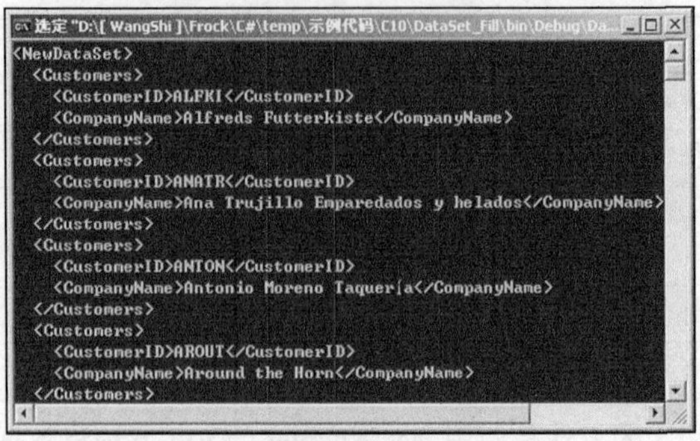

图 10-13 DataSet 中数据

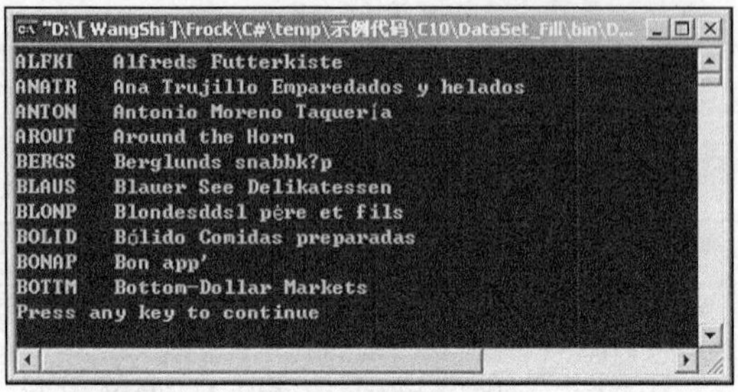

图 10-14 显示 DataSet 中的 DataTable 数据

10.4.4 使用 DataReader 获取只读数据

除了 DataSet，还可以使用 DataReader 来获取数据。如 10.3.2 小节中所介绍的，可以使用 DBCommand 的 ExecuteReader 方法来获得一个只读的结果数据集；并且，在读取的过程中，数据游标只能向前移动，不能返回。这里同样使用 SqlDataReader 子类进行介绍。

SqlDataReader 对象常用成员如图 10-15 所示。

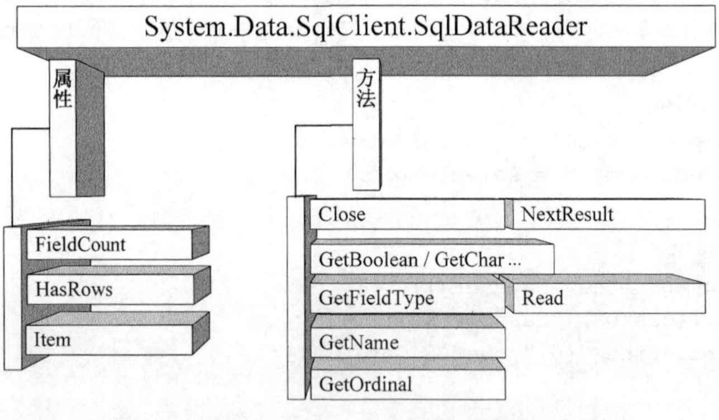

图 10-15 SqlDataReader 类的常用属性和方法

SqlDataReader 常用属性的说明如表 10-8 所示。

表 10-8 SqlDataReader 类常用属性和方法说明

属性/方法	说 明
FieldCount	获取当前行中的列数
HasRows	获取一个值，该值指示 SqlDataReader 是否包含一行或多行
Item	获取以本机格式表示的列的值
Close	关闭 SqlDataReader 对象

续表

属性/方法	说　明
GetBoolean…	获取指定列的布尔值（以及其他）形式的值
GetFiledType	获取对象的数据类型的 Type
GetName	获取指定列的名称
GetOrdinal	在给定列名称的情况下获取列序号
NextResult	当读取批处理 Transact-SQL 语句的结果时，使数据读取器前进到下一个结果
Read	使 SqlDataReader 前进到下一条记录

若要创建 SqlDataReader，必须调用 SqlCommand 对象的 ExecuteReader 方法，而不应直接使用构造函数。下面的代码实现与 10.4.3 小节使用 DataSet 实现的同样的功能，即输出 NorthWind 数据库中的一部分数据。

```
1.  //连接数据库
2.  SqlConnection myCon = new SqlConnection
3.  ("Persist Security Info=False;User id=sa;pwd=sa;database=northwind; server=(local)");
4.  myCon.Open();
5.
6.  //使用 SqlCommand
7.  SqlCommand selectCMD = new SqlCommand
8.  ("SELECT top 10 CustomerID, CompanyName FROM Customers",myCon);
9.
10. //创建 SqlDataReader
11. SqlDataReader custDR=selectCMD.ExecuteReader();
12.
13. //输出查询的数据
14. while(custDR.Read())
15. {
16.       Console.Write("{0}",custDR.GetString(custDR.GetOrdinal("CustomerID")));
17.       Console.Write("{0}",custDR.GetString(custDR.GetOrdinal("CompanyName")));
18.       Console.WriteLine();
19. }
20.
21. //断开连接
22. myCon.Close();
```

代码首先在 1～4 行连接数据库 Northwind，然后在第 5～8 行实例化一个 SqlCommand 对象，并通过其构造函数设置了所代表的 SQL 语句。

第 9 行通过使用 SqlCommand 对象的 ExecuteReader 获取一个 SqlDataReader 对象。然后，在第 11～18 行输出了其中的数据，其中，第 12 行的 Read 方法不断向后读取下一行数据，当读到最后一行后，将返回 False。

第 14，15 行分别输出了表中的两列，使用 SqlDataReader 的 GetOrdinal 方法得到各个列的序号，可以增加程序的可读性。代码的运行结

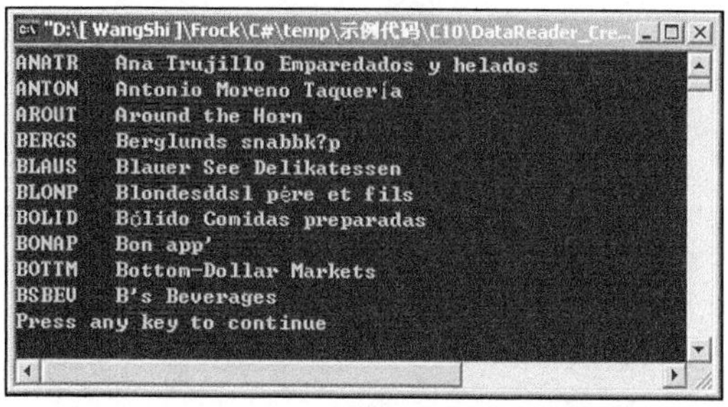

图 10-16　利用 DataReader 获取数据

果如图 10-16 所示。

10.4.5 比较 DataSet 和 DataReader

DataSet 和 DataReader 都可以获取查询数据，那么，应如何在两者之间进行选择呢？通常来说，下列情况下适合使用 DataSet：

（1）操作结果中含多个分离的表；

（2）操作来自多个源（例如来自多个数据库、XML 文件的混合数据）的数据；

（3）在系统的各个层之间交换数据，或使用 XML Web 服务；

（4）通过缓冲重复使用相同的行集合以提高性能（例如排序、搜索或过滤数据）；

（5）每行执行大量的处理；

（6）使用 XML 操作（例如 XSLT 转换和 Xpath 查询）维护数据。

在应用程序需要以下功能时，则可以使用 DataReader：

（1）不需要缓冲数据；

（2）正在处理的结果集太大而不能全部放入内存中；

（3）需要迅速地一次性访问数据，采用只向前的只读方式。

10.5 XML 应用

作为一种标准数据交换格式，XML 主要用在不同系统中交换数据，以及在网络上传递大量的结构化数据。本章将简单介绍 XML 的概念以及在.NET 中如何使用 XML。

10.5.1 理解 XML

像 HTML 一样，可扩展标记语言（eXtensible Markup Language，XML）也是一种标记语言，依赖于标记来发挥其功能。XML 的核心是标记，不过 XML 比 HTML 的功能要强大得多。

下面给出一个使用 XML 的例子：个人通讯录。通讯录的目的是记录所有的朋友信息，如姓名、电话等。为了做到这一点，XML 首先定义一些标签，如<姓名>、<电话>等。这些标签类似于 HTML 中的标记，同时还可以代表一定的语意。用它们可以标记所有的数据。一个用这种思想实现的 XML 通讯录如下所示：

```
<?xml version="1.0" encoding="GB2312"?>
<联系人列表>
        <联系人>
                <姓名>张三</姓名>
                <编号>001</编号>
                <公司>A 公司</公司>
                <电子邮件>zhangsan@php.com</电子邮件>
                <电话>12345688</电话>
                <地址>
                        <街道>经十路 11#</街道>
                        <城市>济南市</城市>
```

```
                <省份>山东</省份>
                <邮政编码>250001</邮政编码>
            </地址>
        </联系人>

        <联系人>
            <姓名>李四</姓名>
            <编号>002</编号>
            <公司>B 公司</公司>
            <电子邮件>lisi@zend.org</电子邮件>
            <电话>123988654</电话>
            <地址>
                <街道>中关村大街 88 号</街道>
                <城市>北京</城市>
                <省份>北京</省份>
                <邮编>100801</邮编>
            </地址>
        </联系人>
    </联系人列表>
```

这是一个非常简单的 XML 文件，和 HTML 非常相似，但其标签代表的不再是显示格式，而是对于客户信息数据的语意解释（当然，XML 标记也可以没有任何意义）。不难看出，XML 通过自定义的标记以及确定标记解释的规则，结构化存储标准数据。

上面给出了一个 XML 文档的简单示例，XML 文档结构具有很强的层次性，很容易转化为类似于如图 10-17 所示的具有层次结构的树。

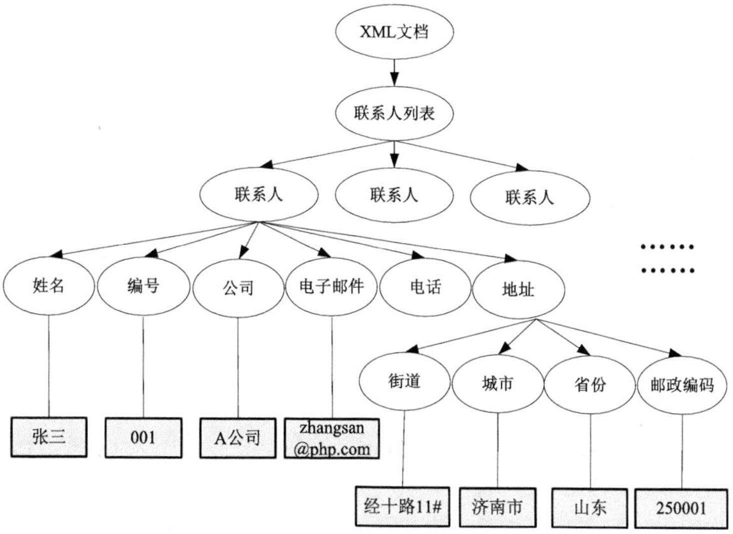

图 10-17　XML 文档层次结构

10.5.2　XML 相关类

在.NET 框架中，操作 DOM 模型的类位于 System.Xml 命名空间中，其中常用的类如图 10-18 所示。

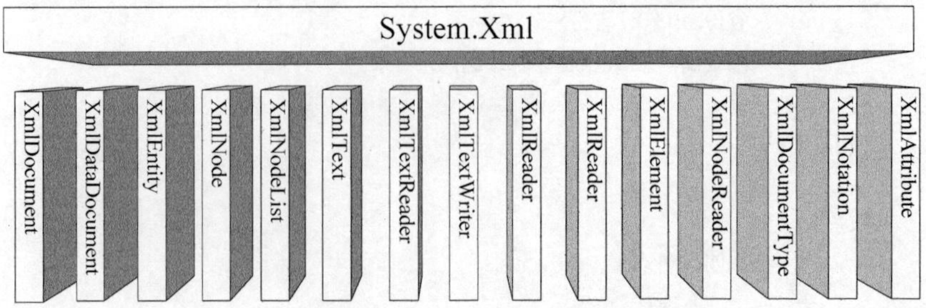

图 10-18　System.Xml 命名空间一览

在这里，有如下几点需要注意。

（1）XmlDocument 对象表示整个 DOM 树，提供了查看和操作整个 XML 文档中所有节点的方法。

（2）XmlNode 对象是 DOM 树中的基本对象，表示 DOM 树中的一个节点，如图 10-18 中的椭圆节点“联系人”、“姓名”等。

（3）XmlText 对象表示 DOM 数中的叶子节点，是某个属性的值，如图 10-18 中矩形节点“张三”、“山东”等。

（4）XmlWriter、XmlReader 等提供了读写 XML 文档的方法。

对于其他对象，将在本章后面的内容中结合具体的示例进行介绍，此处不再详述。

10.5.3　XML 数据的访问

首先介绍将 XML 文档读入 DOM 对象的技术。.NET 支持多种方式读取 XML 文档，包括从字符串流、URL、文本读取器或者 XmlRreader 等方式。

1. 使用 XmlDocument 读取 XML

使用 XmlDocument 对象的 Load 方法，可以从指定的字符串加载 XML 文档，形式如下：

```
public virtual void Load(string filename);
```

参数 filename 表示文件的 URL 地址或其带路径的文档名，该文件包含要加载的 XML 文档。在下面的示例中，读取示例 XML 文档 test.xml（位于\示例代码\C11\\\TestDocs 下），并输出在屏幕上：

```
1.  //创建 XmlDocument 对象
2.  XmlDocument xdoc=new XmlDocument();
3.  //XML 文档路径，当前路径为工程项目下的\bin\Debug 目录
4.  string strFileName="..\\..\\TestDocs\\test.xml";       //相对路径
5.  //读取 XML
6.  xdoc.Load(strFileName);
7.  //输出 XML 文档
8.  Console.WriteLine(xdoc.InnerXml);
```

代码首先在第 2 行实例化了一个 XmlDocument 对象；然后使用其 Load 方法读取 XML 文档，输入参数为带相对路径的 XML 文档名；最后在第 8 行使用 XmlDocument 的 InnerXml 属性输出了 XML 文档的内容。此时，在内存中已经存在了一个 DOM 对象 xdoc，这个对象表示了一个 XML 文档。这样就可以对其进行进一步的操作了。

2. 使用 XmlReader 读取 XML

XmlReader 是一个抽象类，提供对 XML 数据进行快速、非缓存、只进的访问，能够高效地读取 XML 文档的中的单个节点，常用成员如图 10-19 所示。常用属性和方法的简单说明如表 10-9 所示。

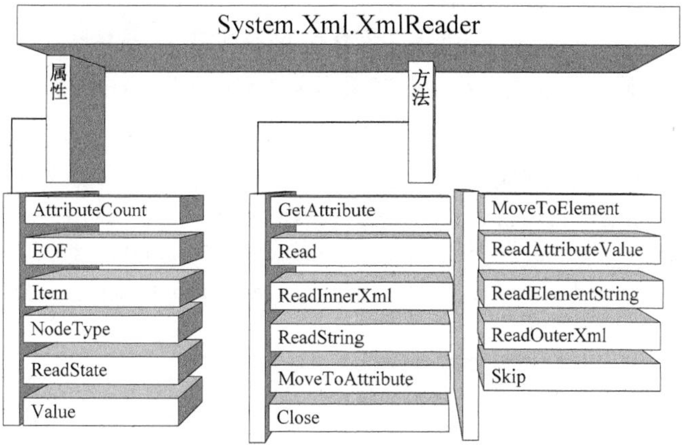

图 10-19　XmlReader 的常用成员

表 10-9　XmlReader 类常用属性和方法说明

属性/方法	说　明
AttributeCount	获取当前节点上的属性数
EOF	获取一个值，该值指示此读取器是否定位在流的结尾
Item	获取此属性的值
NodeType	获取当前节点的类型
ReadState	获取读取器的状态
Value	获取当前节点的文本值
GetAttribute	获取属性的值
Read	读取下一个节点
ReadInnerXml	以字符串形式读取所有内容（包括标记）
ReadString	将元素或文本节点的内容当作字符串读取
MoveToAttribute	移动到指定的属性
Close	将 ReadState 更改为 Closed
MoveToElement	移动到包含当前属性节点的元素
ReadAttributeValue	将属性值解析为一个或多个 Text、EntityReference 或 EndEntity 节点
ReadElementString	读取简单纯文本元素
ReadOuterXml	读取表示该节点和所有子级的内容（包括标记）
Skip	跳过当前节点的子级

作为抽象基类，XmlReader 有 3 个具体实现的扩展类，如图 10-20 所示。

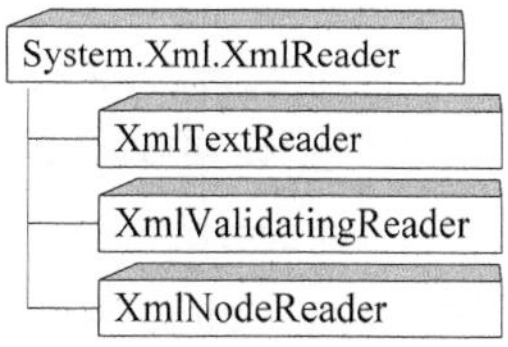

图 10-20　XmlReader 的 3 个扩展类

（1）XmlTextReader：读取字符流是一个只进读取器，具有返回有关内容和节点类型的数据方法。

（2）XmlValidatingReader：提供 XML 文档对象模型（DOM）API（如 XmlNode 树）的分析器。获取一个 XmlNode，返回在

DOM 树中查找到的任何节点，包括实体引用节点。

（3）XmlNodeReader：提供验证或非验证 XML 的分析器。

在下面的示例中，使用 XmlTextReader 读取示例 XML 文档 test.xml，并以更加直观的方式输出其中的联系人信息：

```
1.  // 加载 XML 文档，并忽略所有的空格
2.  string filename="..\\..\\TestDocs\\test.xml";
3.  XmlTextReader xreader = new XmlTextReader(filename);
4.  xreader.WhitespaceHandling = WhitespaceHandling.None;   //忽略空格
5.
6.  // 解析 XML 文档，并输出所有节点
7.  while (xreader.Read())
8.  {
9.       for(int i=0;i<xreader.Depth;i++)
10.           Console.Write("\t");
11.      switch (xreader.NodeType) //判断节点类型
12.      {
13.            case XmlNodeType.Element:    //元素
14.                 Console.WriteLine("<{0}>", xreader.Name);
15.                 break;
16.            case XmlNodeType.Text:   //内容
17.                 Console.WriteLine("{0}",xreader.Value);
18.                 break;
19.            case XmlNodeType.EndElement: //元素结束标记
20.                 Console.WriteLine("</{0}>", xreader.Name);
21.                 break;
22.            case XmlNodeType.Comment:    //注释
23.                 Console.WriteLine("<!--{0}-->", xreader.Value);
24.                 break;
25.            case XmlNodeType.XmlDeclaration: //XML 声明
26.                 Console.WriteLine("<?xml version='1.0'?>");
27.                 break;
28.            case XmlNodeType.Document:   //根节点
29.                 break;
30.            case XmlNodeType.DocumentType:   //文档类型声明
31.                 Console.WriteLine("<!DOCTYPE {0} [{1}]", xreader.Name,
32.                      xreader.Value);
33.                 break;
34.      }
35. }
36. //关闭 XmlTextReader
37. if (xreader!=null)
38.      xreader.Close();
```

代码首先在第 3 行实例化了一个 XmlTextReader 对象，并指定了所要读取的文件；第 4 行使用其 WhitespaceHandling，设置在读取的过程中忽略文档中节点之间的空格和制表符。

第 8 行的 While 循环中，使用了 XmlTextReader 的 Read 方法，不断读取 XML 文档中的下一

个节点，这些节点包括标记、内容、注释等。.NET 提供了一个枚举结构 System.Xml.XmlNodeType 来管理这些节点类型，定义了所有 DOM 树中节点的类型，如表 10-10 所示。

表 10-10　　XmlNodeType 枚举值

枚　举　值	节 点 类 型	示　　例
Attribute	属性	id='123'
Comment	注释	<!-- my comment -->
Document	文档树的根节点	<document>
DocumentType	文档类型声明	<!DOCTYPE ...>
Element	元素	<姓名>
Text	节点的文本内容	张三
EndElement	元素结束标记	</姓名>
Entity	实体声明	<!ENTITY ...>
EntityReference	对实体的引用	#
Notation	文档类型声明中的表示法	<!NOTATION ...>
ProcessingInstruction	处理指令	<?pi test?>
Whitespace	标记间的空白	
XmlDeclaration	XML 声明	<?xml version='1.0'?>

根据节点的类型，代码在第 11 行使用 Switch 语句进行判断，并根据不同的节点类型按照不同的形式输出。同时，为了体现 XML 文档的层次行，第 9～10 行使用了 XmlTextReader 的 Depth 属性，输出一定数量的制表符。Depth 属性可以获取 XML 文档中当前节点的深度。

最后，当全部输出之后，Read 方法返回 False，While 循环结束。代码在第 36～38 行关闭 XmlTextReader 对象。示例的执行结果如图 10-21 所示。

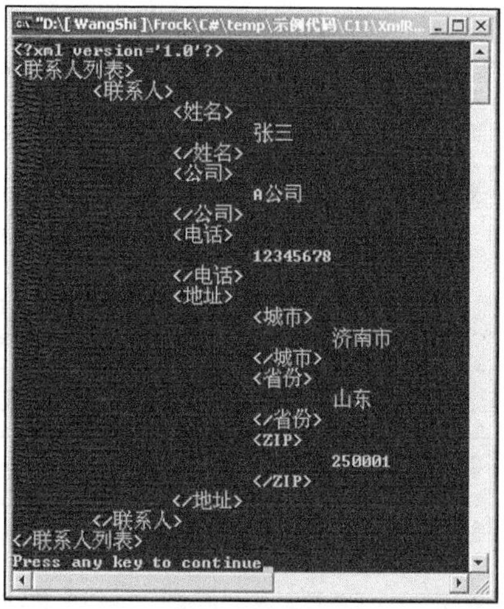

图 10-21　使用 XmlTextReader 读取 XML 文档程序运行结果

对于 XmlReader 的另外两个扩展类 XmlNodeReader 和 XmlValidatingReader，使用方法和 XmlTextReader 较为类似，限于篇幅，本书不再进行介绍。

3. 使用 XmlNode 读取节点

XML 的每一个节点都包括很多内容，如节点标签名、节点属性，节点数据值等。XmlNode 对象用于实现一个 Xml 节点，使用此对象可以完成对节点的绝大部分操作，常用的成员如图 10-22 所示。常用属性和方法的简单说明如表 10-11 所示。

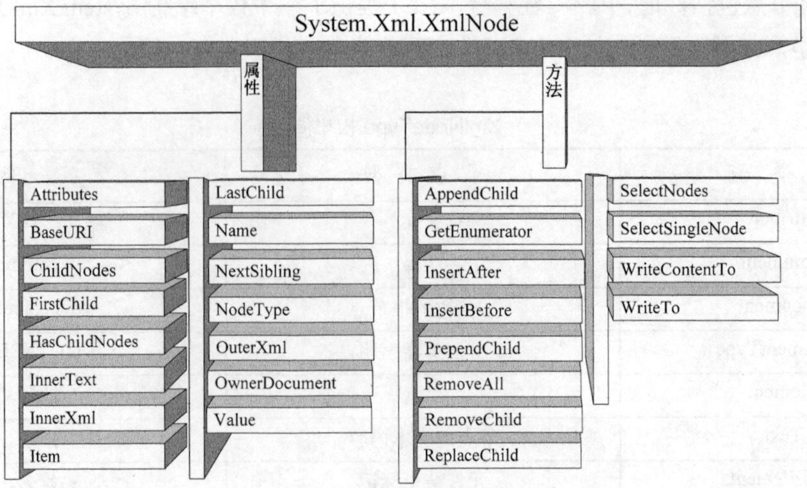

图 10-22　XmlNode 常用属性和方法

表 10-11　　　　XmlNode 常用属性和方法说明

属性/方法	说　明
Attribute	获取一个 XmlAttributeCollection，包含该节点的属性
BaseURL	获取当前节点的基准路径
ChildNodes	获取节点的所有子节点
FirstChild / LastChild	获取节点的第一个/最后一个子节点
HasChildNodes	获取一个值，指示节点是否有任何子节点
InnerText	获取或设置节点及其所有子级的值，并将它们连接在一起
InnerXml / OuterXml	获取或设置表示此节点的子节点/包含本身在内的子节点的 XML
Item	获取指定的子元素
NextSibling	获取紧接在该节点之后的节点
NodeType	获取当前节点的类型
OwnerDocument	获取节点所属的 XmlDocument
Value	获取或设置节点的值
AppendChild / PrependChild	将指定节点添加到该节点的子节点列表的末尾/开头
GetType	提供对 XmlNode 中节点上“for each”样式迭代的支持
InsertAfter / InsertBefore	将指定节点插入指定的引用节点之后/之前
RemoveAll / RemoveChild	移除当前节点的所有子节点和/或属性/移除指定的子节点
ReplaceChild	替换子节点
SelectNode / SlectSingleNode	选择匹配 XPath 表达式的节点列表/第一个 XmlNode
WriteContentTo / WriteTo	将节点的所有子级/节点自身保存到指定的 XmlWriter 中

XmlNode 的属性和方法很多，不再一一细述。下面的示例中，显示 test.xml 中第一个联系人张三的节点详细信息。

```
1.  // 使用 XmlDocument 读取 XML
2.  XmlDocument xdoc=new XmlDocument();
3.  string strFileName="..\\..\\TestDocs\\test.xml";     //相对路径
4.  xdoc.Load(strFileName);
5.
6.  XmlNode xnode=xdoc.DocumentElement.FirstChild;  //第一个节点
7.
8.  //输出第一个节点的详细信息
9.  Console.WriteLine("节点名\t\t: {0}",xnode.Name);
10. Console.WriteLine("节点类型\t: {0}",xnode.NodeType);
11. Console.WriteLine("属性值\t\t: {0}",xnode.Attributes[0].Value);
12. Console.WriteLine("节点的值\t: {0}",xnode.Value);
13. Console.WriteLine("基准位置\t: {0}",xnode.BaseURI);
14. Console.WriteLine("是否有子节点\t: {0}",xnode.HasChildNodes);
15. Console.WriteLine("子节点的值\t: {0}",xnode.InnerText);
16. Console.WriteLine("子节点 XML\t: {0}",xnode.InnerXml);
17. Console.WriteLine("本身及子节点 XML\t: {0}",xnode.OuterXml);
18. Console.WriteLine("所属 XML 文档\t: {0}",xnode.OwnerDocument.Name);
19. Console.WriteLine("父节点\t\t: {0}",xnode.ParentNode.Name);
```

代码首先在第 1～4 行使用 XmlDocument 对象读取了一个 XML 文档，然后在第 6 行得到了文档根节点（DocumentElement）的第一个子节点，即联系人张三所在的节点（参考图 10-17）。第 8～19 行代码分别输出了该节点的各种详细信息，运行结果如图 10-23 所示。

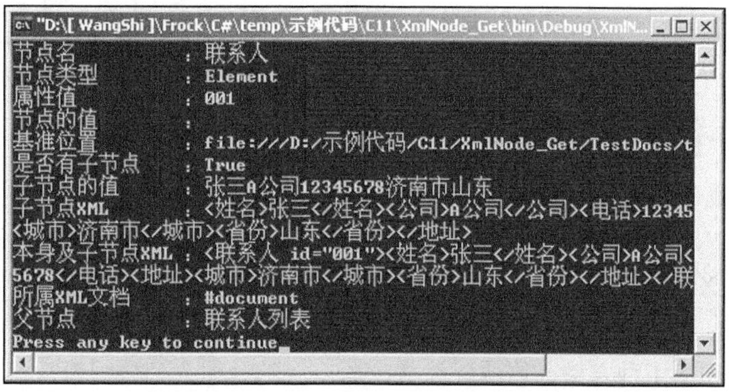

图 10-23 使用 XmlNode 获取 XML 节点详细信息程序运行结果

10.5.4 创建 XML 节点

可以通过向 XML 中插入新的节点来修改文档，首先需要在 DOM 对象中创建新的节点。可以使用 XmlDocument 的 Create*系列方法来实现这个功能。

针对不同的节点类型，Create*系列方法有所不同，但都以 Create 开头，并以节点的类型结尾，如 CreateComment（创建注释）、CreateTextNode（创建叶子节点）等。另外，还可以使用 CreateNode 方法，结合节点类型参数建立各种类型的节点，形式如下：

```
public virtual XmlNode CreateNode(XmlNodeType type,string name,string namespaceURI);
```

其中，参数 type 表示新节点的类型 XmlNodeType，name 为新节点的标签名。namespaceURI 表示新节点的命名空间。方法返回一个新的 XmlNode 对象。例如，下面代码创建一个 Element 类型的“类别”节点，并设置其值为“同事”。

```
XmlNode elem = doc.CreateNode(XmlNodeType.Element, "类别", null);
elem.InnerText = "同事";
```

建立新的节点之后，下一步就需要把这个新的节点插入到 DOM 树中。需要使用 XmlDocument 对象或 XmlNode 对象，有以下几种方法可以完成这个功能。

（1）InsertBefore：把新节点插入到指定的节点之前。

（2）InsertAfter：把新节点插入到指定的节点之后。

（3）AppendChild：把新节点插入到指定的节点的子节点的末尾。

（4）PrependChild：把新节点插入到指定的节点的子节点的开头。

（5）Append：将 XmlAttribute 类型的节点追加到元素属性的末尾。

在插入之前，需要先把当前位置定位到所要插入位置的父节点，并确定新节点的插入位置。例如，下面的代码把新建立的“类别”节点插入到“联系人”节点的子节点中，位置在“姓名”节点之后。

```
//定位插入位置
string xpath="descendant::姓名[/联系人列表/联系人[姓名='张三']]";
XmlNode refnode=xdoc.SelectSingleNode(xpath);

//插入新节点
refnode.ParentNode.InsertAfter(elem,refnode);
```

经过上面代码的修改之后，DOM 树将如图 10-24 所示（限于篇幅，略去未改变部分）。

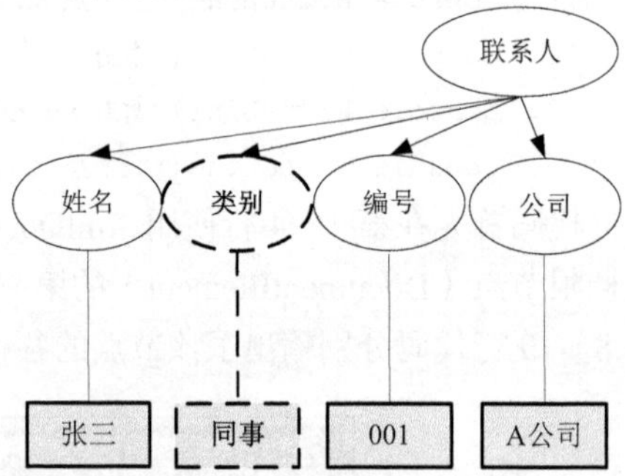

图 10-24　插入新节点“类别”后的 DOM 树

10.5.5　修改 XML 节点

修改 DOM 节点的方法有很多种，常用的方法包括以下几种。

（1）使用 XmlNode.InnerText 属性修改节点的值。

（2）通过修改 XmlNode.InnerXml 属性来修改节点标签或其值。

（3）使用 XmlNode.ReplaceChild 方法，用新的节点来替换现有节点。

下面的代码使用第 1 种方法，修改联系人“张三”的公司为“公司 B”：

```
//检索联系人“张三”节点的“公司”子节点
string xpath="descendant::公司[/联系人列表/联系人[姓名='张三']]";
XmlNode xnode=xdoc.SelectSingleNode(xpath);
Console.WriteLine("{0}\t:{1}",xnode.Name,xnode.OuterXml);

//第 1 种方法
xnode.InnerText="公司 B";
```

下面代码使用第 2 种方法实现同样的功能：

```
//第 2 种方法
xnode.InnerXml="<公司>公司 B</公司>";
```

下面代码使用第 3 种方法实现同样的功能：

```
//第 3 种方法
XmlNode newnode=xdoc.CreateNode(XmlNodeType.Element, "类别",null);
newnode.InnerXml="<公司>公司 B</公司>";
xnode.ParentNode.ReplaceChild(newnode,xnode);
```

修改后的 DOM 树如图 10-25 所示（限于篇幅，略去未改变部分）。

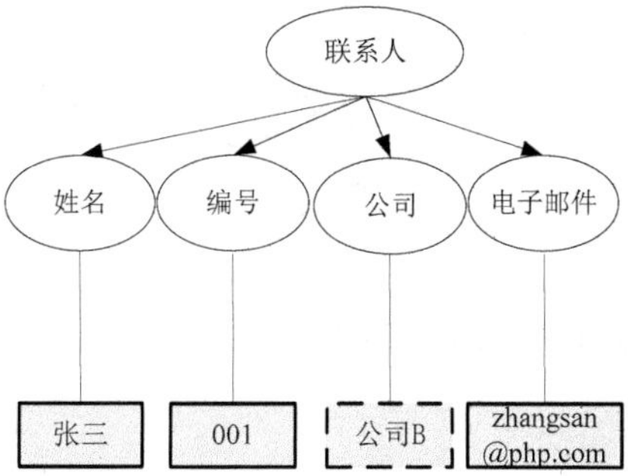

图 10-25　修改“公司”节点后的 DOM 树

10.5.6　删除 XML 节点

要从 DOM 树中删除一个节点非常简单，在使用 XPath 检索节点的基础上，可以使用 XmlDocument 或 XmlNode 对象的 RemoveChild 方法，删除掉一个指定的节点。如果想要删除所有的后代节点，可以使用 RemoveAll 方法。

下面的代码使用 RemoveChilde 方法删除掉所有联系人的“电话”子节点。

```
// 检索所有电话节点
xpath="descendant::电话[/联系人列表/联系人]";
xnlist=xdoc.SelectNodes(xpath);

//循环删除掉所有的电话节点
foreach(XmlNode item in xnlist)
{
      item.ParentNode.RemoveChild(item);
}
```

删除掉“电话”子节点后的 DOM 树如图 10-26 所示（限于篇幅，略去未改变部分）。

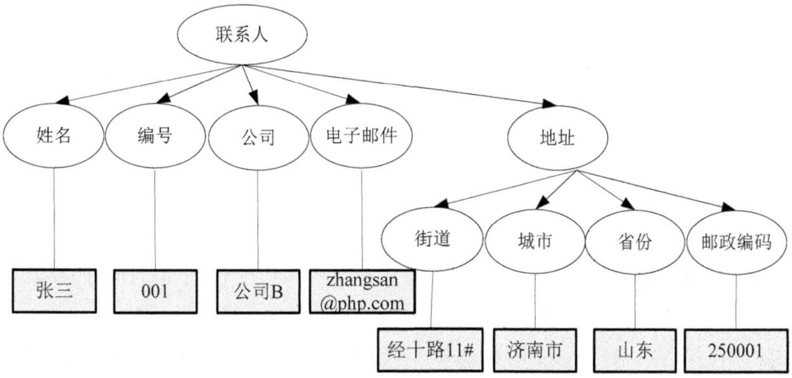

图 10-26　删除掉“电话”节点后的 DOM 树

10.5.7 使用 DataSet 加载 XML 数据

想要使用 DataSet 加载 XML 数据，需要首先使用 XmlDataDocument 中 DataSet 属性的 ReadXmlSchema 方法生成 XML 数据和关系数据的映射关系，然后便可以使用 XmlDataDocument 的 Load 或 LoadXml 方法加载。

下面的示例中，把 test.xml 数据加载到 DataSet 中，并用关系表的形式显示出来。

```
1.  //使用 XmlDataDocument 读取 XML 文档
2.  XmlDataDocument xddoc=new XmlDataDocument();
3.  string strFileName="..\\..\\..\\TestDocs\\test.xml";
4.  xddoc.DataSet.ReadXml(strFileName);
5.
6.  //输出表个数
7.  Console.Write("共{0}个表，如下所示：",xddoc.DataSet.Tables.Count);
8.
9.  //以 DataSet 形式显示 XML 数据
10. for(int tbCount=0;tbCount<xddoc.DataSet.Tables.Count;tbCount++)
11. {
12.     //输出表名、列数、行数
13.     Console.Write("\n\n“表{0}>>",tbCount);          //表计数
14.     DataTable dt=xddoc.DataSet.Tables[tbCount];
15.     Console.Write("表名：{0}\t",dt.TableName);          //表名
16.     Console.Write("列数：{0}\t",dt.Columns.Count);      //列数
17.     Console.WriteLine("行数：{0})",dt.Rows.Count);      //行数
18.
19.     //输出所有的列名
20.     for(int colCount=0;colCount<dt.Columns.Count;colCount++)
21.     {
22.         Console.Write("{0,-6}\t",dt.Columns[colCount].ColumnName);
23.     }
24.     Console.WriteLine("\n-------------------------------------------");
25.
26.     //输出所有的数据行
27.     foreach(DataRow dr in dt.Rows)
28.     {
29.         for(int colCount=0;colCount<dt.Columns.Count;colCount++)
30.         {
31.             Console.Write("{0,-6}\t",dr.ItemArray[colCount].ToString());
32.         }
33.         Console.WriteLine();
34.     }
35. }
```

代码首先在第 1～4 行，使用 XmlDataDocument.DataSet 的 ReadXml 方法读取 XML 文档，此时，XML 文档已经以 DataSet 的形式加载到 XmlDataDocument.DataSet 属性中了。

然后，代码以关系表的实行输出 XML 数据，一个 XML 文档可能对应于多个表，因此，代码在第 10 行使用 for 循环输出所有的表。

对每一个表，在第 12～15 行输出了表名、列数、行数信息。在第 19～23 行输出了所有的列名，最后按对齐的格式在第 26～34 行循环输出所有的数据行。

执行结果如图 10-27 所示。

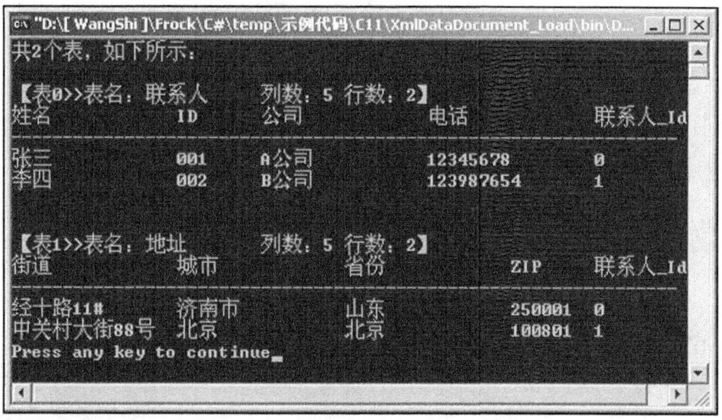

图 10-27　显示用 DataSet 加载的 XML 数据程序运行结果

从输出的结果中可以看出，test.xml 文档对应于两个表，分别为“联系人”表和“地址”表，这对应于 XML 文档中的两个具有子的节点，它们的子标签对应于关系表中的列，而子的值对应于该列上的数据值。

将 XML 文档加载入 DataSet 中之后，就可以使用 DataSet 的各种操作技术进行操作了，如添加、修改、删除，以及查询数据等。在完成修改之后，XML 文档也将被同步修改。

小　　结

本章主要讲解了 C#的数据库开发技术，包括 ADO.NET 和 XML 应用。其中 ADO.NET 部分中，介绍了如何与数据库的连接和交互，以及如何管理内存数据。在 XML 部分，主要讲解了对 XML 节点的操作，在最后一节还介绍了结合 ADO.NET 的应用技术。

通过本章的学习，读者可以更清晰深入地了解 ADO.NET 技术和 XML 技术。可以结合数据库，开发一些交互性较强的应用程序。

习　　题

10-1　什么是 ADO.NET？

10-2　如何使用 Connection 对象连接数据库？

10-3　如何使用 DBCommand 对象向数据库提交非查询性（ADD，UPDATE，DELETE）SQL 命令？

10-4　如何使用 DBCommand 对象结合 DataAdapter 向数据库提交查询性（SELECT）SQL 命令？

10-5　ADO.NET 中的数据集对象都有哪些？如何实现内存中的数据管理？

10-6　DataReader 如何管理内存数据？与 DataSet 有何异同？

10-7　什么是 XML？XML 有什么作用？

10-8　如何使用 XmlDocument 和 XmlReader 读取 XML 文档？

上机指导

在数据库应用系统中，系统前端的用户界面（如 Web 浏览器、窗体、控制台等）和后台的数据库之间，.NET 使用 ADO.NET 将二者联系起来。

实验一　数据库的连接

实验内容

本实验使用 SqlConnection 类创建与数据库的连接。效果如图 10-28 所示。

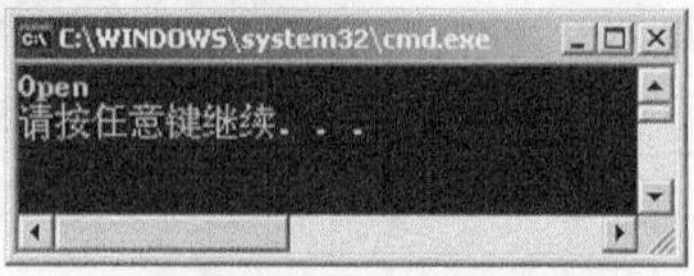

图 10-28　连接数据库

实验目的

巩固知识点——数据库交互。System.Data.SqlClient.SqlConnection 类提供对 SQL Server 数据库的连接。

实验思路

在 10.2.3 小节介绍连接数据库时，介绍了使用 SqlConnection 类如何与数据库连接。通过学习，读者可以自己创建和部署一个 SQL Server 数据库。修改数据库连接的信息，创建一个连接数据库的控制台应用程序。

实验二　访问 XML 数据

实验内容

本实验使用 XmlReader 类访问外部 XML 文件。效果如图 10-29 所示。

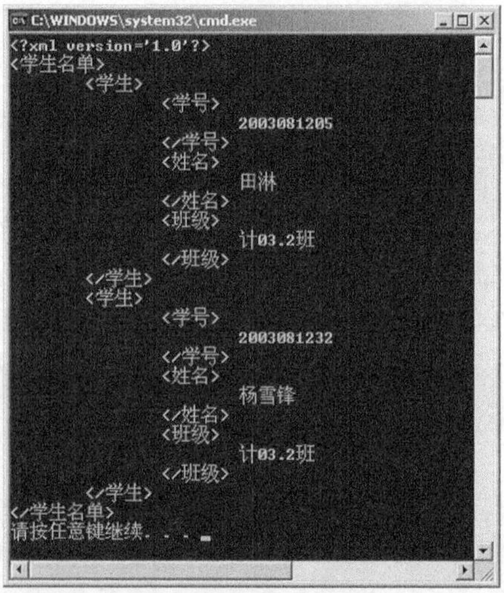

图 10-29　访问 XML 文件

实验目的

巩固知识点——访问 XML 文档。.NET 支持多种方式读取 XML 文档，包括从字符串流、URL、文本读取器或者 XmlRreader 等方式。

实验思路

在 10.5.2 小节介绍 XML 数据访问时，介绍了使用 XmlReader 类来读取外部的 XML 文档。在本实验中，我们可以修改一下 XML 文档的内容甚至其路径。改动被访问的 XML 文档的内容，使用 XmlReader 来读取。

实验三　与 Access 数据库交互

实验内容

本实验使用 System.Data.OleDb 类创建一个与 MS Access 数据库交互的控制台应用程序。效果如图 10-30 所示。

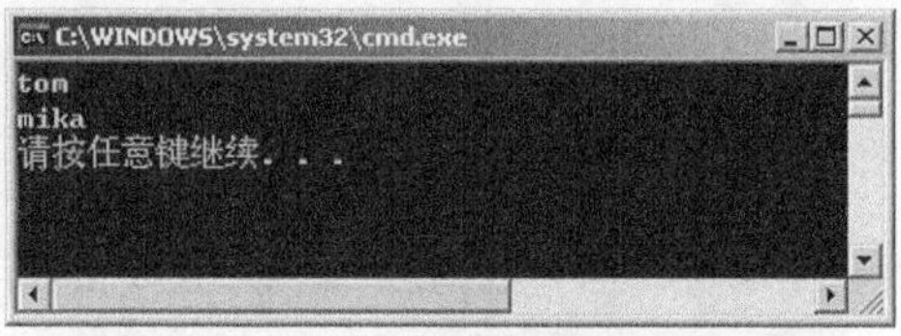

图 10-30　与 Access 数据库交互

实验目的

巩固知识点——System.Data.OleDb 类。此类中

包含访问 OLE DB 数据源的类，比如 MS Access 数据库的访问。

实验思路

要实现与 MS Access 数据库交互，必须使用 System. Data.OleDb 类。实现的具体步骤如下所示。

（1）在 C 盘的根目录下，创建一个 accesss 数据库文件，命名为 test.mdb，在数据库中创建一个数据表 user，其中表 user 有三个字段：id、name、memo；输入一些测试数据。

（2）新建一个控制台应用程序，命名为 AccessConnApp。

（3）在代码编辑器中输入代码，其完整的代码如下所示：

```
using System;
using System.Collections.Generic;
using System.Text;
using System.Data;
using System.Data.OleDb;

namespace AccessConnApp
{
    class AccessConnApp
    {
        static void Main(string[] args)
        {
            // 在此处放置用户代码以初始化页面
            string strConnection =
                "Provider=Microsoft.Jet.Oledb.4.0;Data Source=C:\\test.mdb";
            //数据库路径及名称

            // 连接数据库的语句
            OleDbConnection conn = new OleDbConnection(strConnection);
            // 建立 DbCommand 对象
            OleDbCommand cmd = conn.CreateCommand();
            cmd.CommandText = "SELECT * FROM [user]";

            conn.Open();

            OleDbDataReader dr = cmd.ExecuteReader();
            while (dr.Read())
            {
                Console.WriteLine(dr["name"]);
            }

            // 记住 dr 用毕必须关闭，否则会阻塞服务器
            dr.Close();

            // DbConnection 是受托管的，可以不关闭
            // 但为良好的编程习惯，应该关闭
            conn.Close();
        }
    }
}
```

第 11 章 LINQ 简介

本章学习 LINQ（语言集成查询）的相关知识，LINQ 为对象领域和数据领域之间架起了一座桥梁。LINQ 使查询成为 C# 和 Visual Basic 中的一种语言构造。可以使用语言关键字和熟悉的运算符来针对强类型化对象集合编写查询。

11.1 LINQ 基础

LINQ 引入了标准的、易于学习的查询和更新数据模式，可以对其技术进行扩展以支持几乎任何类型的数据存储。Visual Studio 2010 包含了 LINQ 提供程序的所有程序集，这些程序集支持将 LINQ 与.NET Framework 集合、SQL Server 数据库、ADO.NET 数据集和 XML 文档一起使用。

11.1.1 为什么要使用 LINQ

现在的数据格式越来越多，数据库、XML、数组、哈希表……每一种都有自己操作数据的方式，全部掌握就显得比较吃力。而 LINQ 则以一种统一的方式操作各种数据源，减少了数据访问的复杂性。

LINQ 带来很多开发上的便利。首先，可以利用 Visual Studio 2010 这个强大的 IDE，进行 SQL 语句编写时，可以有智能感应功能，这比起在 SQL Server 中使用查询分析器写 SQL 语句就方便多了，同时它可以把数据当成一个对象来操作。LINQ 架构如图 11-1 所示。

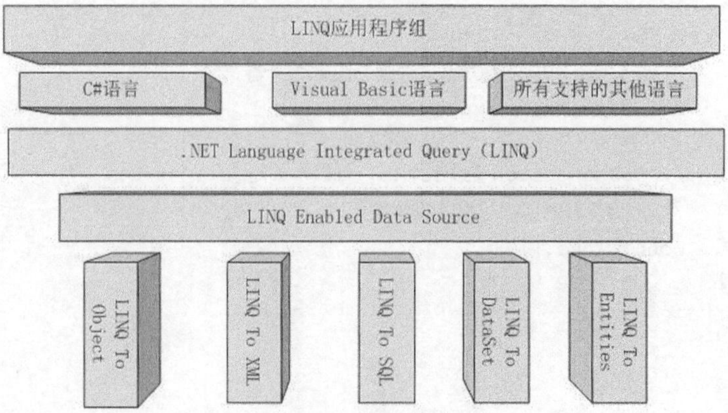

图 11-1　LINQ 架构

LINQ 包括 5 个部分：LINQ To Object、LINQ To DataSet、LINQ To SQL、LINQ To Entities、LINQ To XML。

1. LINQ To Object

LINQ To Object 是指直接对任意 IEnumerable 或 IEnumerable <T>集合使用 LINQ 查询，无需使用中间 LINQ 提供程序或 API。

2. LINQ To DataSet

LINQ To DataSet 是 ADO.NET 中使用最广泛的组件之一，并且是建立 ADO.NET 时所依据的断开连接的编程模型的关键元素。尽管如此杰出，但 DataSet 在查询功能上有一定的缺陷。通过使用 LINQ To DataSet 可以弥补 DataSet 在查询上的缺陷。

3. LINQ To SQL

LINQ To SQL 的全称基于关系数据的.NET 语言集成查询，用于以对象形式管理关系数据，并提供了丰富的查询功能。

4. LINQ To XML

LINQ To XML 在 System.Xml.LINQ 命名空间下实现对 XML 的操作。在宿主编程语言中，通过采用高效、易用的 XML 工具，提供操作 XML 的各种功能等。

11.1.2　LINQ 的语法

LINQ 使查询成为了.NET 中一种编程概念，被查询的数据可以是 XML（LINQ To XML）、Database（LINQ To SQL、LINQ To Dataset、LINQ To Entities）和对象（LINQ To Object）。LINQ 也是可扩展的，允许建立自定义的 LINQ 数据提供者。

为了讲解方便请看下面的两个查询表达式：

```
var result =
    From s in Students
    Where s.Name="wangyuanfeng"
    Select new{s.Name,s.Age,s.Language};
```

该语句等价于下面的语句：

```
var result =
    Students
    .Where(s => s.Name =="wangyuanfeng")
.Select(s.=> new {s.Name,.Age,s.Language });
```

1. 局部变量

“var result”声明一个局部变量，它的具体类型是通过初始化表达式来推断，这点是通过 var 关键词完成的。可以写出如下的代码：

```
var num = 50;
var str = "simple string";
```

编译器会生成 IL 中间代码，以上两行代码等效于下面的代码：

```
int num = 50;
string str = "simple string";
```

2. 扩展方法

“Where、Select”等都使用了扩展方法，其可以扩展一个已存在的类型，增加它的方法，而无需继承或者重新编译。

假设想要验证一个 string 是不是合法的 Email 地址，可以编写一个方法，输入为一个 string 并且返回 true 或者 false。现在，使用扩展方法，则可以这样做：

```
1.  public static class MyExtensions
2.  {
3.  public static bool IsValidEmailAddress(this string s)
4.   {
5.          Regex regex = new Regex( @"^[w-.]+@([w-]+.)+[w-]{2,4}$" );
6.          return regex.IsMatch(s);
7.      }
8.  }
```

代码第 5 行定义了一个正则表达式，第 6 行用于判断，参数字符串是否匹配正则表达式。

注意

静态方法其参数类型 string 前面有一个 this 关键词，将会告诉编译器这个特殊的扩展方法会增加给 string 类型的对象。于是就可以在 string 中调用这个方法：

```
using MyExtensions;
string email = Request.QueryString["email"];
if ( email.IsValidEmailAddress() )
{
    ……
}
```

3. Lambda 表达式

```
s => s.Name =="wangyuanfeng"
```

以上代码使用了 Lambda 表达式，它提供了一个更简洁的语法来写匿名方法。每一个 Lambda 表达式就是一个隐式类型的参数列表，然后是一个“=>”符号，最后是一个表达式或者一个语句块。

例如定义一个委托类型 Mydeleg：

```
delegate R MyDeleg(A arg);
```

然后就可以使用匿名方法：

```
MyDeleg<int,bool> IsPositive = delegate(int num)
{
        return num > 0;
};
```

而使用 Lambda 表达式则可以这样来写：

```
Mydeleg<int,bool> IsPositive = num => num > 0;
```

4. 匿名类型

“new{}”使用了匿名类型，为了讲解匿名类型，这种语法可以定义内嵌的类型，而不需要显式地定义一个类型。

如果没有定义 Point 类，只使用一个类型是匿名的 Point 对象，则可以这样编写：

```
var p = new {a = 1, b =4};
```

11.2 LINQ 对数据集（Dataset）的操作

DataSet 是 ADO.NET 中使用频率最高的组件之一，但 DataSet 也限制了查询功能。通过使用可用于许多其他数据源的相同查询功能，LINQ to DataSet 可将更丰富的查询功能应用于同 DataSet 的交互中。通过使用 LINQ to DataSet，可以更快更容易地查询在 DataSet 对象中缓存的数据。

对 DataSet 对象使用 LINQ 查询时，并不是查询对自定义类型的枚举，而是查询 DataRow 对象的枚举：

```
var query = from p in Employees.AsEnumerable()
            select p;
```

然后可以通过使用 foreach 语句来遍历查询后所返回的可枚举对象：

```
foreach (DataRow p in query)
{
        //格式化输出
        Response.Write(p.Field<int>("EmployeeID") + " ... "
               + p.Field<string>("Country"));
        Response.Write("<br>");
}
```

LINQ to DataSet 的功能主要通过 DataRowExtensions 和 DataTableExtensions 类中的扩展方法公开。它还可用于查询从一个或多个数据源合并的数据。下面的代码演示了如何使用 LINQ 对 DataSet 数据集进行查询。

（1）首先创建页面 8-01.aspx，代码如下所示：

```
<%--程序名称：8-01.aspx--%>
<%--程序功能：使用 LINQ 对 DataSet 数据集进行查询--%>
  <form id="form1" runat="server">
  <asp:GridView ID="GridView1" runat="server">
  </asp:GridView>
  <asp:Button ID="btnLinqQuery" runat="server"
     Text="LINQ 查询" onclick="btnLinqQuery_Click" />
  </form>
```

（2）在后台功能代码中，首先加入对以下命名控件的引用：

```
using System.Xml.Linq;
using System.Data.SqlClient;
using System.Data.Common;
using System.Globalization;
using System.IO;
```

然后创建一个名为 GetDataSet()的方法，用于实现 DataSet 中的数据填充。

```
private void GetDataSet()
{
  SqlConnection sqlcon = new SqlConnection();
  SqlDataAdapter sda;
  DataSet ds = new DataSet();          //创建 DataSet
   string sqlconstr = "Data Source=.;Initial Catalog=Northwind;Integrated Security=True";
  sqlcon.ConnectionString = sqlconstr;
  //查询语句
   string sqlcmd = "select top(10) EmployeeID,LastName,FirstName,
   Title,City,Country from Employees";
  //使用 using 语句来控制 SqlDataAdapter 对象对资源的合理释放
  using (sda = new SqlDataAdapter(sqlcmd, sqlcon))
  {
     try
     {
        //填充 DataSet
        sda.Fill(ds, "Employees");
        Session["ds"] = ds;
     }
```

```
20.         catch (SystemException ex)          //捕捉异常
21.         {
22.             Response.Write(ex.Message.ToString());
23.         }
24.     }
25.     //绑定数据
26.     GridView1.DataSource = ds.Tables["Employees"].DefaultView;
27.     GridView1.DataBind();
28. }
```

用于设置连接数据库的字符串在第 6 行，读者在使用时可依据机器的配置修改，第 17 行用于填充 DataSet，第 18 行保存会话，第 26 行代码用于绑定数据源，第 27 行用于执行数据绑定。

（3）为"LINQ 查询"按钮中创建如下所示的单击事件处理程序，用于对所填充的 DataSet 数据集体进行查询，并将查询结果输出到页面中：

```
protected void btnLinqQuery_Click(object sender, EventArgs e)
{
        DataSet ds = (DataSet)Session["ds"];                          //获取 DataSet
        //对表中的字符串的区域信息进行设置，将不依赖于区域性
        ds.Locale = CultureInfo.InvariantCulture;
        DataTable Employees = ds.Tables["Employees"];           //取得 DataTable
        try
        {
            var query = from p in Employees.AsEnumerable()
                        select p;                                //查询
            Response.Write("<h3>Linq查询结果输出：</h3>");         //输出
            //遍历结果集
            foreach (DataRow p in query)
            {
                //格式化输出
                Response.Write(p.Field<int>("EmployeeID") + " ... "
                        + p.Field<string>("LastName") + " ... "
                        + p.Field<string>("FirstName") + " ... "
                        + p.Field<string>("Title") + " ... "
                        + p.Field<string>("City") + " ... "
                        + p.Field<string>("Country"));
                Response.Write("<br>");
            }
            GridView1.Visible = false;
        }
        //异常处理
        catch (InvalidCastException iex)
        {
            Response.Write(iex.Message.ToString());
        }
        catch (IndexOutOfRangeException oex)
        {
            Response.Write(oex.Message.ToString());
        }
        catch (NullReferenceException nex)
        {
            Response.Write(nex.Message.ToString());
```

```
38.         }
39.     }
```

上述代码第 3 行代码用于获取 Session 对象中保存的 DataSet 对象，第 5 行代码用于设置字符串的区域信息，第 6 行代码定义了一个数据表对象，并使用数据集中的表初始化该对象，第 9～10 行用于查询数据表，并将查询结果存储到 query 中，第 11～14 行用于输出数据信息到页面上，第 27～38 行用于捕获程序执行的异常，同时输出异常信息。

（4）在页面首次加载时，执行 DataSet 的数据填充：

```
1.  protected void Page_Load(object sender, EventArgs e)
2.  {
3.          if (!IsPostBack)
4.          {
5.              GetDataSet();                   //页面首次加载，进行 DataSet 填充
6.          }
7.  }
```

代码第 3 行用于判断页面是否被首次执行，第 5 行用于加载 DataSet 中的值。

浏览该程序，首先会显示出 DataSet 中的数据。效果如图 11-2 所示。然后单击"LINQ 查询"按钮，开始对此 DataSet 应用 LINQ 查询。效果如图 11-3 所示。

EmployeeID	LastName	FirstName	Title	City	Country
1	Davolio	Nancy	Sales Representative	Seattle	USA
2	Fuller	Andrew	Vice President, Sales	Tacoma	USA
3	Leverling	Janet	Sales Representative	Kirkland	USA
4	Peacock	Margaret	Sales Representative	Redmond	USA
5	Buchanan	Steven	Sales Manager	London	UK
6	Suyama	Michael	Sales Representative	London	UK
7	King	Robert	Sales Representative	London	UK
8	Callahan	Laura	Inside Sales Coordinator	Seattle	USA
9	Dodsworth	Anne	Sales Representative	London	UK

图 11-2　浏览效果

图 11-3　LINQ 查询结果

说明

由于实现了 IEnumerable< T>接口或 IQueryable 接口的数据源，才适用于 LINQ 查询。而 DataTable 类不实现任何一个接口。所以要使用 DataTable 作为 LINQ 查询的 From 子句中的源，就必须调用 AsEnumerable 方法，代码如下所示：

```
1.  var query = from p in people.AsEnumerable()
2.                  select p;
```

11.3　LINQ 与 SQL 的交互

在 LINQ to SQL 中，关系数据库的数据模型被映射到用开发人员所用的编程语言表示的对象模型中。本节将介绍 LINQ to SQL 的一些技术，包括了数据的插入、查询、修改和删除等操作。

11.3.1　数据的查询和删除

通常，对数据操作使用最频繁的就是数据的检索了。本小节将学习在 LINQ to SQL 中如何对

数据进行检索和删除。

要进行数据的删除，可先使用 Single()方法来获取满足条件的单条记录：

```
//获取单条记录
Employee em = ndc.Employees.Single(emp => emp.EmployeeID == iEmployeeID);
```

然后再使用数据序列的 DeleteOnSubmit()方法，就可以完成数据的删除操作：

```
ndc.Employees.DeleteOnSubmit(em); //删除数据
```

然后调用 SubmitChanges()方法，将所做的删除应用到数据库：

```
ndc.SubmitChanges();
```

在操作时，可借助 GridView 的选择功能。在其 SelectedIndexChanged()事件中，完成对所选数据的删除工作。

下面的代码演示了如何使用 LINQ 对 SQL 中的数据查询和删除。

```
1.  <%--程序名称：8-02.aspx--%>
2.  <%--程序功能：LINQ to SQL：数据的删除--%>
3.      <form id="form1" runat="server">
4.      <asp:GridView ID="GridView1" runat="server" DataKeyNames="EmployeeID"
5.          onselectedindexchanged="GridView1_SelectedIndexChanged">
6.          <Columns>
7.              <asp:CommandField SelectText="删除" ShowSelectButton="True" />
8.          </Columns>
9.      </asp:GridView>
10.     </form>
```

上述代码第 4～5 行代码为页面添加了 GridView 控件，并设置主键名称，第 7 行添加 GridView 控件对选定列的删除。

完整的后台功能代码如下所示。

```
//程序名称：8-02.aspx.cs
//程序功能：LINQ 操作 SQL：数据的删除
using System;
using System.Collections;
using System.Configuration;
using System.Data;
using System.Linq;
……………………………………//省略部分命名空间
using System.Xml.Linq;
public partial class _8_02 : System.Web.UI.Page
{
    protected void Page_Load(object sender, EventArgs e)
    {
        //首次加载
        if (!IsPostBack)
        {
            //数据绑定
            bind();
        }
    }
    /// <summary>
    /// 数据绑定
    /// </summary>
    private void bind()
```

```
25.     {
26.         //实例化 LINQ to SQL 数据映射
27.         NorthwindDataContext ndc = new NorthwindDataContext();
28.         var query = from em in ndc.Employees            //查询数据
29.                     select new
30.                     {
31.                         em.EmployeeID,                  //查询指定的字段
32.                         em.FirstName,
33.                         em.HomePhone,
34.                         em.PostalCode,
35.                         em.City,
36.                         em.Country
37.                     };
38.         //绑定到 GridView
39.         GridView1.DataSource = query;
40.         GridView1.DataBind();
41.     }
42.     //GridView 的 SelectedIndexChanged()事件，也是数据的删除事件
43.     protected void GridView1_SelectedIndexChanged(object sender, EventArgs e)
44.     {
45.         //实例化 LINQ to SQL 数据映射
46.         NorthwindDataContext ndc = new NorthwindDataContext();
47.         //得到要删除的数据记录的 EmployeeID 的值
48.         int iEmployeeID = (int)GridView1.SelectedDataKey.Value;
49.         using (ndc)
50.         {
51.             try
52.             {
53.                 Employee em = ndc.Employees.Single(emp =>
54.                      emp.EmployeeID == iEmployeeID);         //获取单条记录
55.                 ndc.Employees.DeleteOnSubmit(em);        //删除数据
56.                 ndc.SubmitChanges();                         //更改应用到数据库
57.                 bind();                                      //再进行一次数据绑定
58.             }
59.             //捕获异常
60.             catch (ArgumentNullException aex)
61.             {
62.                 Response.Write("错误：" + aex.Message.ToString());
63.             }
64.         }
65.     }
66. }
```

第 15 行代码用于判断是否是第一次加载该页面，若是第一次，则使用默认的数据集填充 GridView 控件，第 27 行用于实例化 Linq To SQL 的数据映射，第 28～37 行用于查询数据，并返回指定的字段，第 53～54 行用于获取单条记录的标识，第 55 行用于删除数据，第 56 行用于对数据集的操作更新到数据库中。

浏览该程序，效果如图 11-4 所示。此时单击某条数据前的“删除”按钮，将实现该条数据的删除功能。

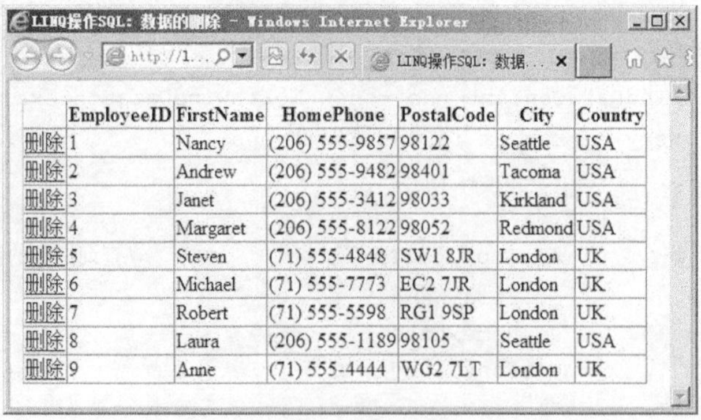

	EmployeeID	FirstName	HomePhone	PostalCode	City	Country
删除	1	Nancy	(206) 555-9857	98122	Seattle	USA
删除	2	Andrew	(206) 555-9482	98401	Tacoma	USA
删除	3	Janet	(206) 555-3412	98033	Kirkland	USA
删除	4	Margaret	(206) 555-8122	98052	Redmond	USA
删除	5	Steven	(71) 555-4848	SW1 8JR	London	UK
删除	6	Michael	(71) 555-7773	EC2 7JR	London	UK
删除	7	Robert	(71) 555-5598	RG1 9SP	London	UK
删除	8	Laura	(206) 555-1189	98105	Seattle	USA
删除	9	Anne	(71) 555-4444	WG2 7LT	London	UK

图 11-4　浏览效果

11.3.2　数据的插入

向对象中新增数据时，首先要建立该对象的实例。如下面的代码就建立了 Employee 对象（Employee 表）的实例。

```
Employee em = new Employee();
```

在使用相应的值填充对象中的字段后，需要首先调用 InsertOnSubmit 方法进行对象实体的添加：

```
ndc.Employees.InsertOnSubmit(em);
```

然后调用 SubmitChanges()方法，将所做的更改提交到数据库中：

```
ndc.SubmitChanges();
```

下面的代码演示了如何向数据库中插入数据。

（1）创建 Web 窗体页 8-03.aspx，进行页面设计，代码如下所示：

```
<%--程序名称：8-03.aspx--%>
<%--程序功能：LINQ 操作 SQL：新增数据--%>
    <asp:GridView ID="GridView1" runat="server">
    </asp:GridView>
    <asp:Button ID="Button1" runat="server" Text="添加数据"
        onclick="Button1_Click" />
    <asp:Panel ID="Panel1" runat="server" Width="264px">
    FirstName:
    <asp:TextBox ID="txtFirstName" runat="server">
    </asp:TextBox>
    <br />
    LastName:
    <asp:TextBox ID="txtLastName" runat="server">
    </asp:TextBox>
    <br />
    HomePhone:
    <asp:TextBox ID="txtHomePhone" runat="server">
    </asp:TextBox>
    <br />
    City:
    <asp:TextBox ID="txtCity" runat="server">
    </asp:TextBox>
    <br />
    Address:
```

```
25.     <asp:TextBox ID="txtAddress" runat="server">
26.     </asp:TextBox>
27.     <br />
28.     <asp:Button ID="btnAdd" runat="server" Text="确定"
29.         onclick="btnAdd_Click" />
30.              
31.        <asp:Button ID="btnCancel" runat="server" Text="取消"
32.            onclick="btnCancel_Click" />
33.     </asp:Panel>
```

代码第 3～4 行代码为页面添加 GridView 控件，第 5～6 行用于向页面添加按钮，第 7 行向页面添加一个 Panel 面板，并设置面板的宽度，然后向面板上添加控件，第 9～26 行代码用于向页面上添加文本框，用于显示不同的信息，第 28～29 行用于向页面添加“确定”按钮，第 31～32 行用于向页面添加“取消”按钮。

（2）在其后台功能代码中创建 bind()方法，用于实现数据的绑定。

```
1.  private void bind()
2.      {
3.          //实例化 LINQ to SQL 数据映射
4.          NorthwindDataContext ndc = new NorthwindDataContext();
5.          //查询 Employee 对象（Employee 表）中的所有数据
6.          var query = from em in ndc.Employees
7.                      //指定字段
8.                      select new
9.                      {
10.                         em.EmployeeID,
11.                         em.FirstName,
12.                         em.LastName,
13.                         em.HomePhone,
14.                         em.City,
15.                         em.Address
16.                     };
17.         //数据绑定
18.         GridView1.DataSource = query;
19.         GridView1.DataBind();
20. }
```

第 4 行用于实例化 LINQ To SQL 的数据映射，第 6～16 行用于查询数据，并返回指定的字段。

（3）在“新增”按钮的单击事件处理程序中实现数据的新增功能，完整的代码如下所示：

```
protected void btnAdd_Click(object sender, EventArgs e)
{
        //获取要被添加的用户输入的数据
        string strFirstName = txtFirstName.Text.Trim().ToString();
        string strLastName = txtLastName.Text.Trim().ToString();
        string strHomePhone = txtHomePhone.Text.Trim().ToString();
        string strCity = txtCity.Text.Trim().ToString();
        string strAddress = txtAddress.Text.Trim().ToString();
        //实例化 LINQ to SQL 数据映射
        NorthwindDataContext ndc = new NorthwindDataContext();
        //实例化 Employee 对象，即数据库中的 Employee 数据表
        Employee em = new Employee();
        em.FirstName = strFirstName;      //填充 Employee 对象中的成员
        em.LastName = strLastName;
```

```
15.         em.HomePhone = strHomePhone;
16.         em.City = strCity;
17.         em.Address = strAddress;
18.         ndc.Employees.InsertOnSubmit(em);     //添加实体到 Employee 对象中
19.         ndc.SubmitChanges();                  //将所做的更改提交到数据库中
20.         this.bind();                          //再进行一次数据绑定
21.         this.Panel1.Visible = false;          //数据添加完毕，Panel1 不可见
22. }
```

第 12 行用于定义了一个 Employee 对象，第 13～17 行用于设置对象中各个字段的值，第 18 行用于将实体添加到对象中，第 19 行将新增的记录保存到数据库中，第 20 行用于刷新绑定的数据。

（4）使“添加数据”按钮和“取消”按钮在单击时执行如下所示的操作：

```
1.  //“添加数据”按钮
2.  protected void Button1_Click(object sender, EventArgs e)
3.  {
4.          this.Panel1.Visible = true;               //Panel1 可见
5.  }
6.  protected void btnCancel_Click(object sender, EventArgs e)
7.  {
8.          this.Panel1.Visible = false;              //Panel1 不可见
9.  }
```

第 4 行和第 8 行用于设置面板的可见性。

（5）使页面在第一次加载时执行数据绑定操作，并使 Panel1 不可见：

```
1.  protected void Page_Load(object sender, EventArgs e)
2.  {
3.          //第一次加载
4.          if (!IsPostBack)
5.          {
6.              bind();//数据绑定
7.              this.Panel1.Visible = false;          //Panel1 不可见
8.          }
9.  }
```

第 4 行用于判断是否为第一次加载页面，第 6 行用于执行数据绑定，第 7 行代码用于隐藏面板控件。

浏览该程序，效果如图 11-5 所示。此时单击“添加数据”按钮，将出现数据输入文本框。如图 11-6 所示。

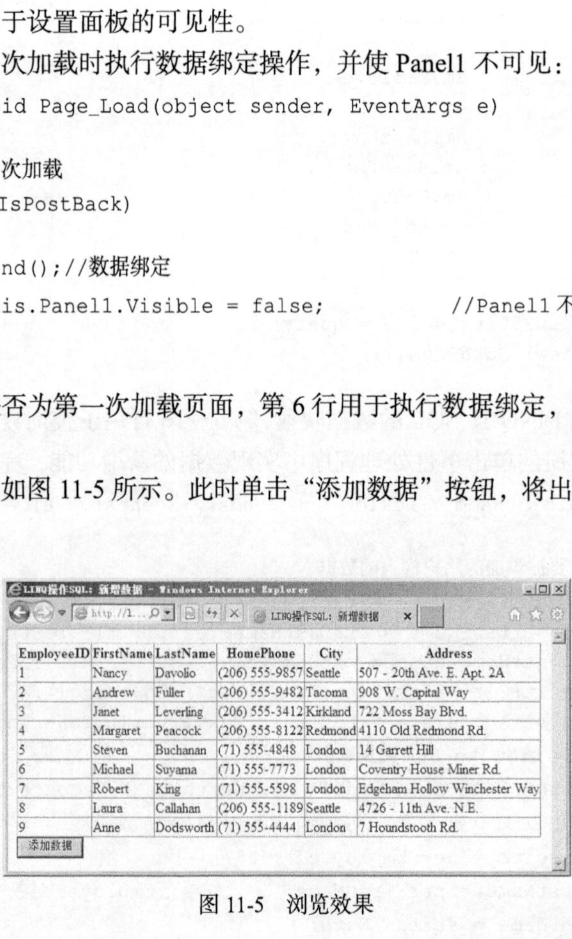

图 11-5　浏览效果

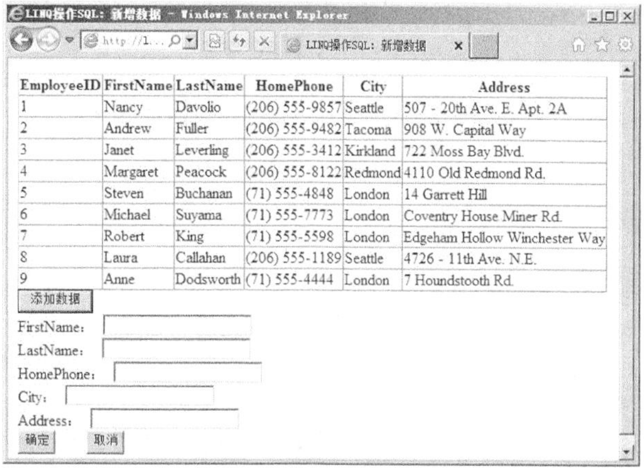

图 11-6　添加数据

11.3.3　数据的修改

要进行数据的修改操作时，可以通过数据序列的 Single()方法取得满足一定条件的唯一记录，然后进行更新操作。在更新后调用 SubmitChanges()方法，对数据库进行更新。下面的代码演示了如何进行数据的编辑。

（1）为 8-04.aspx 的页面进行设置，代码如下所示：

```
<%--程序名称：8-04.aspx--%>
<%--程序功能：LINQ 操作 SQL：数据的修改--%>
    <asp:GridView ID="GridView1" runat="server"
        DataKeyNames="EmployeeID"
        onselectedindexchanged="GridView1_SelectedIndexChanged">
        <Columns>
            <asp:CommandField ShowSelectButton="True" SelectText="编辑" />
        </Columns>
    </asp:GridView>
    <asp:Panel ID="Panel1" runat="server" Width="265px">
    EmployeeID:
    <asp:Label ID="Label1" runat="server" Text="">
    </asp:Label>
    <br />
    FirstName:
    <asp:TextBox ID="txtFirstName" runat="server">
    </asp:TextBox>
    <br />
    LastName:
    <asp:TextBox ID="txtLastName" runat="server">
    </asp:TextBox>
    <br />
    HomePhone:
    <asp:TextBox ID="txtHomePhone" runat="server">
    </asp:TextBox>
    <br />
    City:
    <asp:TextBox ID="txtCity" runat="server">
```

```
29.     </asp:TextBox>
30.     <br />
31.     Country:
32.     <asp:TextBox ID="txtCountry" runat="server">
33.     </asp:TextBox>
34.     <br />
35.     <asp:Button ID="btnEdit" runat="server" Text="确定"
36.         onclick="btnEdit_Click"/>
37.           
38.     <asp:Button ID="btnCancel" runat="server" Text="取消"
39.            onclick="btnCancel_Click" />
40.     </asp:Panel>
```

第 5 行用于注册 GridView 控件的 onselectedindexchanged 事件，第 35～36 行用于设置确定按钮的显示，第 38～39 行用于设置取消按钮的显示。

（2）创建方法 databind()来实现数据绑定功能：

```
1.  private void databind()
2.  {
3.         //实例化 LINQ to SQL 数据映射
4.         NorthwindDataContext ndc = new NorthwindDataContext();
5.         //查询数据
6.         var query = from em in ndc.Employees
7.                     select new
8.                     {
9.                         em.EmployeeID,
10.                        em.FirstName,
11.                        em.LastName,
12.                        em.HomePhone,
13.                        em.City,
14.                        em.Country
15.                    };
16.        //查询结果进行绑定
17.        GridView1.DataSource = query;
18.        GridView1.DataBind();
19. }
```

第 4 行用于实例化 LINQ To SQL 的数据映射，第 6～15 行用于查询数据，并返回指定的字段值，第 17 行用于设置数据源，第 18 行用于绑定数据。

（3）在 GridView 的 SelectedIndexChanged 事件处理程序中，完成对要更新的某条数据个字段的值到 TextBox 控件中的绑定：

```
protected void GridView1_SelectedIndexChanged(object sender, EventArgs e)
{
       /*
        * 对要被更新的某条数据的各字段进行绑定，使用户可直接进行修改
        * 由于将 GridView 的 DataKeyNames 属性设置为 EmployeeID 了，
        * GridView1.SelectedDataKey.Value 属性可以得到所选的 EmployeeID 的值
        */
       Label1.Text = GridView1.SelectedDataKey.Value.ToString();
       //根据所选择的行的列索引号，来得到相关的数据
       txtFirstName.Text = GridView1.SelectedRow.Cells[2].Text.ToString();
       txtLastName.Text = GridView1.SelectedRow.Cells[3].Text.ToString();
       txtHomePhone.Text = GridView1.SelectedRow.Cells[4].Text.ToString();
```

```
13.         txtCity.Text = GridView1.SelectedRow.Cells[5].Text.ToString();
14.         txtCountry.Text = GridView1.SelectedRow.Cells[6].Text.ToString();
15.         //Panel1 可见
16.         this.Panel1.Visible = true;
17. }
```

第 8～16 行代码用于将字段值绑定到特定的控件上。

（4）单击“确定”按钮时，完成数据的更新操作，代码如下所示：

```
1.  protected void btnEdit_Click(object sender, EventArgs e)
2.  {
3.          //获取新数据
4.          int iEmployeeID = int.Parse(Label1.Text.Trim());
5.          string strFirstName = txtFirstName.Text.Trim().ToString();
6.          string strLastName = txtLastName.Text.Trim().ToString();
7.          string strHomePhone = txtHomePhone.Text.Trim().ToString();
8.          string strCity = txtCity.Text.Trim().ToString();
9.          string strCountry = txtCountry.Text.Trim().ToString();
10.         //实例化 LINQ to SQL 数据映射
11.         NorthwindDataContext ndc = new NorthwindDataContext();
12.         using (ndc)
13.         {
14.             try
15.             {
16.                 //根据 EmployeeID 获取单条记录
17.                 Employee em = ndc.Employees.Single(emp =>
18.                     emp.EmployeeID == iEmployeeID);
19.                 //对各字段进行更新
20.                 em.FirstName = strFirstName;
21.                 em.LastName = strLastName;
22.                 em.HomePhone = strHomePhone;
23.                 em.City = strCity;
24.                 em.Country = strCountry;
25.                 //将更新提交到数据库
26.                 ndc.SubmitChanges();
27.             }
28.             //捕获异常
29.             catch (ArgumentNullException aex)
30.             {
31.                 Response.Write("错误: " + aex.Message.ToString());
32.             }
33.         }
34.         //重新进行一次数据绑定
35.         databind();
36.         Panel1.Visible = false;
37. }
```

第 4～9 行用于获取修改后的数据，第 11 行用于实例化 LINQ To SQL 数据映射，第 16～24 行用于更新对象值，第 26 行用于更新数据库，第 35 行用于重新绑定数据。

（5）单击“取消”按钮时，将所绑定的值清空，并将更新界面进行隐藏，代码如下所示：

```
protected void btnCancel_Click(object sender, EventArgs e)
{
        Label1.Text = null;
        txtFirstName.Text = null;
```

```
5.          txtLastName.Text = null;
6.          txtHomePhone.Text = null;
7.          txtCity.Text = null;
8.          txtCountry.Text = null;
9.          this.Panel1.Visible = false;
10. }
```

第 3～8 行用于清控件各个显示控件的内容，第 9 行代码用于隐藏面板控件。

浏览该程序，效果如图 11-7 所示。单击某条数据前的“编辑”按钮后，即可对该条数据进行编辑，如图 11-8 所示。修改完数据后，单击“确定”按钮，就完成了数据的更新操作。

图 11-7　浏览效果

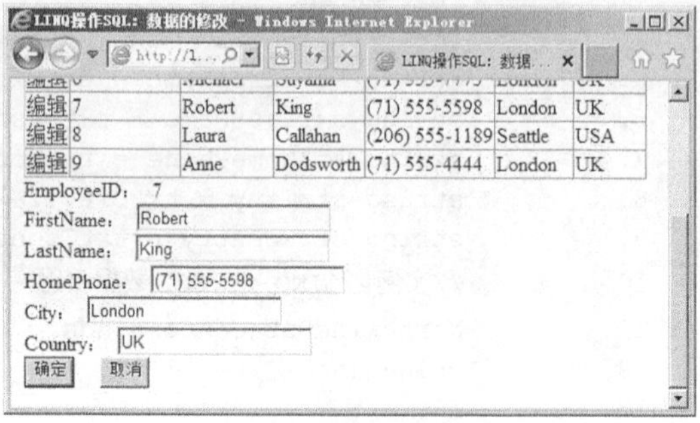

图 11-8　数据更新

11.4　LinqDataSource 控件实现数据的增、删、改

在 ASP.NET 4.0 中，提供了一个全面支持 LINQ 的数据源控件，使用它可以很方便快速的完成数据的检索、插入、修改和删除操作。

使用 LinqDataSource 控件，可以获取来自一个数据库中的数据，还可以获取一个内存数据集中的数据例如一个数组。建立一个 Linq To Sql 数据模型的方法，如下所示。

（1）右击解决方案名称，在弹出的快捷菜单上选择“添加新项”选项，打开“添加新项”对话框，在模板中选择“LINQ to SQL”选项，如图 11-9 所示。

（2）单击“添加”按钮，将出现如图 11-10 所示的警告框，询问是否将该项放到 App_Code 文件夹中，单击“是”按钮，将会添加一个 Linq To Sql 数据模型到解决方案中。

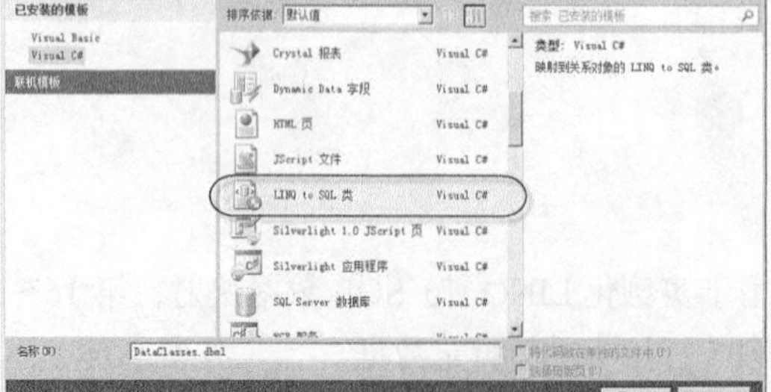

图 11-9　“添加新项”对话框

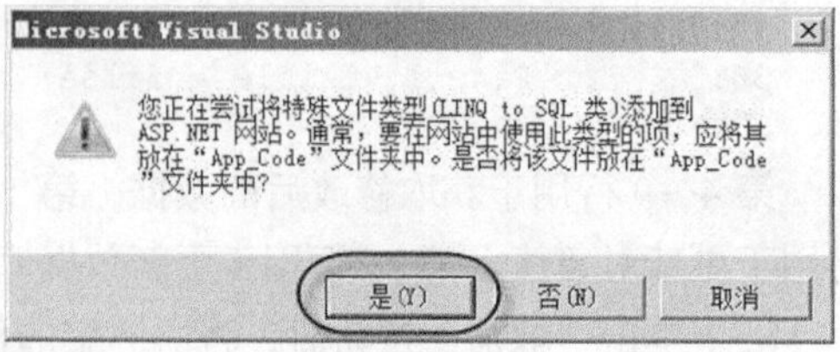

图 11-10　警告框

（3）接下来就可以使用如图 11-11 所示的工具进行数据模型的设计了。还可以直接从“服务器资源管理器”中拖动相关的数据表到设计面板中。最终效果类似于图 11-12 所示的那样。

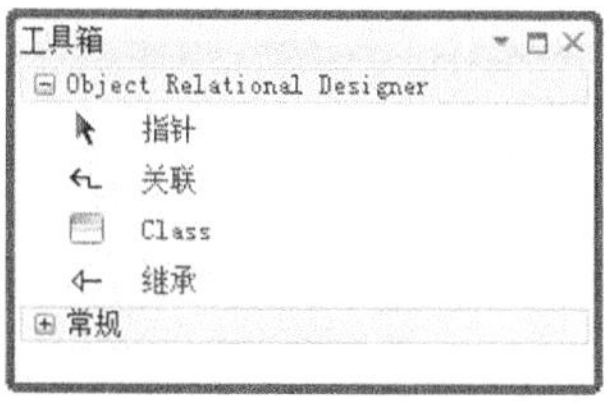

图 11-11　数据模型设计工具

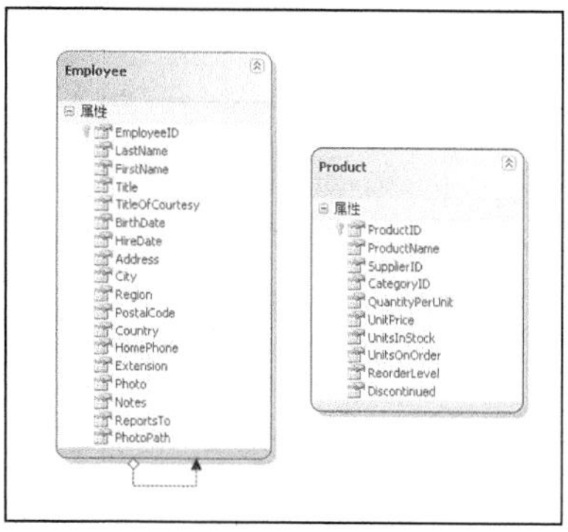

图 11-12　Linq To Sql 数据模型

建立好数据模型之后，就可进行 LinqDataSource 控件的数据源配置了。

LinqDataSource 控件提供了图形化的配置界面，将一个 LinqDataSource 控件添加到页面上后，对其数据源进行配置，具体步骤如下所示。

（1）在 LinqDataSource 控件上右击，在弹出的快捷菜单中选择“配置数据源”选项，将打开数据源配置向导，如图 11-11 所示。

（2）选择好建立的数据模型后，单击“下一步”按钮，将进入“配置数据查询”界面，可以在此界面中，进行数据查询的详细配置，如图 11-14 所示。

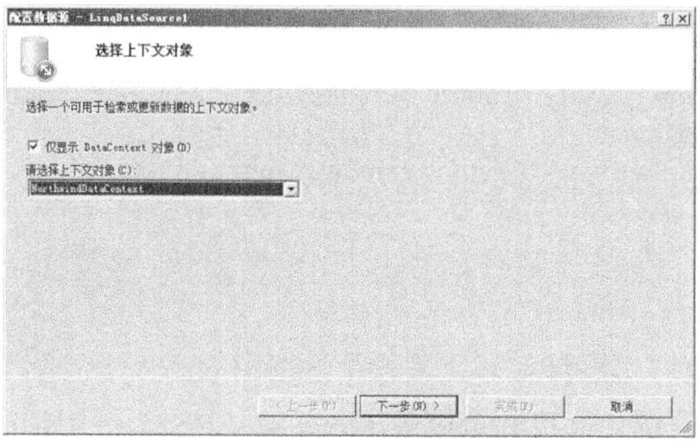

图 11-13　“配置数据源”窗口

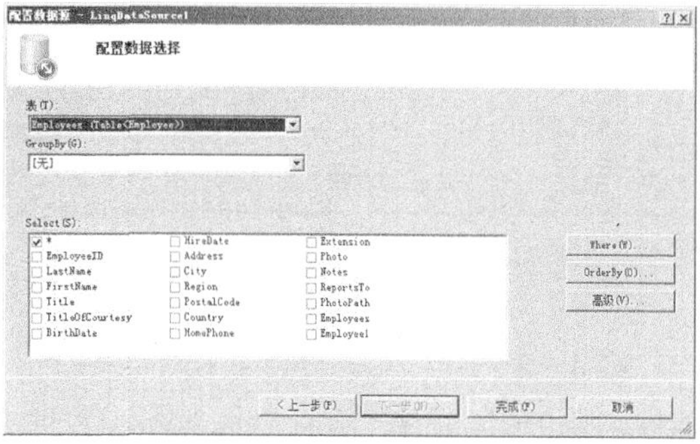

图 11-14　“配置数据查询”界面

（3）想要使其具有数据更新、删除和插入功能，则必须在“配置数据选择”界面上，单击“高级”按钮，在弹出的“高级选项”对话框中启用相关功能，如图 11-15 所示。

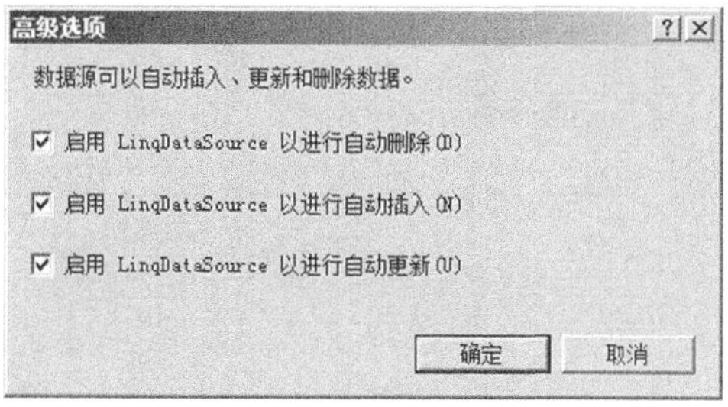

图 11-15　“高级选项”对话框

下面的代码演示了实现数据增加、删除和修改的完整代码。

```
<%--程序名称：8-05.aspx--%>
<%--程序功能：LinqDataSource 控件实现数据删改操作--%>
```

```
3.      <form id="form1" runat="server">
4.      <asp:LinqDataSource ID="LinqDataSource1" runat="server"
5.         ContextTypeName="NorthwindDataContext" EnableDelete="True"
6.         EnableInsert="True"
7.         EnableUpdate="True" TableName="Products">
8.      </asp:LinqDataSource>
9.      <asp:DetailsView ID="DetailsView1" runat="server" AllowPaging="True"
10.        AutoGenerateRows="False" DataKeyNames="ProductID"
11.        DataSourceID="LinqDataSource1" Height="50px" Width="319px">
12.        <Fields>
13.           <asp:BoundField DataField="ProductID" HeaderText="ProductID"
14.              InsertVisible="False" ReadOnly="True" SortExpression="ProductID" />
15.           <asp:BoundField DataField="ProductName" HeaderText="ProductName"
16.              SortExpression="ProductName" />
17.           <asp:BoundField DataField="SupplierID" HeaderText="SupplierID"
18.              SortExpression="SupplierID" />
19.           <asp:BoundField DataField="CategoryID" HeaderText="CategoryID"
20.              SortExpression="CategoryID" />
21.           <asp:BoundField DataField="QuantityPerUnit" HeaderText="QuantityPerUnit"
22.              SortExpression="QuantityPerUnit" />
23.           <asp:BoundField DataField="UnitPrice" HeaderText="UnitPrice"
24.              SortExpression="UnitPrice" />
25.           <asp:BoundField DataField="UnitsInStock" HeaderText="UnitsInStock"
26.              SortExpression="UnitsInStock" />
27.           <asp:BoundField DataField="UnitsOnOrder" HeaderText="UnitsOnOrder"
28.              SortExpression="UnitsOnOrder" />
29.           <asp:BoundField DataField="ReorderLevel" HeaderText="ReorderLevel"
30.              SortExpression="ReorderLevel" />
31.           <asp:CheckBoxField DataField="Discontinued" HeaderText="Discontinued"
32.              SortExpression="Discontinued" />
33.           <asp:CommandField ShowDeleteButton="True" ShowEditButton="True"
34.              ShowInsertButton="True" />
35.        </Fields>
36.     </asp:DetailsView>
37.     </form>
```

第 4～8 行代码用于设置 LinqDataSource 的数据库连接上下文背景及数据源的插入、删除等属性，第 9～11 行用于设置 DetailsView 控件的数据源、高度、宽度等属性，第 12～35 行用于设置 DetailsView 控件所示的字段。

编译后执行该程序，效果如图 11-16 所示。单击“编辑”按钮，可对当前数据进行编辑，效果如图 11-17 所示。单击“删除”按钮，可对当前数据进行删除。单击“新建”按钮，可进行数据的添加。

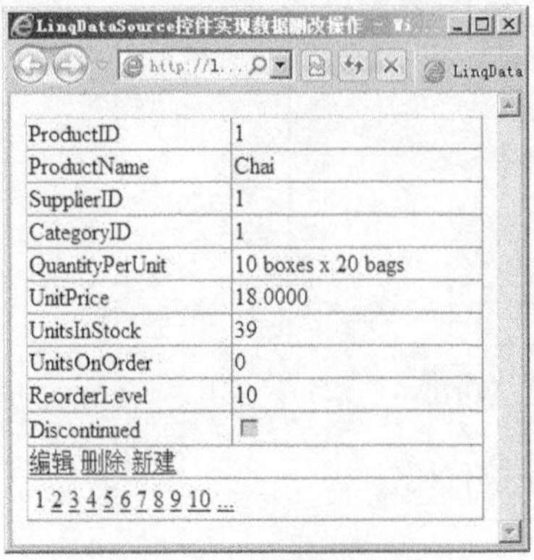

图 11-16　浏览效果

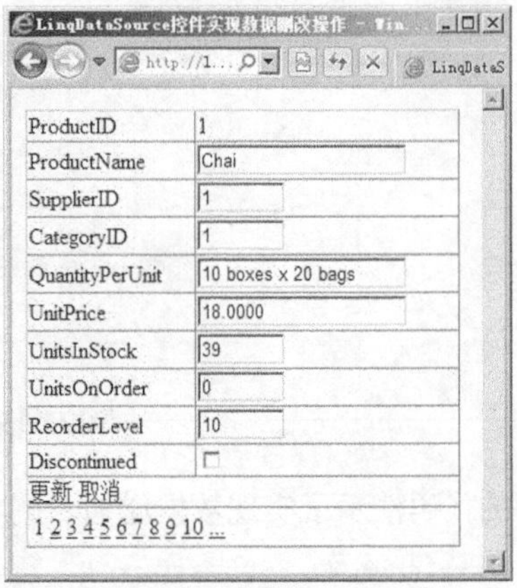

图 11-17　数据更新

小　　结

LINQ 的出现，为对象领域和数据领域之间架起了一座桥梁。本章主要介绍了 LINQ 的架构、语法和与其他数据源的交互。演示了 LINQ 使用语言关键字和熟悉的运算符，针对强类型化对象集合编写查询。在本章的最后，还对可以操作 LINQ 数据模型的数据源控件 LinqDataSource 的应用进行了介绍。

本章的重点在于 LINQ 与 SQL Server 数据库的交互，包括了对 SQL 数据的查询、修改、新增和删除等操作。需要重点掌握将 LINQ 技术与其他数据控件进行配合使用，要充分利用其他数据控件自身的某些特性与 LINQ 操作数据的优势，以完成高效、完善的项目开发。

习　　题

11-1　什么是 LINQ？用自己的话描述下。

11-2　LINQ 的作用是什么？

11-3　LINQ 与 SQL 的交互步骤有哪些？

11-4　LINQ 可以查询的数据对象有哪些？

11-5　LinqDataSource 控件如何操作？用自己的话描述下。

11-6　LinqDataSource 控件有哪些功能？

上机指导

本章主要学习了 LINQ 的用法以及 LINQ 与 SQL 之间的交互，使得对控制数据库更加方便和简单。

实验一　复习 SQL 数据库的执行语句

实验内容

回忆复习我们用过的 SQL 语句以及增、删、改、查。

实验目的

巩固下关系数据库的用法，以便和 LINQ 熟练结合。

实验思路

Insert 语句、Delete 语句、Update 语句和 Select 语句。

实验二　LINQ 与 SQL 之间的交互

实验内容

使用 LINQ 查询语句，显示 pubs 数据库中 authors 表中的 au_lname、au_fname、address、city 字段。（数据库和表自定义）

实验目的

巩固知识点——LINQ 查询语法。查询数据是我们经常用到的方法，下面我们来练习一下显示数据。

实验思路

由题可知，我们首先要连接数据库，并且查询到 authors 表，显示其中表的数据，重点使用的是 LINQ 查询的语法。数据库和表大家可以自定义创建，在此我们大家可以根据自己的喜好创建库和表，关键代码如下。

```
1.  var query = from p in Employees.AsEnumerable()
2.              select p;                                    //查询
3.  Response.Write("<h3>Linq查询结果输出：</h3>");           //输出
4.  //遍历结果集
5.  foreach (DataRow p in query)
6.  {
7.      //格式化输出
8.      Response.Write(p.Field<string>("au_lname") + " ... "
9.              + p.Field<string>("au_fname") + " ... "
10.             + p.Field<string>("address") + " ... "
11.             + p.Field<string>("City") + " ... ");
12.     Response.Write("<br>");
13. }
14. GridView1.Visible = false;
```

第 1～2 行用于设置 LINQ 查询语句。

实验三　LinqDataSource 控件的使用

实验内容

使用 LinqDataSource 显示 pubs 数据库中 Titles 表中的相关数据，并且能够在页面上编辑记录。

实验目的

掌握 LinqDataSource 控件用法。

实验思路

该题目要求读者学习 LinqDataSource 控件的使用方法，重点掌握设置 LinqDataSource 控件的方法步骤。关键代码如下：

```
1.  <asp:LinqDataSource ID="LinqDataSource1" runat="server"
2.      ContextTypeName="DataClassesDataContext" EnableDelete="True"
3.    EnableInsert="True" EnableUpdate="True" EntityTypeName="" TableName="titles">
4.  </asp:LinqDataSource>
```

第 2～3 行代码用于设置数据源的属性值。

第 12 章 Web 网络应用

Web 网络应用是 C#语言的重点应用之一，主要是创建 ASP.NET 网络应用程序、Web 服务等。其中 ASP.NET 应用程序的框架设计，打破了原有的传统网页的模式，在技术上有所创新。

本章将主要介绍如何创建 ASP.NET 网络应用程序。

12.1 ASP.NET 简介

ASP.NET 是创建动态网页的新技术，继承了微软公司的两项主要技术：Active Server Page（ASP）和.NET。ASP.NET 不仅可以生成动态 Web 页面，还提供了大量易用、可复用的预定义控件，使软件开发变得更加快捷。

12.1.1 ASP.NET 概述

在 Web 应用中，存在两种页面：静态页面和动态页面，如图 12-1 所示。

（1）静态页面：是单向服务，如常见的新闻网页等。在这种服务中，Web 页面只能向用户显示预先编辑好的信息，用户只能“看”而不能有其他行为，以常见的 HTML 网页（文件后缀为.htm 或.html）为主。

（2）动态页面：与静态网页相对应，动态网页提供的服务是双向的，既可以向用户传递信息，又能够接受用户反馈，并根据反馈作出响应，常见的网页类型如.php、.asp、.aspx 等。动态网页的应用非常广泛，如聊天室、论坛、电子商务应用等。

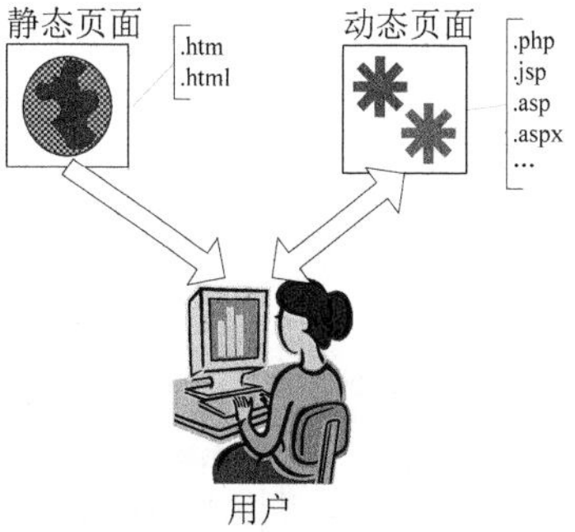

图 12-1　Web 应用中的两种服务页面类型

对于动态页面来说，如何动态提供服务内容呢？动态页面有两种提供动态内容的方法。

1. 客户端动态 Web 页面

在这种方式中，客户端浏览器上的模块完成提供动态内容的全部工作。HTML 代码内部包含着能通过浏览器解释并执行的代码。当用户使用页面时，浏览器将运行其中的代码，并生成一个在浏览器中正常显示的 HTML 页面。这个过程如图 12-2 所示。

常见的客户端指令语言如 JavaScript、VBScript、Java Applet 以及 Flash 等，它们的缺点如下。

（1）如果要完成复杂的功能，限于浏览器解释器的速度，执行时间将比较长。

（2）不同的浏览器可能有不同的客户端代码解释方式，因此无法保证同样的代码在不同的浏览器（如 Internet Explorer、Netscape Navigator、Opera 等）中以同样的方式执行。

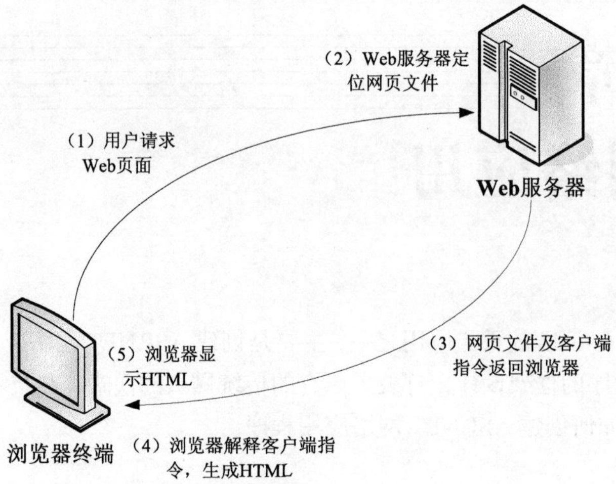

图 12-2　客户端动态 Web 页面工作机制

（3）客户端代码可以在浏览器中通过“查看源文件”查看，这是程序设计人员所不希望的。

2. 服务器端动态 Web 页面

与客户端动态页面不同的是，服务器端动态页面由服务器解释执行页面中的指令。当用户请求页面时，请求返回到服务器，然后服务器将完成提供动态内容的工作，将其中的指令代码转换为相应的 HTML，然后把 HTML 页面返回到浏览器。这个过程如图 12-3 所示。

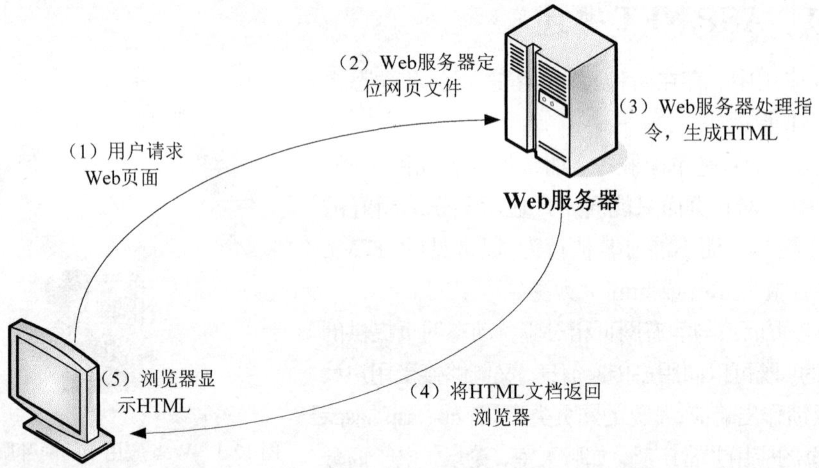

图 12-3　服务器端动态 Web 页面工作机制

与客户端动态页面相比，服务器端动态页面方式的优点在于以下两点。

（1）页面代码隐藏在服务器端，用户无法看到。

（2）服务器端生成 HTML，保证了大多数的浏览器正常显示。

12.1.2　IIS 管理 ASPX 页面

当完成 Web 系统开发后，如何才能让其他用户通过网络来使用呢？Web 服务器将提供这种服务。Web 服务器是一个软件，用于管理 Web 页面，使这些页面能够通过网络在客户端的浏览器上使用。客户端可能与 Web 服务器在同一台机器上，也可能相隔万里。常见的 Web 服务器包括 Apache、IIS 以及 WebSphere 等。本书将详细介绍微软公司的 IIS Web 服务器。这是因为 IIS 服务器是目前能够运行 ASP.NET 的主要服务器。

1. 安装 IIS

在安装 Windows 2000 Server 或 Windows 2003 操作系统时，IIS 服务器将被自动安装。如果在安装系统时没有选择 IIS 服务，也可以以组件的形式按照以下步骤重新安装配置（以 Windows XP Professional 为例）。

（1）单击“开始”|“设置”|“控制面板”|“添加/删除程序”命令，弹出“添加/删除程序”对话框。在“添加/删除程序”对话框中选择“添加/删除 Windows 组件”。

（2）选中 Windows 组件向导对话框中的“Internet 信息服务（IIS）”复选项，然后单击“下一步”按钮，如图 12-4 所示。

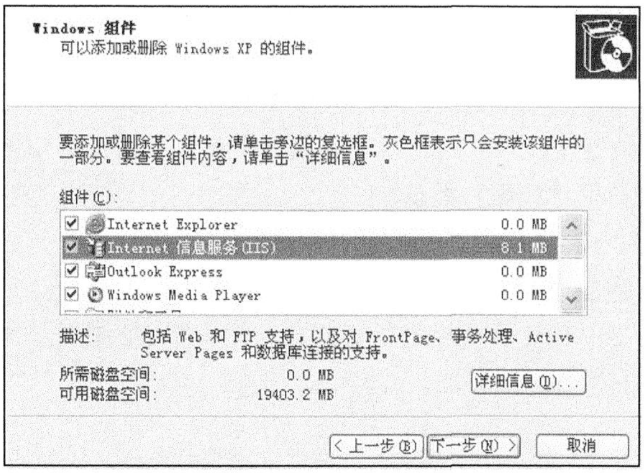

图 12-4　安装 IIS 组件

（3）单击“确定”按钮，系统将自动完成 IIS 的安装。

2. 设置虚拟目录

Web 服务器接受客户端用户的请求，然后在 WWW 服务器（存放网页的服务器）上寻找所要请求的网页。用户通过 URL 地址来访问网页。一个 URL 网页地址的格式如下：

```
http://127.0.0.1/sample/C12/Test/index.aspx
```

而 Web 服务器通过页面的物理地址从硬盘上寻找页面文件，保存位置如下：

```
D:\示例代码\C12\Test\index.aspx
```

那么，Web 服务器怎样确定 URL 地址与物理地址的对应关系呢？这是通过虚拟目录来实现的。虚拟目录是 WWW 服务器硬盘上的物理目录在 Web 服务器上的别名。例如，在 IIS 中添加一个虚拟目录 sample，确定其对应的物理地址为“D:\示例代码\”。那么，就可以实现下面的对应。

URL地址：	http://127.0.0.1	/sample	/C12/Test/index.aspx
物理地址：		D:\示例代码	\C12\Test\index.aspx

下面在 IIS 中建立一个虚拟目录 sample，并将其指向“D:\示例代码”。

（1）单击“开始”|“控制面板”命令，单击“管理工具”|“Internet 服务管理器”命令，打开“Internet 信息服务”对话框。

（2）右击左侧窗口中的“默认网站”项目，在弹出的菜单中选择“新建”|“虚拟目录”命令，如图 12-5 所示。

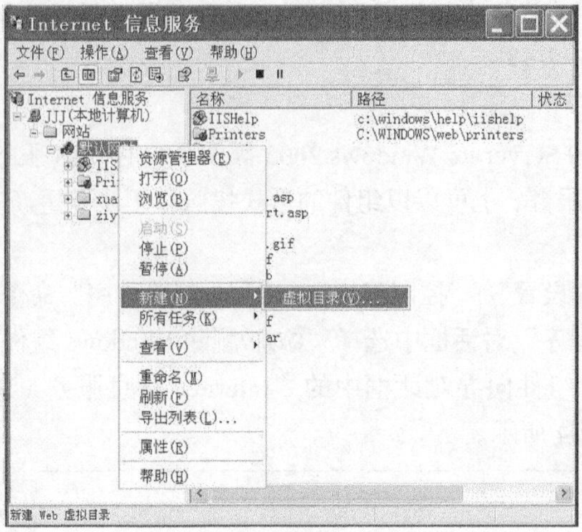

图 12-5　新建虚拟目录

（3）启动“虚拟目录创建向导”后，在“别名”中添入“sample”（读者可以另取），在“目录”中添入“D:\示例代码”，“权限”默认。

（4）单击“完成”按钮即可。

3. 启动与停止 IIS 服务

在“Internet 信息服务”的工具栏中提供了启动与停止服务的功能。单击按钮，可启动 IIS 服务器；单击按钮则停止 IIS 服务器。

12.2　ASP.NET 语法

ASP.NET 作为一种新的动态页面开发技术，与以前的 ASP 相比有了新的内容，本节将介绍其基本的语法。

12.2.1　剖析 ASPX 页面

ASP.NET 本身并非一种编程语言，而是一种创建动态页面的技术，用于把编程语言（Visual Basic.NET，C#，JavaScript）代码段嵌入到页面的 HTML 中。二者混合在一起，构成了 ASPX 页面。

把编程语言代码嵌入 HTML 是指利用 HTML 标记，编程语言代码可以同 HTML 混为一体，并由 Web 服务器（IIS）将其从 HTML 中识别出来，交给 ASP.NET 模块编译执行，完成一定功能，最后将执行结果以 HTML 形式返回浏览器。

对于用 ASP.NET 开发的 ASPX 页面，其中至少包含两部分内容：HTML 和服务器端编程语言（Visual Basic.NET，C#，JavaScript）代码。其中，HTML 用于页面的显示，而编程语言代码用于完成网页的动态功能，二者的关系如图 12-6 所示。

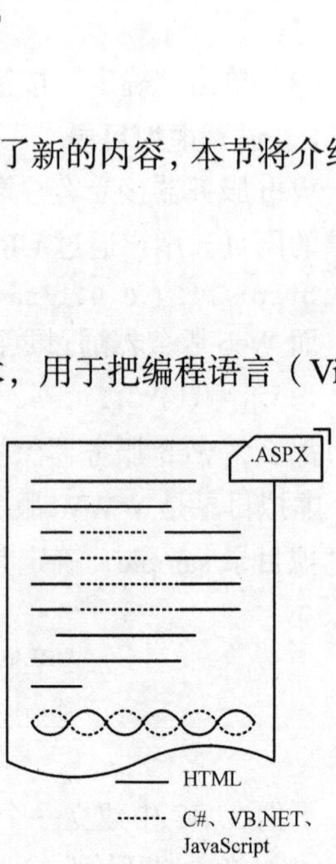

图 12-6　剖析 ASPX 页面

12.2.2　使用<% %>嵌入代码

在下面的各部分中，将介绍出现在 ASPX 文件中的 ASP.NET 常用语法。首先是<% %>标记对。使用过 ASP 的读者肯定不会对<% %>标记陌生，包含在<% %>标记内部的代码将会在服务器上执行，并动态生成 HTML。下面的示例演示 ASP.NET 如何使用<% %>动态产生 HTML。

（1）创建一个新的 ASP.NET Web 应用程序，取名为 Tag1。

（2）打开自动添加的 ASPX 页面 WebForm1.aspx，查看其 HTML 源，并删除其中的所有代码。然后在其中输入以下代码：

```
1.  <%@ Page Language="C#" %>
2.  <html>
3.      <head><title>使用<% %></title></head>
4.  <body>
5.  <center>
6.      <%
7.          int i;
8.          for(i=0;i<8;i++)
9.          {
10.     %>
11.     <font size=<% Response.Write(i); %>>Hello World!<font><br>
12.     <% } %>
13. </center>
14. </body>
15. </html>
```

代码的第 1 行用于指定本页面使用的语言为 C#，用标记<%@ %>结合属性 Page Language 来指定。代码包含了 3 个<% %>标记对，它们之间的代码是用 C#的一个 for 循环语句。其中，第 2 个标记中的 i 指定了所要输出的文字的字体大小。第 11 行<% %>中的 Response.Write()语句用于在浏览器输出。

（3）用户浏览这个页面时，ASP.NET 模块将运行其中的 C#代码，生成 HTML，然后返回到客户端。运行后的结果如图 12-7 所示。

图 12-7　使用<% %>示例运行结果

（4）查看结果页面的源文件（在浏览器中单击菜单命令“查看”|“源文件”），能看到这个页面在客户端的 HTML 代码：

```
<html>
    <head><title>使用<%  %></title></head>
```

```
        <body>
    <center>
        <font size=0>hello world!<font><br>
        <font size=1>hello world!<font><br>
        <font size=2>hello world!<font><br>
        <font size=3>hello world!<font><br>
        <font size=4>hello world!<font><br>
        <font size=5>hello world!<font><br>
        <font size=6>hello world!<font><br>
        <font size=7>hello world!<font><br>
    </center>
        </body>
    </html>
```

从客户端浏览器中的 HTML 源文件可以看出，<% %>中的代码块已经在服务器端，由 ASP.NET 模块进行了处理，并生成了纯 HTML，然后才返回到客户端。在客户端看不到程序设计人员所编写的<% %>中的 C#程序块。

12.2.3 使用<Script>...</Script>嵌入代码

同<% %>标记一样，<Script>...</Script>标记用于在 HTML 中标记指令代码。对于 ASP.NET，<Script>标记有两个特殊的属性：Language 和 Runat="Server"。

- Language：该属性用于指定<Script>...</Script>之间代码所使用的编程语言，默认为 Visual Basic.NET。另外，这里指定的语言必须与 ASPX 页首行使用

```
<%@ Page Language="..."%>
```

指定的语言相同，否则编译时将会出现错误。这表明，虽然 ASP.NET 支持多种编程语言，但在同一个页面上只能使用一种。

- Runat：Runat=“Server”属性用于指定代码运行的位置是在服务器端。

<Script>…<Script>常用于定义各种变量或函数，完成一定的功能。下面的示例将使用<Script>…</Script>标记结合<% %>，根据当前日期输出不同的语句。

（1）创建一个新的 ASP.NET Web 应用程序，取名为 Tag2。

（2）打开自动添加的 ASPX 页面 WebForm1.aspx，查看其 HTML 源，并删除其中的所有代码。然后在其中输入以下代码：

```
<%@ Page Language="C#"%>
<html>
    <head>
        <title>使用<Script>...</Script>示例</title>
        <Script Language="C#" Runat="Server">
        String func1(string day)
        {
            string plan="";
            switch(day)
            {
            case "Monday":
                plan="向客户提案！";
                break;
            case "Tuesday":
                plan="参加霏霏的生日！";
                break;
            case "Wednesday":
                plan="shopping！";
```

```
19.                     break;
20.                 case "Thursday":
21.                     plan="去健身房！";
22.                     break;
23.                 case "Friday":
24.                     plan="向老板汇报工作！";
25.                     break;
26.                 default:
27.                     plan="周末狂欢！";
28.                     break;
29.                 }
30.                 return plan;
31.             }
32.         </Script>
33.     </head>
34.     <body>
35.     <%
36.     string today=System.DateTime.Today.DayOfWeek.ToString();
37.     string output=func1(today);
38.     Response.Write("今天是"+today+"，我计划");
39.     Response.Write(output);
40.     %>
41.     </body>
42. </html>
```

代码中第 5～32 行，使用<Script>…</Script>定义了一个函数 func1，使用 switch 分支语句，根据输入字符串 day 的值，返回不同的字符串 plan。

第 35～40 行，使用<% %>标记实现了一段 C#代码。首先使用.NET 基础类库中的 System.DataTime 类的 Today.DayOfWeek 属性获取当前日期是星期几的信息，然后调用函数 func1，得到输出字符串 output，最后使用 Response.Write()将这两个信息输出。

总体来看，这是一段 HTML 代码，除去其中的<Script>…</Script>和<% %>中的 C#代码，只会剩下最简单的 Web 页面元素，代码如下所示。

```
<html>
    <head>
        <title>使用<Script>...</Script>示例</title>
    </head>
    <body>
    </body>
</html>
```

（3）运行程序后的结果如图 12-8 所示。

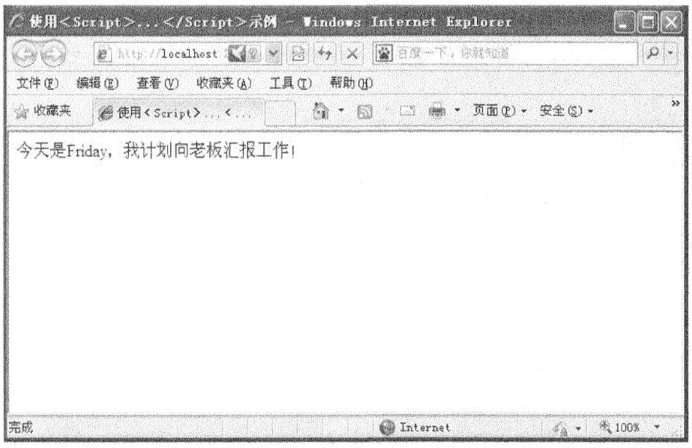

图 12-8　使用<Script>…</<Script>>示例运行结果

12.2.4 使用 Server 控件

控件是 ASPX 页面上重要的元素，如输入框、按钮、标签等。同 HTML 中的控件不同，ASPX 页面上主要使用 Server 控件，其特征是拥有 Runat= "Server" 属性。Runat= "Server" 是 Server 控件非常重要的属性。当 ASP.NET 网页执行时，.NET 会检查页面上的标签有无 Runat= "Server" 属性。如果没有，就会被直接发送到客户端的浏览器进行解析；如果有，则表示这个控件可以被.NET 程序所控制，需要等到程序执行完毕，再将 HTML 控件的执行结果发送到客户端浏览器。

Server 控件主要分两类：

（1）Html 控件；

（2）Web 控件。

此处只给出一个最简单的例子，使读者对控件有一个直观的印象。

（1）创建一个新的 ASP.NET Web 应用程序，取名为 Tag3。

（2）打开自动添加的 ASPX 页面 WebForm1.aspx，查看其 HTML 源，并删除其中的所有代码。然后在其中输入以下代码。

```
<%@ Page Language="C#" %>
<HTML>
    <HEAD>
        <title>使用控件示例</title>
    </HEAD>
    <body>
        <form id="Form1" method="post" runat="server">
HTML 输入框：<INPUT type="text" value="abc" runat="server" id="TextBox_Html"><BR>
HTML 按钮：<INPUT type="button" value="OK" runat="server" id="Button_Html"><BR>
Web 输入框：<asp:TextBox id="TextBox_Web" runat="Server">abc</asp:TextBox><BR>
Web 按钮：<asp:Button id="Button_Web" runat="Server" Text="OK"></asp:Button><BR>
        </form>
    </body>
</HTML>
```

（3）转到设计页面，可以发现这里定义了 4 个控件，如图 12-9 所示。其中，前两个是 HTML 控件的输入框和按钮，后两个是 Web 控件的输入框和按钮。

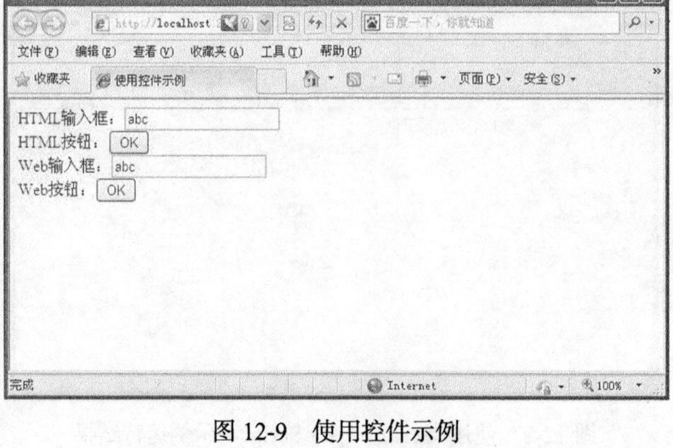

图 12-9 使用控件示例

12.2.5 使用<%--注释--%>

在<%--...--%>之间的代码为注释语句，当 ASP.NET 模块处理 ASPX 文档时，将不认为它们是嵌入在 HTML 中的可执行代码。下面仍以 12.2.2 小节程序 Tag1 为例，若在<% %>中的代码添加注释，改变为：

```
<%--
string today=System.DateTime.Today.DayOfWeek.ToString();
string output=func1(today);
Response.Write("今天是"+today+"，我计划");
Response.Write(output);
--%>
```

执行后，浏览器上将没有任何输出。值得注意的是，<%--...--%>是 ASP.NET 的语法，容易与此混淆的包括如下几种语法：

```
<!--注释-->：这是 HTML 代码中的注释方式，在语法中的 HTML 将被浏览器忽略。
/*注释*/或者//注释;：这是 C#编程语言中的代码注释方式，被注释的代码将不被.NET 执行。
```

12.2.6 用<%@ Page...%>设置页面属性

在 ASPX 页面的首页，将使用<%@ Page...%>来设置整个页面的属性，包括以下几个属性。

（1）Language= “C#|VB”：设置本页面所采用的编程语言，默认为“C#”。

（2）ResponseEdcodeing= “...”：设置 ASPX 页面编码方式，默认为 Unicode。

（3）Trace= “True|False”：设置是否在程序中显示代码直行的跟踪（Trace）信息。

（4）TraceMode= “SortType”：设置跟踪信息的排序方式，默认为根据执行时间排序“SortByTime”。

12.2.7 使用<%@ Import %>引入类库

ASP.NET 需要使用.NET 基础类库的支持，如果想要引入某个命名空间，需要使用<%@ Import %>指令。例如，要引入 System.Data 空间，需要用下面的语句。

```
<%@ Import NameSpace="System.Data" %>
```

这样，在本页面中，就可以使用数据库操作的各个类了。另外，ASP.NET 默认支持 8 个空间，即这 8 个空间中的类不需要使用<%@ Import %>，可以直接使用。这 8 个空间简述如下。

（1）System：包含最基本的类及数据类型。

（2）System.Text：包含各种编码类、字符编码转换类。

（3）System.Collections：包含定义各种集合的类，如列表、队列、数组、哈希表、字典等。

（4）System.Web：包含了 Web 应用中客户端/服务器间联系的各种类。

（5）System.Web.UI：包含了各种用于 Web 的服务器控件。

（6）System.Web.UI.HtmlControls：包含了 HTML 控件。

（7）System.Web.UI.WebControls：包含了 Web 控件。

（8）System.Threading：提供多线程变成的类。

除这 8 个空间之外，其他的.NET 类库命名控件均需要 Import 指令导入。

12.3 ASP.NET 内置对象

由于 Web 服务是基于 HTTP 协议传递数据的，而 HTTP 协议是一个不记录中间状态的协议，即在客户端使用浏览器访问了 Web 应用系统后，浏览器将不会保留每一次访问系统的中间信息。如果想要保留这些信息，可以使用 ASP.NET 提供的内置对象，用这些对象来保存 Web 服务状态信息。这些对象包括 Application、Session、Server、Response 及 Request 等。

12.3.1 使用 Application 对象保存数据

Application 对象是 System.Web.HttpApplicationState 类的实例，对象内保存的信息可以在 Web 服务整个运行期间保存，并且可以被调用 Web 服务的所有用户使用。如果 Web 服务类派生自 WebService 类，那么就可以直接使用 Application 对象。在 Web 服务中使用 Application 对象主要包括以下两种情况。

1. 在 Web 服务中，将状态保存到 Application 对象

当需要将状态保存到 Application 对象时，首先需要为其指定一个名称，然后就可以使用这个名称保存信息了， Application 对象的示例代码如下所示：

```
Application["Sum"]=100;
```

2. 从 Application 对象中获取状态信息

检索信息可以直接通过在保存信息时为其指定的名称来实现，例如：

```
int mySum=Application["Sum"];
```

另外，因为 Application 对象中的信息可以被所有的客户使用，因此同一个时间可能会有多个客户读取或设置其中的值，为了避免发生冲突，造成异常，可以使用 Application 对象的 Lock 和 Unlock 方法进行同步操作，例如：

```
Application.Lock();
Application["Sum"]=101;
Application.Unlock();
```

12.3.2 使用 Session 对象保存数据

与 Application 对象类似，Session 对象也可以在整个 Web 服务运行过程中保存信息，但它保存的信息只能由单个用户所访问。此处所指的用户是指一次访问 Web 服务过程的用户，如果一个用户在一次访问 Web 服务后离开，稍后又重新访问 Web 服务，那么 Web 服务也将其视为两个不同的用户。

对于从 WebService 中派生的 Web 服务类，只有当 WebMethod 特性的 EnableSession 属性设置为 True 时，才能使用 Session 保存信息。Session 对象存取数据的方式与 Application 完全相同，例如：

```
//保存数据
Session["UserName"]="zhangsan";
//读取数据
string strUserName=Session["UserName"];
```

12.3.3 访问 Server 对象

Server 对象是 System.Web.HttpServerUtility 类的实例，提供了一系列可处理 Web 请求的方法。

通过 Server 对象，Web 服务使用者可以获取 Web 服务所在服务器的名称、物理路径等。下面的代码在 Web 服务中添加了一个 GetServerName()方法，该方法利用 Server 对象返回服务器名称：

```
[WebMethod(
    Description="返回 Web 服务器名称"
)]
public string GetServerName()
{
    return Server.MachineName;
}
```

下面的代码实现获取物理路径的方法 MapPath()，该方法利用一个输入的虚拟路径参数得到相对应的物理路径：

```
[WebMethod(Description="把虚拟路径映射为物理路径")]
public string MapPath(string strVPath)
{
    return Server.MapPath(strVPath);
}
```

12.3.4 访问 Request 对象

同 ASP.NET Web 程序一样，Web 服务同样也可以使用 ASP.NET 内置的 Request 对象，通过此对象，客户可以向 Web 服务发送 HTTP 请求信息。用户可以通过 WebService 类的 Context 属性来访问 Request 对象，Request 对象的常用属性和方法说明如表 12-1 所示。

表 12-1 Request 对象常用属性和方法说明

属性/方法	说 明
ApplicationPath	获取服务器上 ASP.NET 应用程序的虚拟应用程序根路径
Browser	获取有关正在请求的客户端的浏览器功能的信息
Cookies	获取客户端发送的 cookie 的集合
FilePath	获取当前请求的虚拟路径
Files	获取客户端上载的文件（多部件 MIME 格式）集合
Form	获取窗体变量集合
QueryString	获取 HTTP 查询字符串变量集合
RequestType	获取或设置客户端使用的 HTTP 数据传输方法（GET 或 POST）
ServerVariables	获取 Web 服务器变量的集合
Url	获取有关当前请求的 URL 的信息
UserHostAddress	获取远程客户端的 IP 主机地址
UserLanguages	获取客户端语言首选项的排序字符串数组
MapPath	将请求的 URL 中的虚拟路径映射到服务器上的物理路径
SaveAs	将 HTTP 请求保存到磁盘
ValidateInput	验证由客户端浏览器提交的数据，如果存在具有潜在危险的数据，则引发异常

下面的代码向 Web 服务添加了一个方法 GetRequest()，其功能为获取使用 Web 服务的用户的浏览器信息：

```
[WebMethod(
```

```
    Description="返回客户浏览器信息"
)]
public string[] GetRequest()
{
    string[] arr=new string[8];
    System.Web.HttpRequest request=this.Context.Request;
    HttpBrowserCapbilities browser=request.Browser;

    arr[0]="用户代理："+request.UserAgent;
    arr[1]="用户 IP："+request.UserHostAddress;
    arr[2]="用户主机名："+request.UserHostName;
    arr[3]="请求方法："+request.HttpMethod;
    arr[4]="浏览器类型："+request.Type;
    arr[5]="浏览器名称："+request.Browser;
    arr[6]="浏览器版本："+request.Version;
    arr[7]="客户平台："+request.Platform;

    return arr;
}
```

12.3.5 访问 Response 对象

与 Request 对象相反，Web 服务中的 Response 对象实现 Web 服务向客户发送信息的功能。与 ASP.NET 应用程序类似，Web 服务中的 Response 对象也是 System.Web.HttpResponse 类的实例，不同之处在于，在 Web 服务中需要通过 WebServices 类的 Context 属性来获取 Response 对象。Response 对象的常用属性和方法说明如表 12-2 所示。

表 12-2 Response 对象常用属性和方法说明

属性/方法	说　明
Buffer	获取或设置一个值，指示是否缓冲输出，并在完成处理整个响应之后发送缓冲
Output	启用到输出 HTTP 响应流的文本输出
OutputStream	启用到输出 HTTP 内容主体的二进制输出
RedirectLocation	获取或设置 HTTP “位置”标头的值
Status	设置返回到客户端的 Status 栏
Clear	清除缓冲区流中的所有内容输出
End	将当前所有缓冲的输出发送到客户端，停止该页的执行
Flush	向客户端发送当前所有缓冲的输出
Redirect	将客户端重定向到新的 URL
Write	将信息写入 HTTP 内容输出流
WriteFile	将指定的文件直接写入 HTTP 内容输出流

下面的代码在实现 Web 服务的方法时，为其添加了记录访问日志的功能：

```
[WebMethod(
    Description="使用 Response 对象记录操作日志"
)]
```

```
public void Method1()
{
    HttpResponse response=this.Context.Response;

    if(response.StatusCode==200)
    {
        response.AppendToLog("用户成功调用方法 Method1,
                                        @"+DataTime.Now.ToString);
    }
    else
    {
        response.AppendToLog("用户调用方法 Method1 失败,
                                        @"+DataTime.Now.ToString);
    }
}
```

12.4　代码绑定技术

前面介绍了使用<% %>和<Script>…</Script>方式把 C#代码嵌入到 HTML 中的方式，这也是其他动态网页开发语言常用的方式。这种方式的缺点在于，代码并不容易管理，整体结构性不强，页面的逻辑功能和显示分离得不够清晰。.NET 采用了一种更好的策略：代码绑定技术。

12.4.1　分离显示功能和逻辑功能

ASP.NET 的代码绑定技术的目的是：把代码文件（C#代码）和页面显示文件（HTML 代码）分离在不同的文档中，各自独立完成 Web 页面的逻辑功能和显示功能；然后通过一个机制将两者联系在一起，达到把 C#代码嵌入到 HTML 中的效果。

在向一个 ASP.NET 程序中添加一个 ASPX 页面时，ASP.NET 将自动生成一个相应的 CS 文件。其中，.aspx 文件主要用于实现页面的显示，而.cs 文件用于完成页面的数据处理和逻辑功能。以 12.2.2 节给出的“程序 Tag1 为例，打开程序所在的目录，会发现包含以下文件：

（1）WebForm1.aspx；

（2）WebForm1.aspx.cs。

在 ASP.NET 应用中，每一个.aspx 文件都会有一个相应的.cs 文件。ASP.NET 将页面的显示和逻辑功能分离到这两个文件中，然后通过代码绑定技术联系在一起。

12.4.2　使用<%@ CodeFile %>绑定代码

ASP.NET 使用<%@ CodeFile="代码文件">指令完成代码绑定。为了更好地显示两个文件的绑定关系，请读者重新实现本书 1.5.3 节给出的 ASP.NET 示例程序“HelloWorld_ASPNET”，然后对.NET 自动生成的 ASPX 页面进行剖析。

1. ASPX 页面的结构

打开“HelloWorld_ASPNET”示例程序后，在“解决方案资源管理器”中双击“HelloWorld.aspx”页面，在主窗口将其打开。然后单击左下角的“HTML”选项卡，便可以查看该 ASPX 页面的 HTML 源代码了，本例代码如下：

```
<%@ Page language="c#" CodeFile="HelloWorld.aspx.cs" AutoEventWireup= "false"
```

```
2.      Inherits="HelloWorld_ASPNET.WebForm1" %>
3.  <HTML>
4.      <HEAD>
5.          <title>Hello World, ASP.NET!</title>
6.      </HEAD>
7.      <body>
8.          <form id="Form1" method="post" runat="server">
9.              <asp:Label id="lblDisplay" runat="server" BackColor=
10.         "Silver"></asp:Label>
11.             <asp:Button id="btnShow" runat="server" Text=
12.         "Button"></asp:Button>
13.         </form>
14.     </body>
15. </HTML>
```

这是一段 HTML 代码，在<body>体中定义了一个表单 Form1，里面包括了两个 ASP 控件，即一个标记（Label）和一个按钮（Button）。

本例的功能是，当单击按钮时，将在标记中出现一行字“Hello World, ASP.NET.”那么，这个功能在哪儿实现呢？在这个 HTML 文件中，似乎找不到实现这个功能的代码。现在注意代码第 1 行的<%...%>标记中的“CodeFile="HelloWorld.aspx.cs"”，这个属性指定了“隐藏”在这个页面“后面”的代码文件，所要实现的功能代码就存在于代码文件“HelloWorld.aspx.cs”中。

2. 实现页面功能的 C#代码实现

双击主窗口中的 HelloWorld.aspx 页面或单击菜单命令“视图”|“代码”，便可以查看 HelloWorld.aspx.cs 中的代码，本例中的代码如下所示。

```
1.  using System;
2.  ......
3.
4.  namespace HelloWorld_ASPNET
5.  {
6.      public class WebForm1 : System.Web.UI.Page
7.      {
8.          //页面上定义的两个服务器端控件
9.          protected System.Web.UI.WebControls.Button btnShow;
10.         protected System.Web.UI.WebControls.Label lblDisplay;
11.
12.         //单击按钮触发的事件
13.         private void btnShow_Click(object sender, System.EventArgs e)
14.         {
15.             this.lblDisplay.Text="Hello World, ASP.NET.";
16.         }
17.     }
18. }
```

这些代码与在第一部分中实现的在控制台应用中书写的代码非常相似，都是以面向对象的形式来设计的。它包含了一个命名空间 HelloWorld_ASPNET 和一个类 class WebForm1，这个类继承自 Page 对象。

代码中，第 9～10 行定义了两个成员，这就是在页面上的两个控件。第 12～16 行定义了一个方法，这个方法将在用户单击按钮时触发，称为按钮的单击事件。这些代码中，除去第 15 行，都是.NET 自动生成的。

通过这个示例，可以看出：文件 HelloWorld.aspx 定义了页面的结构，包括页面的外观、包含的控件等，而其功能实现却由 C#编程语言编写，在对应的.cs 文件 HelloWorld.aspx.cs 中实现。二者的对应关系通过 HelloWorld.aspx 首行中的“CodeFile="HelloWorld.aspx.cs"”来确定。

12.4.3　控件事件接收用户输入

ASP.NET 用<%@ CodeFile %>指令把页面显示和需要完成的功能代码绑定在一起，然而，当用户操作页面时，如何根据用户的动作触发响应的代码呢？这时需要触发执行.cs 文件中的以下代码：

```
//单击按钮触发的事件
private void btnShow_Click(object sender, System.EventArgs e)
{
       this.lblDisplay.Text="Hello World, ASP.NET.";
}
```

而不是其他的代码呢？

ASP.NET 通过控件的事件做到这一点。每个服务器控件都有一系列的事件，用于接收用户各种动作（如单击、双击、选择等），执行对应的事件方法，这个过程如图 12-10 所示。

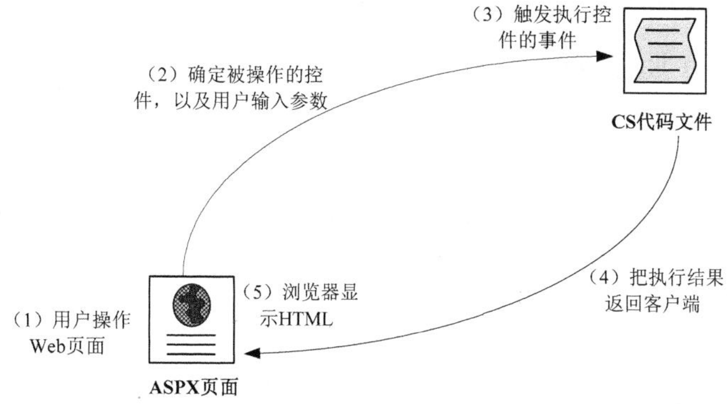

图 12-10　控件事件触发过程

（1）ASP.NET 服务器控件都有一个 name 属性，当用户操作某个控件时，服务器端可以根据这个控件的 name 来判断哪一个控件的事件将被触发。

（2）ASP.NET 页面得到被触发控件的 name 以及用户的操作和输入数据，使用两个 Hidden 域（HTML 元素）来存放这两个信息，如下：

```
<!—表示触发事件的控件，一般是这个控件的 name -->
<input type="hidden" name="__EVENTTARGET" value="" />
<!—表示触发事件的参数，一般是当某个控件有两个以上的事件时，用来区别是哪个事件 -->
<input type="hidden" name="__EVENTARGUMENT" value="" />
```

（3）ASP.NET 页面将这两个信息通过网络发送到服务器端，服务器端将调用相应的事件处理函数，这个函数一般需要接受以下两个参数：

① eventTarget：触发事件的控件；

② eventArgument：事件参数。

现在再来看一下按钮“btnShow”的单击事件函数定义：

```
private void btnShow_Click(object sender, System.EventArgs e)
```

参数 sender 是用户操作的控件名字，参数 e 是用户操作中输入的数据参数。现在将这两个参数的值输出，即在事件函数中添加如下代码：

```
//输出用户单击按钮事件的参数
Response.Write("用户操作的控件名为:
          +((System.Web.UI.WebControls.WebControl)sender).ID.ToString()+"<br>");
```

```
4.   Response.Write("用户操作的参数为: "+e.ToString()+"<br>");
```

本例中，用户在单击按钮时没有参数输入。

12.5 Web 服务

随着电子商务等 Web 应用的发展，相应的软件技术得到了很大的提升，目前最热门并且最被看好的技术就是 Web 服务（Web Service）。

简单地说，Web 服务是一种想把全世界的 Internet/Intranet 变成一个虚拟计算环境的观念和技术。使用者可以使用任何的客户端软件（如浏览器、Windows 或是 Java 应用程序，以及电子移动设备等），来调用分布于这个环境中的 Web 服务，享受它们提供的各种服务。而 Web 服务本身则可以由任何的技术编写，例如程序设计人员可以使用 C#、Java、Delphi 或 C/C++等语言和工具来开发。

12.5.1 Web 服务简介

Web 服务是一个黑盒子，提供了一系列对外服务的接口，但隐藏了这些服务的具体实现细节。形形色色的 Web 服务黑盒子散布在 Internet 上，在开发应用程序时，程序设计人员可以通过 URL 使用它们提供的服务，从而实现自己的应用。利用 Web 服务以及本地代码构造应用程序的过程如图 12-11 所示。

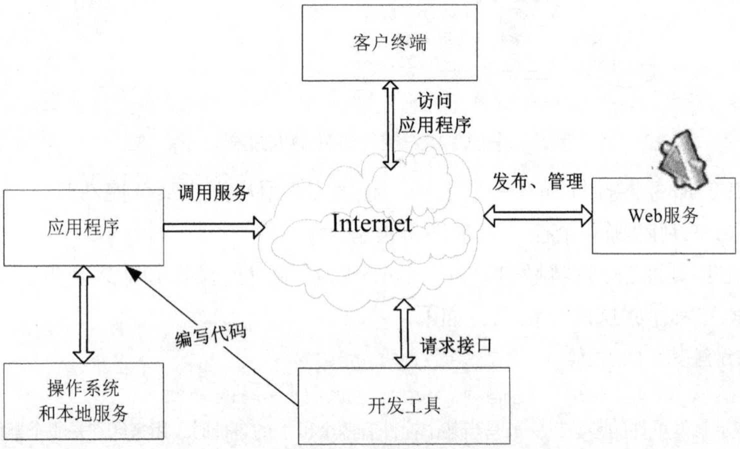

图 12-11　利用 Web 服务创建应用程序

Web 服务具有以下特征。

（1）支持多种应用的开发：利用 Web 服务，用户可以开发多种类型的应用，包括 Web 系统、桌面系统等。Web 服务可以使用任意语言、在任意的平台下开发，而使用者也可以使用任意的应用程序。

（2）支持各种开发平台下的用户：在传统的组件模型（如 CORBA、DCOM）中，当其他用户想要访问某个组件前，必须要求其具备支持特定的环境，这是因为传统的组件技术基于特定的协议，只能对遵守这些协议的用户服务（如 DCOM 只能在 Windows 平台下应用）。而 Web 服务则不同，它基于 HTTP 和 XML 等标准协议和数据模型，所有支持这些标准协议的系统都能支持 Web 服务应用。

（3）使用者和 Web 服务通信方便：Web 服务以消息传递的方式来提供服务，即用户发送消息给 Web 服务以提交需求，而 Web 服务同样以消息返回结果。消息中的数据采用 XML 标准，使得 Web 服务完全与开发语言、平台等无关，只要求双方支持 XML 标准即可，这些系统都可以通过

Internet 的标准协议来访问 Web 服务。

12.5.2 创建 Web 服务

通过 Visual Studio.NET 创建和使用 Web 服务非常方便。本节介绍如何利用 Visual Studio.NET 创建 Web 服务以及使用 Web 服务。在 Visual Studio.NET 中创建 Web 服务的步骤如下。

（1）单击“文件”|“新建”|“网站”命令，打开“新建网站”对话框。

（2）在对话框中选择 ASP.NET Web 服务模板，在名称和位置栏填入想要创建的 Web 服务名称和位置即可。其中，Web 服务所在位置的含义与 ASP.NET Web 应用中的虚拟目录含义相同，是 IIS 中设置的虚拟路径。

（3）单击“确定”按钮。这个过程中，Web 服务程序创建了以下几个文件。

① .asmx 和.asmx.cs：这两个文件共同定义了一个 Web 服务，Web 服务由两部分组成：入口点和实现代码，分别包含在.asmx 和.asmx.cs 文件中。

其中，在.asmx 文件中包含一条 Web 服务器处理指令，作为 Web 服务的入口，指出了实现 Web 服务所使用的语言（Language）、后台代码名称（Codebehind）以及实现 Web 服务的类名称（Class）。典型的.asmx 文件如下：

```
<%@ WebService Language="C#" Codebehind="Service1.asmx.cs"
Class="MyWebservice.services1" %>
```

在.asmx.cs 文件中包含了实现 Web 服务的具体的类定义和实现，典型的文件内容如下：

```
using System;
using System.Collections;
using System.ComponentModel;
using System.Data;
using System.Diagnostics;
using System.Web;
using System.Web.Services;

namespace MyWebServices
{
    /// <summary>
    /// HelloWorld 的摘要说明
    /// </summary>
    public class HelloWorld: System.Web.Services.WebService
    {
            public HelloWorld ()
            {
                    //CODEGEN: 该调用是 ASP.NET Web 服务设计器所必需的
                    InitializeComponent();
            }

            //...设计器生成的代码（自动生成）

            [WebMethod]
            public string HelloWorld()
            {
                    return "Hello World";
            }
    }
}
```

这个文件中，定义了一个类 HelloWorld，该类实现了一个方法 HelloWorld，其功能为返回字符串形式的“Hello World”。

② Global.asax 和 Global.asax.cs：类似于 ASP.NET Web 程序中的同名文件，这两个文件用来处理程序级别的事件。

③ AssemblyInfo.cs：该文件包含工程的元数据，如名称、版本和文件信息等。

④ .vsdico：这是一个基于 XML 的文件，包含了 Web 服务发现信息的链接。

⑤ Web.config：该文件包含了应用程序的配置信息，是一个 XML 格式文件。

12.5.3 创建 Web 服务类

从上面的介绍可知，Web 服务中的类与通常的 C#类的定义非常相似。区别在于，Web 服务的类从 System.Web.Services.WebService 中派生，这个类包含了 ASP.NET 的内置对象，如 Application、Session 对象等。另外，Web 服务类必须具有 public 访问属性，以及一个默认的构造函数（普通的类可以没有构造函数）。

还可以为 Web 服务指定一系列特性（attribute），通过特性描述语法来实现。下面的代码为 Web 服务类 HelloWorld 指定了一系列特性：

```
[WebService
    (
    Description="Web 服务示例类，实现 HelloWorld",
    Name="HelloWorld ",
    Namespace="http://www.myspace.com/myservices"
    )
]
public class HelloWorld: System.Web.Services.WebService
{
    //...类定义及实现
}
```

下面来建立一个最简单的 Web 服务类 HelloWorld，其功能是返回字符串类型的“HelloWorld”。

（1）新建一个 ASP.NET Web 服务工程“HelloWorld_Service”。

（2）转向默认设计视图 Service1.asmx 的代码页，在类 HelloWorld 中添加一个方法 SayHello。

如果不为 HelloWorld 类指定命名空间，那么其默认的空间为 http://tempuri.org/，这时，在使用.NET 查看 Web 服务运行效果时，.NET 会提示程序设计人员改变这个空间，如图 12-12 所示。

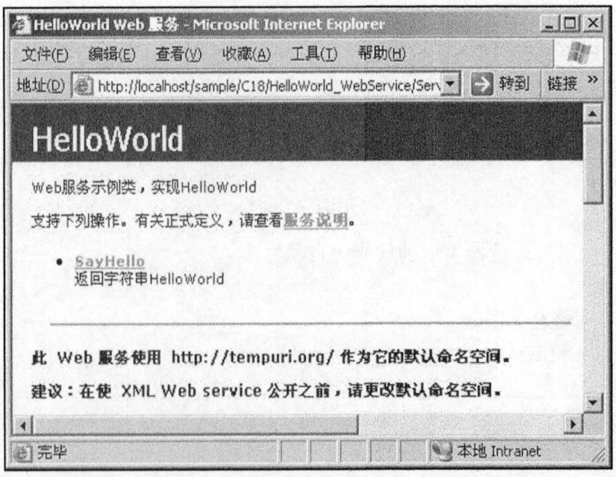

图 12-12 页面提示改变 Web 服务的默认命名空间

（3）为服务设置命名空间、描述、名称等特性，然后重新浏览 Hello World，则页面将不再出现建议更改默认命名空间的信息。

12.5.4　创建 Web 服务方法

与普通的 C#类一样，Web 服务类需要包含方法、属性等成员，区别在于：Web 服务类中对外输出的接口方法（即被使用者调用的方法，称为接口方法或输出方法）具有特殊的定义要求，这些要求包括：

（1）接口方法必须具有 public 访问级别；

（2）Web 服务类必须在其接口方法上使用 WebMethod 特性，即在方法前必须加上“[WebMethod(...)]”。

通过 WebMethod 特性，程序设计人员可以为 Web 服务的接口方法指定以下选项。

（1）CacheDuration：指定接口方法的返回结果放在缓冲区中的时间，单位为秒，默认值为 0。对于返回结果比较固定的方法，使用缓冲区把结果缓存，后续的请求便可以直接从缓冲区中获取结果，可以有效提高性能；而对于结果频繁变化的方法，则应将其 CacheDuration 设置为 0。

（2）Description：方法的描述，描述信息将会显示在 Web 服务的帮助页面中，辅助使用者。

（3）EnableSession：指定是否在该方法使用会话功能，默认值为 False。

（4）MessageName：方法的消息名，默认值为方法名。在使用 Web 服务时，使用者通过消息名来访问 Web 服务，所以当 Web 服务类中包含方法重载时，则会导致错误。这时，就需要使用 MessageName 为每个方法指定一个唯一的消息名。

（5）BufferResponse：指定 Web 服务是否缓存返回结果，默认值为 True，表示 Web 服务会在把结果返回使用者之前缓存它们，然后把整个结果一次性返回。

下面的代码定义了一个接口方法 SayHello()：

```
[WebMethod
    (
    Description="返回字符串 HelloWorld",
    CacheDuration=60
    )
]
public string SayHello()
{
    return "HelloWorld";
}
```

在代码中，因为 SayHello 方法的返回结果固定，始终为“HelloWorld”，因此可以把结果放在缓冲区中。当在 60 秒中内使用者再次访问该方法时，就可以直接从缓冲区获取结果，而不用再次调用该方法。

另外，下面的代码为 HelloWorld 类增加另一个方法 Add()，该方法接收两个整型参数，并返回它们的和。

```
[WebMethod
    (
    Description="计算两个整数的和",
    CacheDuration=0
    )
]
public int Add(int x, int y)
{
    return x+y;
```

```
}
```

12.5.5 使用 Web 服务

下面通过创建一个使用 Web 服务的 ASP.NET Web 应用程序，讨论如何在使用者的程序中使用 Web 服务。

许多应用都能调用 Web 服务，如组件、桌面程序、Web 程序以及其他的 Web 服务等。在 ASP.NET Web 程序中，访问 Web 服务的过程大致如下。

（1）首先定位 Web 服务，利用 Visual Studio.NET 开发环境，通过向工程中添加 Web 引用来完成。

（2）在用户代码中引用并创建 Web 服务对象实例，然后通过该对象访问 Web 服务即可。

在本部分中，将通过一个具体的 ASP.NET Web 程序示例，调用本节创建的 HelloWorldWeb 服务，实现的步骤如下。

（1）创建 ASP.NET Web 程序 CallWeb ServiceTest。

（2）在自动添加的页面 WebForm1. aspx 中添加一个按钮、3 个标签以及一个输入框控件，页面布局如图 12-13 所示。

控件属性的 HTML 代码如下：

```
<form id="Form1" method="post" runat="server">
     <asp:Button id="ButtonCallSayHello" runat="server"
          Text="调用 SayHello 方法">
     </asp:Button>

     <asp:Label id="LabelSayHelloResult" runat="server"></asp:Label>
     <asp:TextBox id="TextBoxX" runat="server"></asp:TextBox>
     <asp:TextBox id="TextBoxY" runat="server"></asp:TextBox>

     <asp:Button id="Button2" runat="server"
          Text="调用 Add 方法"></asp:Button>

     <asp:Label id="LabelAddResult" runat="server"></asp:Label>
</form>
```

（3）向工程添加 Web 服务引用：选择“项目”|“添加 Web 引用”命令，将弹出“添加 Web 引用”对话框，如图 12-14 所示。

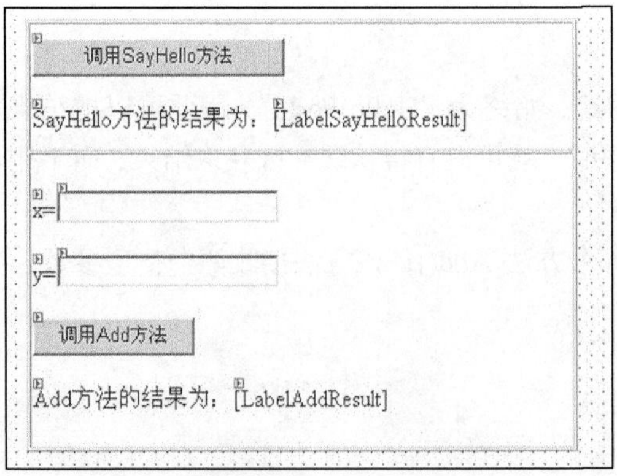

图 12-13 CallWebServiceTest 页面布局

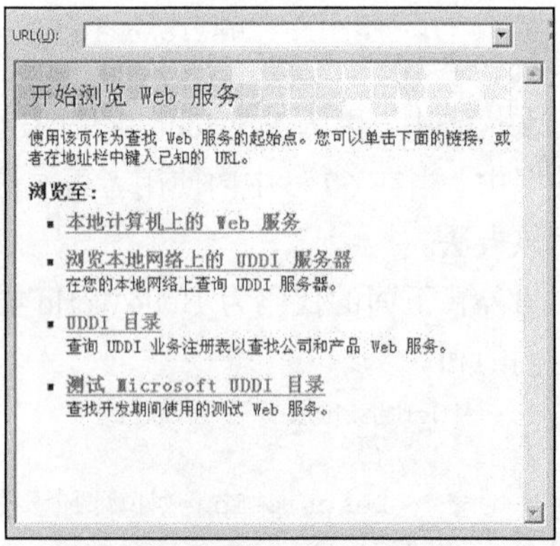

图 12-14 添加 Web 引用对话框

在这个对话框中，用户可以查找 Internet 上的 UDDI 目录来设置 Web 服务，也可以在对话框的“地址（URL）”下拉框列表中直接输入 URL 地址或.disco 文件的地址直接定位 Web 服务。本例将引用在 12.5.2 小节中建立的 Web 服务 HelloWorld，可以通过在 URL 中输入其.asmx 文件地址（http://localhost/MyService/HelloWorld.asmx）实现，或直接浏览“本地计算机上的 Web 服务”得到。

引用了 Web 服务后，对话框左边将显示 HelloWorld 的帮助页面，类似于图 12-15。通过帮助页面中的超级链接，可以查看 HelloWorld 的 WSDL 文档以及其他帮助内容。

（4）在执行了第（3）步之后，“解决方案资源管理器”中将能看到所添加的 Web 引用。

（5）双击 WebForm1.aspx 页面中的“调用 SayHello 方法”按钮，自动生成其单击事件函数，然后添加处理方法，功能为调用 Web 服务中的 SayHello 方法，代码如下所示：

```
/// 调用Web 服务 HelloWorld 中 SayHello 方法
private void ButtonCallSayHello_Click(object sender, System.EventArgs e)
{
          //实例化 Web 服务中的 HelloWorld 对象
          localhost.HelloWorld myHelloWorld=new localhost.HelloWorld();

          //调用 myHelloWorld 的 SayHello 方法，为标签赋值
          LabelSayHelloResult.Text=myHelloWorld.SayHello();
}
```

从代码中可以看出，在客户端调用 Web 服务方法的过程非常简单：首先创建一个 Web 服务对象，然后调用该对象中的响应方法即可。

（6）双击 WebForm1.aspx 页面中的“调用 Add 方法”按钮，自动生成其单击事件函数，然后添加处理方法，功能为调用 Web 服务中的 Add 方法，代码如下所示：

```
/// 调用Web 服务 HelloWorld 中 Add 方法
private void ButtonCallAdd_Click(object sender, System.EventArgs e)
{
          if(TextBoxX.Text=="" || TextBoxY.Text=="")
                    return;

          //得到用户输入
          int x=Convert.ToInt32(TextBoxX.Text);
          int y=Convert.ToInt32(TextBoxY.Text);

          //实例化 Web 服务中的 HelloWorld 对象
          localhost.HelloWorld myHelloWorld=new localhost.HelloWorld();

       //调用 myHelloWorld 的 SayHello 方法，为标签赋值
       LabelAddResult.Text=myHelloWorld.Add(x,y).ToString();
}
```

12.5.6 示例：天气预报 Web 服务

天气预报是生活中人们最关心的问题之一，有很多网站都推出了可以预报某个城市天气情况的应用小程序。本节主要讲解如何调用天气预报的 Web 服务，从而获得某个城市的天气情况，包括天气、温度和风向等信息。

在获取天气信息之前，需要找到能够准确地提供天气信息的 Web 服务。提供天气预报的 Web 服务有很多，例如，http://www.ayandy.com/。

首先，必须添加 Web 引用，输入以上网址。然后，在默认的页面中，增加代码。代码如下所示：

```
using System;
using System.Data;
```

```
using System.Configuration;
using System.Web;
using System.Web.Security;
using System.Web.UI;
using System.Web.UI.WebControls;
using System.Web.UI.WebControls.WebParts;
using System.Web.UI.HtmlControls;

// WebServices 地址：http://www.ayandy.com/
using com.ayandy.www;

public partial class _Default : System.Web.UI.Page
{
    protected void Page_Load(object sender, EventArgs e)
    {
        try
        {
            com.ayandy.www.Service w = new com.ayandy.www.Service();
            // 从[1]到[6]分别表示城市、天气、温度、风向、日期、天气图标地址
            string[] s = w.getWeatherbyCityName("深圳", theDayFlagEnum.Today);

            Response.Write("城市：" + s[1] + "<br>");
            Response.Write("天气：" + s[2] + "<br>");
            Response.Write("温度：" + s[3] + "<br>");
            Response.Write("风向：" + s[4] + "<br>");
            Response.Write("日期：" + s[5] + "<br>");
            pic.Src = s[6];
        }
        catch
        {
            Response.Write("系统忙！");
        }
    }
}
```

代码中的 pic 是 image 控件的 ID 属性的值，目的是显示天气图标。运行代码，效果如图 12-15 所示。

图 12-15 获取天气预报信息

小 结

本章主要讲解了 C#的 Web 网络程序的应用，包括语法基础、内置对象、常用控件和 Web 服务等，其中 ASP.NET 内置对象非常关键，使用它们可以与数据进行交互，进而实现网站的功能，读者要好好体会。

习 题

12-1 静态网页和动态网页有什么区别？

12-2 ASP.NET 的代码绑定技术实现什么功能？是如何做到的？

12-3 什么是控件的事件？控件如何触发其事件？

12-4 ASP.NET 内置对象有哪些？

12-5 如何使用 Response 对象向浏览器输出字符串？如何输出一个文件中的内容？

12-6 如何使用 Request 对象接受用户的 POST 方式和 GET 方式提交的数据？

12-7 如何使用 Application 对象实现程序级别的数据共享？

12-8 如何使用 Session 对象实现用户级别的数据共享？

12-9 如何使用 Button 控件的 Command 事件来响应用户的按钮单击动作？

12-10 TextBox 如何接受密码形式、多行形式的用户输入？

12-11 什么是 Web 服务？Web 服务是怎样产生的？

12-12 如何为 Web 服务设置特性，如描述、命名空间等？

上机指导

Web 网络应用是 C#语言的重点应用之一，主要是创建 ASP.NET 网络应用程序、Web 服务等。其中 ASP.NET 应用程序的框架设计打破了原有的传统网页的模式，在技术上有所创新。

实验一 使用 Session 对象保存数据

实验内容

本实验创建一个数据集，然后把数据集 DataSet 保存到 Session 对象中。

实验目的

巩固知识点——Session 对象。Session 对象可以在整个 Web 服务运行过程中保存信息，它保存的信息只能由单个用户所访问。

实验思路

在 12.3.2 小节介绍使用 Session 对象时，介绍了如何使用 Session 对象来保存数据。在 Session 对象中，除了可以保存字符串之外，还可以保存其他形式的数据，比如数据集 DataSet 或者 DataTable。

实验二 访问 Application 对象

实验内容

本实验创建一个数据集，然后把数据集 DataSet 保存到 Application 对象中。

实验目的

巩固知识点——Application 对象。Application 对象是 System.Web.HttpApplicationState 类的实例，对象内保存的信息可以在 Web 服务整个运行期间保存，并且可以被调用 Web 服务的所有用户使用。

实验思路

在 12.3.1 小节介绍使用 Application 对象时，介绍了如何使用 Application 对象来保存数据。在 Application 对象中，除了可以保存字符串之外，还可以保存其他形式的数据，比如数据集 DataSet 或者 DataTable。

实验三　创建 Web 服务

实验内容

本实验创建一个 Web 服务，通过 Web 服务可以获取想要的结果。

实验目的

巩固知识点——Web 服务。Web 服务是一个黑盒子，提供了一系列对外服务的接口，但隐藏了这些服务的具体实现细节。

实验思路

在 12.5.2 小节介绍 Web 服务中，介绍了如何创建一个 Web 服务。在此实例中有个方法 HelloWorld，调用这个服务的方法就可以返回一个字符串。我们可以把这个方法修改成有参数的，根据传入的参数，输出不同的结果。

修改方法 HelloWorld，增加参数 sName，改动后代码如下所示：

```
[WebMethod]
public string HelloWorld(string sName)
{
    return "Hello," + sName;
}
```

实验四　使用 ASP.NET 创建一个用户登录界面

实验内容

本实验使用 ASP.NET 创建一个用户登录界面。效果如图 12-17 所示。

实验目的

巩固知识点——Web 控件。Web 控件是 ASP.NET 应用程序的基础，熟悉并掌握控件的使用可以加快应用程序的开发效率。

实验思路

在本实验中，以最为常见的用户登录界面为例，来熟悉一下 Web 常用控件的综合应用。实现的步骤如下。

（1）创建一个 ASP.NET Web 应用程序的项目，命名为 LoginApp。

（2）绘制用户界面。在界面中，有两个 Label 控件，分别命名为用户名和密码；两个 TextBox 控件，其 ID 属性分别为 txtUser 和 txtPwd，并把密码输入框的 TextMode 属性设置为“Password”；还有两个按钮控件，分别命名为登录和重置。界面布局如图 12-16 所示。

图 12-16　用户登录界面的布局

（3）单击“登录”按钮，验证用户名和密码，并且给出相应的提示信息。登录事件代码如下所示：

```
if (txtUser.Text == "admin" && txtPwd.Text == "admin")
{
    Response.Write("登录成功！");
}
else
{
    Response.Write("登录失败，请重新登录！");
}
```

（4）单击“重置”按钮，用户名和密码的输入框重置为空。重置事件的代码如下所示：

```
txtUser.Text = "";
txtPwd.Text = "";
```

第 13 章 WPF 智能客户端

Windows Presentation Foundation（WPF）是一种智能客户端技术，提供了统一的编程模型。同时，WPF 应用还拥有令人震撼的视觉体验。WPF 技术的出现，使得.NET 平台应用步入了一个全新的时代，开发者比以往更加注重客户的操作，更加注重如何给使用者带来全新的使用体验。本章将介绍.NET 平台中增加的新技术——WPF 客户端。

13.1 认识 WPF

WPF 的英文全称是 Windows Presentation Foundation（窗体呈现基础），相比较以往的技术产品，这是一个更加重视客户操作体验的技术。本节将从介绍 WPF 技术开始，讲述 WPF 的架构体系和其特性，逐步使读者了解 WPF 这一新技术。

13.1.1 WPF 概述

随着 Winows Vista 系统的发布，WPF 作为全新的技术名词频繁出现。WPF 可以说是下一代图形渲染技术，这种技术在新的操作系统（Windows Vista 和 Windows 7）中得到了充分的展现。

在前面章节中已经介绍了 Windows Form 这种比较传统的开发，相比较 WPF，Windows Form 所开发出来的 UI 界面就显得比较单调，而且经过.NET 框架中封装过的开发库，在自定义和各种底层功能上也缺少相应的支持。也就是说，WPF 则是一种可以更加快速和高效地开发而且在用户界面上足以令人震撼的技术。如图 13-1 所示，这是使用 WPF 技术创建的一个在线商店应用程序。界面中最有创意的部分就是以扇形的方式来浏览产品信息，而且还伴随着流畅的动画效果。

图 13-1　WPF 版本的商店应用程序

在 WPF 中，引入了一种全新的图形合成引擎。相比较 Windows Form，界面的渲染更加真实，更加快速。以前开发一个半透明窗体的 Windows Form 应用，其窗体的背景必须要通过子窗体来实现，而在 WPF 中则实现了真正的半透明图形的渲染。

全新的 MAML 界面描述语言的引入，使得在 WPF 应用开发中，可以更好地实现用户界面代码与应用逻辑代码的有效分离。由于 MAML 是基于 XML 语言的扩展，所以，对于开发者来说，很容易掌握这门新的标记语言。MAML 语言的加入，还可以使得开发人员和设计人员有更加明确的分工，而且可以同时开展工作，互不影响，有利于开发效率的提高。

总之，WPF 技术已经带来很多的惊喜，而且还在不断的完善中，相信未来会逐步地取代传统 Windows Form 开发，走向主流。

13.1.2 WPF 框架体系

WPF 是.NET Framework 框架的一部分，其核心的组件主要有三个：PresentationFramework、PresentationCore 和 milcore。其中 PresentationFramework 和 PresentationCore 是图形呈现的基础，而 milcore 是媒体集成库，WPF 框架体系如图 13-2 所示。

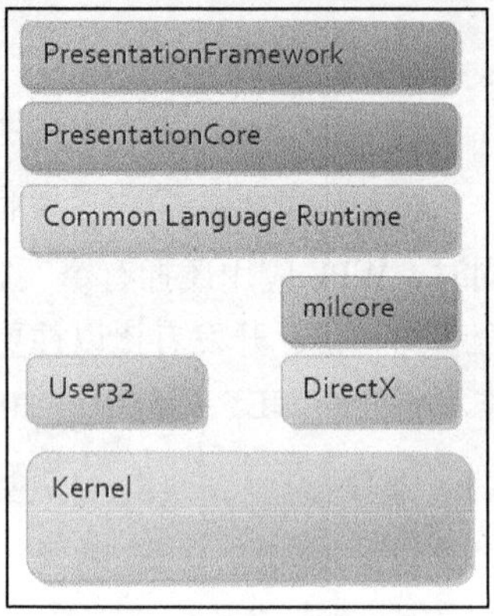

图 13-2　WPF 框架体系图

WPF 框架体系图详细说明如下。

- PresentationFramework：高层的 API，主要包括窗体、面板、样式、布局等类型，使用这些元素可以构建丰富的用户界面。
- PresentationCore：底层的 API，主要包括一些基本类型，如 UIElement、2D 元素、3D 元素、几何元素等，是 PresentationFramework 中所有元素的基础。
- milcore：mil 是媒体集成库（Media Integration Library）的简称，这部分属于非托管代码，主要负责与操作系统的 DirectX 之间的通信，起到桥梁的作用。通过 milcore，WPF 可以更好地与系统中 DirectX 引擎交互，实现高效的硬件和软件结合的呈现技术。
- User32：负责确定显示窗体及其在屏幕中的位置状态等，并不参与控件的呈现。

13.1.3 WPF 特性

WPF 是一种新技术，相比较传统的 Windows Form 窗体应用，增加了很多令人兴奋的特性。WPF 特性如下所示。

- 数据绑定：通过数据绑定特性，开发者可以把一个类中的某个属性和控件绑在一起，当属性值变化时，绑定的控件也会呈现相应的变化。所以，无需编写代码，就可以实现相应的逻辑功能，大大减少了工作量。
- 控件模板：与以往传统的控件不同，使用 WPF 技术开发出来的控件具有很强扩展性，具有低耦合的特点。通过控件模板把控件的外观样式和数据呈现完全的分开，这样既有利于代码的维护，同时也提高了代码的重用。
- 依赖属性：依赖属性是 WPF 中引入的一种全新的属性类型，其目的是减少控件属性的体积，优化内存资源，同时还加入了属性变化通知、限制和验证等功能。依赖属性大多被应用在自定义的控件开发中。
- 触摸屏编程：WPF 技术增加了触摸屏的交互编程，UIElement、UIElement3D 和 ContentElement 等类都包含了相应的事件，以提供给开发者实现触摸屏的交互设计。除了触摸屏外，UIElement 类还支持触控。
- 缓动效果：具有缓动效果的动画，可以使得应用更动感和自然。WPF 中新增加了一些缓动函数，使用这些函数，可以创建更加流畅的动作行为。

除了以上这些特性外，还有很多其他的功能，如与 Windows 7 集成、Office Ribbon 控件、缓存合成、像素着色器和全新的文本渲染等。

13.2　手把手教你第一个 WPF 应用

使用 Visual Studio 2010 开发工具可以轻松地构建 WPF 客户端应用程序，本节将介绍如何使用开发工具创建一个 WPF 应用程序，同时还详细讲解了 WPF 应用类型项目中的文件结构。

13.2.1　创建一个 WPF 客户端应用

Visual Studio 2010 是一个集成的开发环境，既可以开发传统的 Windows Form 窗体应用，还可以创建 WPF 应用程序。

本范例创建一个简单的 WPF 客户端应用程序，在界面中添加一个文本控件。操作步骤如下所示。

（1）打开 Visual Studio 2010 开发工具，在菜单上单击“文件”|“新建”|“项目”，出现“添加新项目”对话框，如图 13-3 所示。

图 13-3　创建 WPF 客户端应用程序

（2）选择项目类型“WPF 应用程序”，在“名称”输入框中修改项目的名称，单击“确定”按钮。这样就完成了项目的创建。

（3）项目创建完成后，系统会自动打开主程序的设计界面。从“工具箱”面板中选择 Label 文本控件，拖曳到主窗口中，如图 13-4 所示。

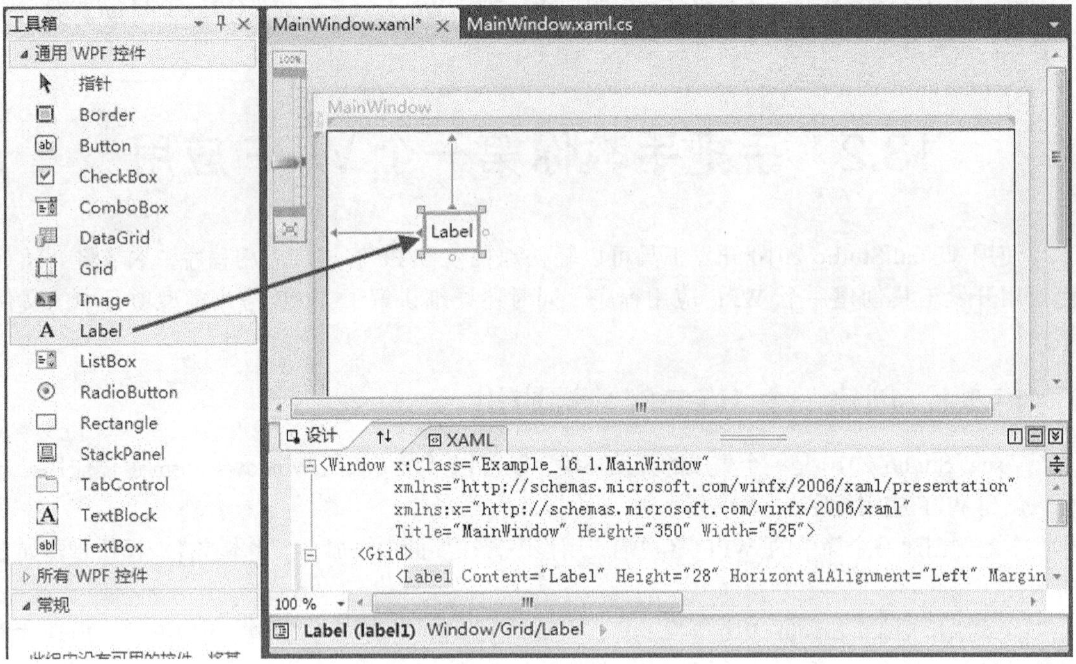

图 13-4　创建一个文本控件

（4）选中设计界面中的文本控件，在属性面板中修改其属性 Content 为“Hello World.”，属性面板如图 13-5 所示。

（5）通过快捷键“Ctrl+F5”或者单击菜单中的“调试”|“开始执行（不调试）”命令，编译代码并执行程序，运行的效果如图 13-6 所示。

图 13-5　修改属性

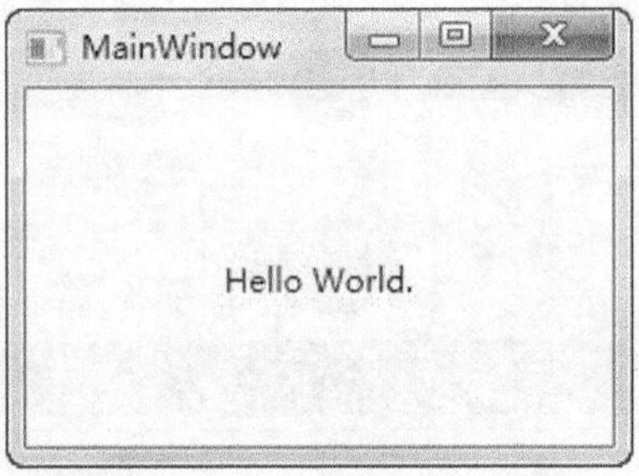

图 13-6　运行效果

13.2.2　解析 WPF 应用程序的文件目录结构

在创建的项目“解决方案资源管理器”面板中，可以查看该项目的文件目录结构，如图

13-7 所示。

该项目默认就引用了 WPF 最核心的两个类库：PresentationCore 和 PresentationFramework。该项目的文件目录结构详细说明如下。

- App.xaml 和 App.xaml.cs：包含项目的启动类，相当于一个入口类。
- MainWindow.xaml 和 MainWindow.xaml.cs：主窗口文件。
- Settings.settings 和 Settings.settings.cs：应用程序设置文件，可以动态存储和检索应用程序的属性和其他信息。
- AssemblyInfo.cs：存储有关程序集的常规信息，如程序集名称、版权信息、版本号等。

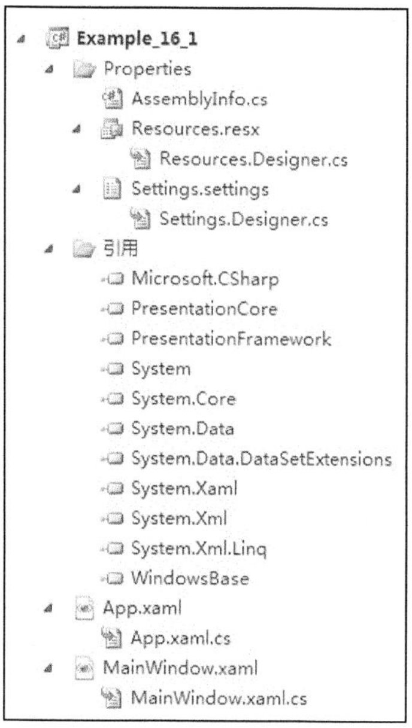

图 13-7　项目的文件目录结构

在项目启动时，首先执行的是 App.xaml 和 App.xaml.cs 两个文件，在 App.xaml 文件中，通过属性 StartupUri 执行主窗口文件，把主界面呈现出来。App.xaml 的代码片段如图 13-8 所示。

从图 13-8 中可以看出，通过设置属性 StartupUri 的值，可以改变显示主窗体文件。

```
<Application x:Class="Example_16_1.App"
             xmlns="http://schemas.microsoft.com/winfx/2006/xaml/presentation"
             xmlns:x="http://schemas.microsoft.com/winfx/2006/xaml"
             StartupUri="MainWindow.xaml">
    <Application.Resources>

    </Application.Resources>
</Application>
```

图 13-8　App.xaml 的代码片段

13.3　使用常见控件

在 WPF 中，也提供了一些传统的控件，方便构建企业级应用。这些控件与在 Windows Form 应用程序中使用方式类似，不过在 WPF 应用中，控件通常是写在 XAML 代码中的。本节将介绍几个常用的基本控件及其使用方法。

13.3.1　按钮控件

按钮是与用户交互最直接有效的方式，按钮的使用方法和 Windows Form 应用程序基本相同。使用 Visual Studio 2010 开发工具可以直接从"工具箱"面板中创建一个按钮，从而不必编写代码。

本范例在界面中创建一个按钮，并编写鼠标单击事件，获取当前的日期。操作步骤如下所示。

（1）打开 Visual Studio 2010 开发工具，创建一个 WPF 应用程序。

（2）从"工具箱"面板中拖曳一个按钮 Button 控件和一个文本 Label 控件到主窗口中，设计界面如图 13-9 所示。

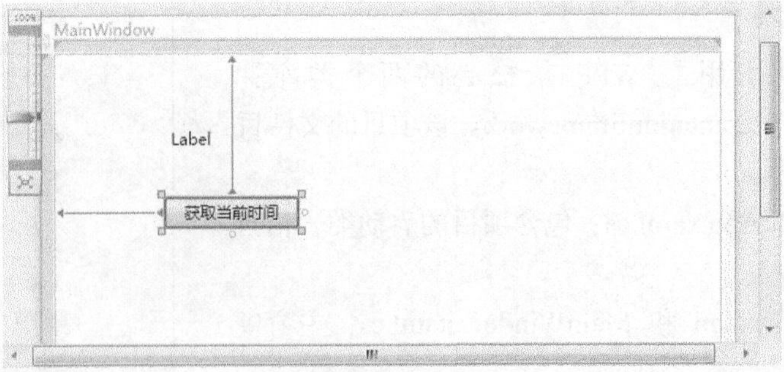

图 13-9　设计界面

（3）双击按钮，添加按钮的单击事件。在事件代码中，获取当前的日期和时间，并显示在文本控件中。代码如下所示。

```
1.  private void button1_Click(object sender, RoutedEventArgs e)
2.  {
3.      // 获取日期和时间的字符串
4.      string strDate = DateTime.Now.ToLongDateString();
5.      string strTime = DateTime.Now.ToLongTimeString();
6.      // 设置文本控件的 Content 属性，显示当前日期和时间
7.      label1.Content = "当前时间：" + strDate + " " + strTime;
8.  }
```

【代码解析】

- 第 4 行：ToLongDateString()方法是获取一个长日期。
- 第 5 行：ToLongTimeString()方法是获取一个当前长时间字符串。

（4）编译代码，运行的效果如图 13-10 所示。

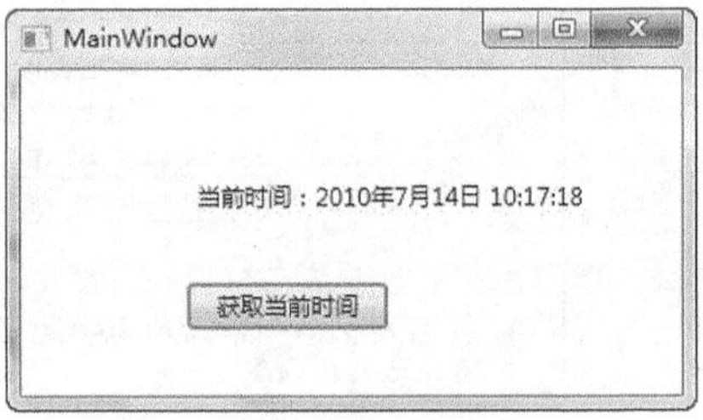

图 13-10　按钮控件

13.3.2　文本框控件

通过文本框，系统可以了解到用户需要的信息。在 WPF 中，文本框控件用 TextBox 来表示，使用属性 Text 就可以获取输入的内容。

本范例演示文本框控件的使用。操作步骤如下所示。

（1）打开 Visual Studio 2010 开发工具，创建一个 WPF 应用程序。

（2）从“工具箱”面板中拖曳两个文本框 TextBox 控件、两个文本控件和一个按钮控件。其中，两个文本控件分别显示“+”和“结果”。设计界面如图 13-11 所示。

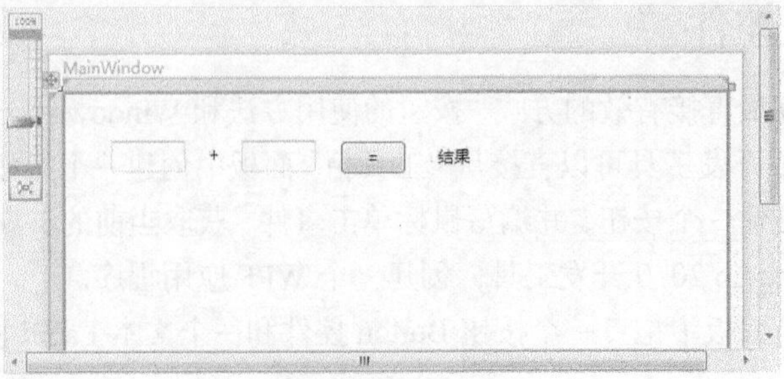

图 13-11　设计界面

（3）双击按钮，添加按钮的单击事件。在事件代码中，获取文本框内容，并将两个数字相加，结果显示在后面的文本控件中。代码如下所示。

```
1.  private void buttonsum_Click(object sender, RoutedEventArgs e)
2.  {
3.      // 获取文本框中用户输入的两个加数
4.      decimal d1 = decimal.Parse(textBox1.Text);
5.      decimal d2 = decimal.Parse(textBox2.Text);
6.      // 把两个加数相加，计算后的结果显示在 label2 文本控件中
7.      label2.Content = (d1 + d2).ToString();
8.  }
```

【代码解析】

- 第 4、5 行：decimal.Parse()方法是将参数的类型转换为 decimal 小数类型。这里是把用户输入的两个加数转换为小数类型，用来做加法运算。

（4）编译代码，运行的效果如图 13-12 所示。

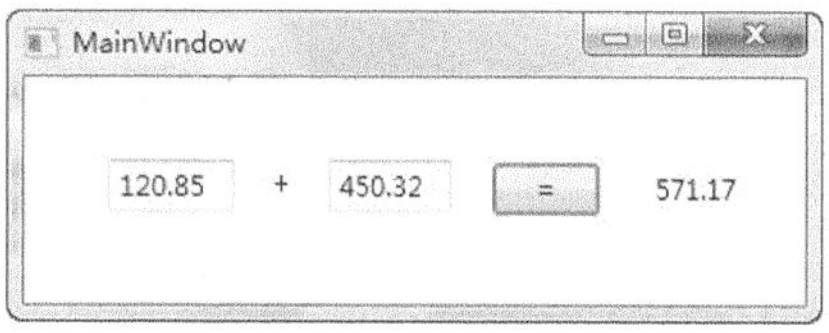

图 13-12　文本框控件的使用

【运行结果】输入两个整数，单击“=”按钮，会计算两个整数的和并显示在后面。

13.3.3　下拉列表框控件

WPF 中的下拉列表框控件使用 ComboBox 类表示，通过属性面板可以添加数据集。

本范例使用下拉列表框控件，创建一个类似于招聘系统中，填写简历选择地区的功能。操作步骤如下所示。

（1）打开 Visual Studio 2010 开发工具，创建一个 WPF 应用程序。

（2）在设计界面中，添加两个文本框和两个下拉列表框（城市列表和区域列表）。选中城市列表框，通过属性面板中的“Items”选项，添加两个数据“北京市”和“深圳市”，如图 13-13 所示。

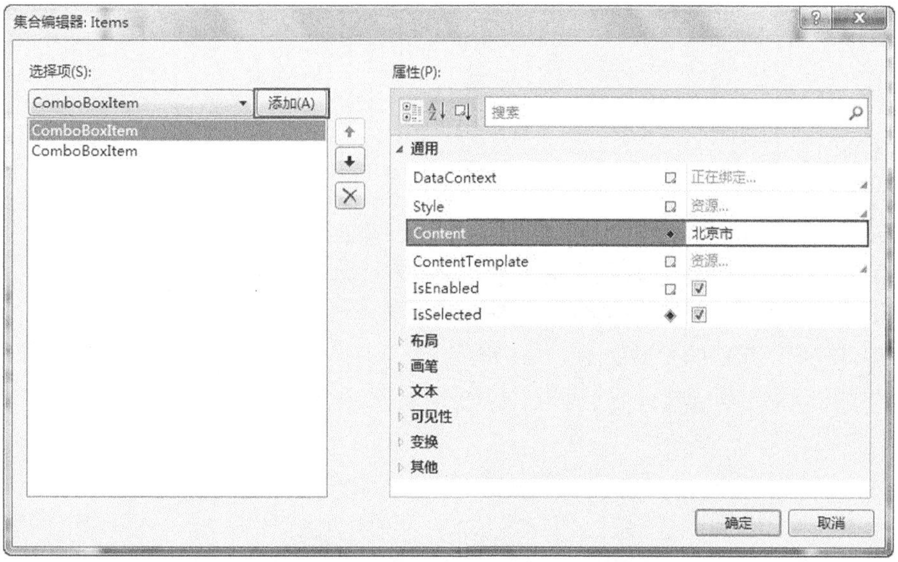

图 13-13　添加下拉列表框的数据项

（3）双击城市列表框，创建列表框的选择更新事件，在事件中根据选择的城市来填充区域列表框的内容，代码如下所示。

```
1.  private void cmbCity_SelectionChanged(object sender, SelectionChangedEventArgs e)
2.  {
3.      // 判断 cmbPref 对象是否为空，页面在加载时还没有渲染 cmbPref 控件
4.      if (cmbPref != null)
5.      {
6.          cmbPref.Items.Clear();        // 清空地区数据
7.
8.          // 获取选择的城市
9.          ComboBox box = sender as ComboBox;
10.         ComboBoxItem boxItem = box.SelectedItem as ComboBoxItem;
11.         string city = boxItem.Content.ToString();
12.         // 根据城市，添加相应的地区数据列表
13.         switch (city)
14.         {
15.             case "北京市":
16.                 cmbPref.Items.Add("东城区");    // 添加地区
17.                 cmbPref.Items.Add("西城区");    // 添加地区
18.                 cmbPref.Items.Add("崇文区");    // 添加地区
19.                 cmbPref.Items.Add("宣武区");    // 添加地区
20.                 cmbPref.Items.Add("朝阳区");    // 添加地区
21.                 cmbPref.Items.Add("海淀区");    // 添加地区
22.                 break;
23.             case "深圳市":
24.                 cmbPref.Items.Add("南山区");    // 添加地区
25.                 cmbPref.Items.Add("福田区");    // 添加地区
26.                 cmbPref.Items.Add("罗湖区");    // 添加地区
27.                 cmbPref.Items.Add("盐田区");    // 添加地区
28.                 break;
29.             default:
30.                 break;
31.         }
32.     }
33. }
```

【代码解析】

- 第 6 行：.Clear()方法可以清除列表框中所有的数据。
- 第 9 行：sender 表示事件触发的对象，这里表示城市下拉列表框。
- 第 10 行：SelectedItem 属性表示选择的数据项。

（4）编译代码，运行的效果如图 13-14 所示。

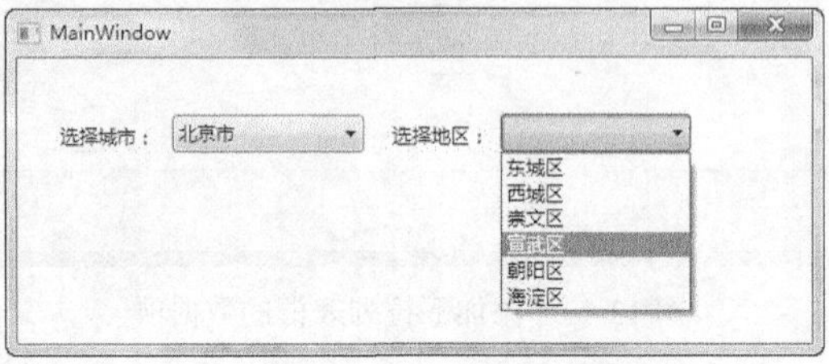

图 13-14　下拉列表框控件

【运行结果】首先选择城市，在地区的列表框中根据选择的城市更新地区。

13.3.4　图像控件

WPF 应用中显示图像的最直接有效的方法就是使用图像 Image 控件。从“工具箱”面板中拖曳一个图像控件到设计界面中，通过属性面板中的 Source 选项，在“选择图像”对话框中，可以选择要显示的图像路径，如图 13-15 所示。

单击“添加”按钮，可以从本地选择一个图片，添加到“Source”属性中。在实际项目中，图像的路径往往不是静态的，而是通过变量赋值的，如从数据库中读取存储的路径。

本范例创建一个图片控件，并动态指定其图像显示路径。操作步骤如下所示。

（1）打开 Visual Studio 2010 开发工具，创建一个 WPF 应用程序。

（2）从“工具箱”面板中创建一个图像控件，名称属性为“image1”。

（3）双击窗体，创建窗体加载事件，在事件中，根据 BitmapImage 对象动态指定图片的相对路径。代码如下所示。

```
1.  private void Window_Loaded(object sender, RoutedEventArgs e)
2.  {
3.      string strImagePath = "/Images/spain.png";      // 图片相对路径
4.      // 创建一个 BitmapImage 对象，并指定参数
5.      BitmapImage image = new BitmapImage(new Uri(strImagePath, UriKind.Relative));
6.      image1.Source = image;            // 设置 image1 对象的属性 Source
7.      image1.Stretch = Stretch.Uniform;   // 保持纵横比
8.  }
```

【代码解析】

- 第 5 行：通过创建一个 BitmapImage 对象，设置 Source 属性的值。

（4）编译代码，运行的效果如图 13-16 所示。

图 13-15　“选择图像”对话框

图 13-16　图像控件

13.3.5　控件模板

控件模板是 WPF 中新的特性之一，在 Windows Form 中的控件中，外观样式和数据显示是混合在一起的，而 WPF 中，为了降低耦合性，使用模板把外观样式的设置和显示数据的代码分离。

本范例以按钮控件为例，说明控件模板的使用方法。操作步骤如下所示。

（1）打开 Visual Studio 2010 开发工具，创建一个 WPF 应用程序。

（2）准备一张图片，用作按钮的样式，并保存在项目的根目录中。

（3）在主窗口的 XAML 代码中，创建一个按钮控件，并在其中添加一个按钮控件的模板，设置按钮的外观。代码如下所示。

```
1.  <Window x:Class="MainWindow"
2.          xmlns="http://schemas.microsoft.com/winfx/2006/xaml/presentation"
3.          xmlns:x="http://schemas.microsoft.com/winfx/2006/xaml"
4.          Title="MainWindow" Height="350" Width="525">
5.      <Grid>
6.          <Button Content="Button" Height="128" HorizontalAlignment="Left"
7.                  Margin="12,12,0,0" Name="button1" VerticalAlignment="Top"
8.                  Width="128" Click="button1_Click">
9.              <Button.Template>
10.                 <ControlTemplate TargetType="{x:Type Button}">
11.                     <Image Source="Forward.png"></Image>
12.                 </ControlTemplate>
13.             </Button.Template>
14.         </Button>
15.     </Grid>
16. </Window>
```

【代码解析】

- 第 10 行：TargetType 属性表示控件模板的类型。

（4）添加按钮的鼠标单击事件，使用 MessageBox 类弹出对话框，代码如下所示。

```
private void button1_Click(object sender, RoutedEventArgs e)
{
    MessageBox.Show("使用控件模板定义按钮样式！");
}
```

（5）编译代码，运行的效果如图 13-17 所示。

图 13-17　控件模板的使用

13.4 布局版式

Windows Form 中的布局大多是绝对布局的方式，即根据坐标来定位控件的位置。这种布局方式缺乏灵活性，控件的位置并不能随着窗口的变化而变化。在 WPF 中，新增了很多布局面板，提供了各种布局的方式。本节将通过布局容器的介绍，讲解 WPF 应用中的各种布局方式。

13.4.1 使用 StackPanel 面板

StackPanel 面板是一种堆积的布局，把其中的 UI 元素按照横向或者纵向的方式堆积排列。本范例使用 StackPanel 面板纵向排列一首唐诗，操作步骤如下所示。

（1）打开 Visual Studio 2010 开发工具，创建一个 WPF 应用程序。

（2）在界面中，创建一个 StackPanel 面板，设置属性 Orientation 为纵向排列，其内部使用 TextBlock 控件填充内容，界面的 XAML 代码如下所示。

```
<Window x:Class="MainWindow1"
        xmlns="http://schemas.microsoft.com/winfx/2006/xaml/presentation"
```

```
3.         xmlns:x="http://schemas.microsoft.com/winfx/2006/xaml"
4.         Title="MainWindow" Height="200" Width="300">
5.     <Grid Margin="10, 10, 0, 0">
6.         <StackPanel Name="stackPanel1" Orientation="Vertical">
7.             <TextBlock FontSize="14">两个黄鹂鸣翠柳，</TextBlock>
8.             <TextBlock FontSize="14">一行白鹭上青天。</TextBlock>
9.             <TextBlock FontSize="14">窗含西岭千秋雪，</TextBlock>
10.            <TextBlock FontSize="14">门泊东吴万里船。</TextBlock>
11.        </StackPanel>
12.    </Grid>
13. </Window>
```

【代码解析】

- 第 6 行：Orientation 属性表示排列方式：横向或者纵向。

（3）编译代码，运行的效果如图 13-18 所示。

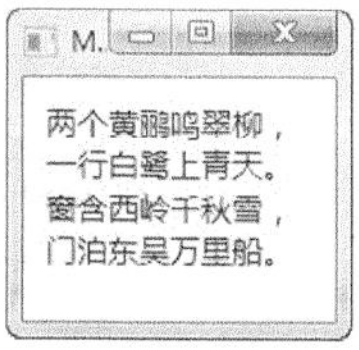

M.
两个黄鹂鸣翠柳，
一行白鹭上青天。
窗含西岭千秋雪，
门泊东吴万里船。

图 13-18　使用 StackPanel 面板

13.4.2　WrapPanel 面板

WrapPanel 面板与 StackPanel 面板很相似，但是 WrapPanel 面板允许将元素放在多行中，当元素超出边界后，不会被剪切，而是会自动换行，直到填充完剩余的空间。

本范例使用 WrapPanel 面板将 4 个按钮元素顺序放置，操作步骤如下所示。

（1）打开 Visual Studio 2010 开发工具，创建一个 WPF 应用程序。

（2）在设计界面中，创建一个 WrapPanel 面板，其中添加 4 个按钮控件，代码如下所示。

```
<Window x:Class="MainWindow2"
        xmlns="http://schemas.microsoft.com/winfx/2006/xaml/presentation"
        xmlns:x="http://schemas.microsoft.com/winfx/2006/xaml"
        Title="MainWindow" Height="350" Width="525">
    <Grid>
        <WrapPanel Background="LightBlue" Width="200" Height="100">
            <Button Width="200">Button 1</Button>
            <Button>Button 2</Button>
            <Button>Button 3</Button>
            <Button>Button 4</Button>
        </WrapPanel>
    </Grid>
</Window>
```

（3）编译代码，运行的效果如图 13-19 所示。

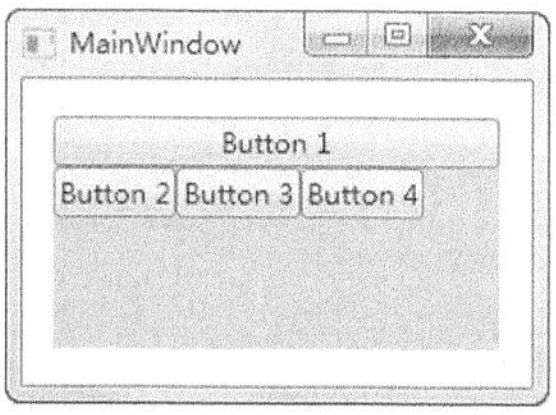

图 13-19　WrapPanel 面板

13.4.3　DockPanel 面板

DockPanel 面板提供了一个布局区域，可以依据罗盘方向沿着屏幕的边缘排列 UI 元素。

本范例使用 DockPanel 面板，布局 5 个内容元素，操作步骤如下所示。

（1）打开 Visual Studio 2010 开发工具，创建一个 WPF 应用程序。

（2）在界面中创建 DockPanel 面板，在其中添加 5 个 TextBlock 文本内容控件，并依次排列，XMAL 代码如下所示。

```
<Window x:Class="MainWindow3"
        xmlns="http://schemas.microsoft.com/winfx/2006/xaml/presentation"
        xmlns:x="http://schemas.microsoft.com/winfx/2006/xaml"
        Title="MainWindow" Height="350" Width="525">
```

```
5.      <DockPanel LastChildFill="True">
6.          <Border Height="25" Background="SkyBlue" BorderBrush="Black"
7.                  BorderThickness="1" DockPanel.Dock="Top">
8.              <TextBlock Foreground="Black">顶部 1</TextBlock>
9.          </Border>
10.         <Border Height="25" Background="SkyBlue" BorderBrush="Black"
11.                 BorderThickness="1" DockPanel.Dock="Top">
12.             <TextBlock Foreground="Black">顶部 2</TextBlock>
13.         </Border>
14.         <Border Height="25" Background="LemonChiffon" BorderBrush="Black"
15.                 BorderThickness="1" DockPanel.Dock="Bottom">
16.             <TextBlock Foreground="Black">底部</TextBlock>
17.         </Border>
18.         <Border Width="200" Background="PaleGreen" BorderBrush="Black"
19.                 BorderThickness="1" DockPanel.Dock="Left">
20.             <TextBlock Foreground="Black">左边</TextBlock>
21.         </Border>
22.         <Border Background="White" BorderBrush="Black" BorderThickness="1">
23.             <TextBlock Foreground="Black">填充剩余的空间</TextBlock>
24.         </Border>
25.     </DockPanel>
26. </Window>
```

代码说明：

- 第 5 行：LastChildFill 属性表示最后一个元素停靠的方式，“True”表示将会填充剩余的空白区域。
- 第 6 行：Border 控件用来设置子元素的边缘样式。
- 第 7 行：DockPanel.Dock 表示该控件在 DockPanel 面板中的停靠位置。

（3）编译代码，运行的效果如图 13-20 所示。

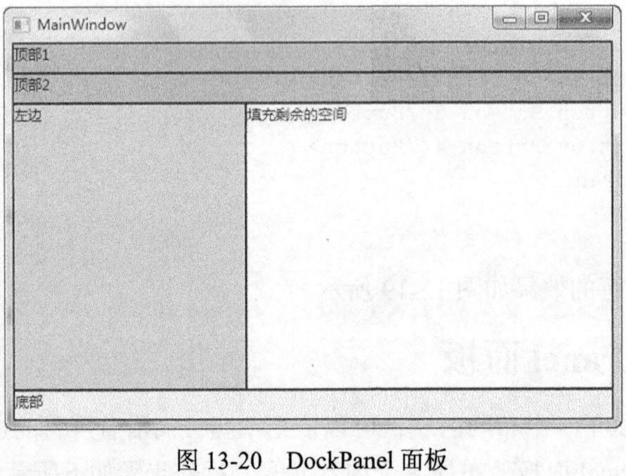

图 13-20　DockPanel 面板

13.4.4　Grid 方式布局

Grid 是默认的布局方式，在新建了一个 WPF 项目后，主窗体的 XAML 代码中就自动创建了 Grid 元素。Grid 是一种精确的网格布局方式，可以定义行数和列数，还可以指定元素跨越的列数或者行数，这种布局方式相当灵活，尤其是在处理比较复杂的布局。

本范例使用 Grid 方式创建一个简单的销售报表，操作步骤如下所示。

（1）打开 Visual Studio 2010 开发工具，创建一个 WPF 应用程序。

（2）在界面中创建一个 Grid 控件，定义行数和列数，XAML 代码如下所示。

```
<Window x:Class="MainWindow4"
        xmlns="http://schemas.microsoft.com/winfx/2006/xaml/presentation"
        xmlns:x="http://schemas.microsoft.com/winfx/2006/xaml"
        Title="MainWindow" Height="350" Width="525">
    <Grid VerticalAlignment="Top" HorizontalAlignment="Left"
         ShowGridLines="True" Width="250" Height="100">
        <Grid.ColumnDefinitions>
            <ColumnDefinition />
            <ColumnDefinition />
            <ColumnDefinition />
        </Grid.ColumnDefinitions>
        <Grid.RowDefinitions>
            <RowDefinition />
            <RowDefinition />
            <RowDefinition />
            <RowDefinition />
        </Grid.RowDefinitions>

       <TextBlock FontSize="20" FontWeight="Bold" Grid.ColumnSpan="3" Grid.Row="0">
         2010 年第一季度产品销售情况</TextBlock>
       <TextBlock FontSize="12" FontWeight="Bold" Grid.Row="1" Grid.Column="0">一月份
</TextBlock>
       <TextBlock FontSize="12" FontWeight="Bold" Grid.Row="1" Grid.Column="1">二月份
</TextBlock>
       <TextBlock FontSize="12" FontWeight="Bold" Grid.Row="1" Grid.Column="2">三月份
</TextBlock>
        <TextBlock Grid.Row="2" Grid.Column="0">50000</TextBlock>
        <TextBlock Grid.Row="2" Grid.Column="1">100000</TextBlock>
        <TextBlock Grid.Row="2" Grid.Column="2">150000</TextBlock>
        <TextBlock FontSize="16" FontWeight="Bold" Grid.ColumnSpan="3" Grid.Row="3">
            销售总额: 300000</TextBlock>
    </Grid>
</Window>
```

（3）编译代码，运行的效果如图 13-21 所示。

图 13-21 Grid 方式布局

13.4.5 UniformGrid 面板

UniformGrid 控件为控件提供了一种简化的网格布局。当控件添加到 UniformGrid 时，它们会排列在一个网格模式中，该网格模式会自动调整以使控件之间的距离保持均匀。单元格的数目将进行调整，以适应控件的数目。例如，如果 4 个控件添加到 UniformGrid 中，它们将安排在包含 4 个单元格的网格中。

本范例使用 UniformGrid 面板创建一个类似九宫格的布局，操作步骤如下所示。

（1）打开 Visual Studio 2010 开发工具，创建一个 WPF 应用程序。

（2）在设计界面创建一个 UniformGrid 面板，在其中依次添加 9 个按钮控件，代码如下所示。

```
<Window x:Class="MainWindow5"
        xmlns="http://schemas.microsoft.com/winfx/2006/xaml/presentation"
        xmlns:x="http://schemas.microsoft.com/winfx/2006/xaml"
        Title="MainWindow" Height="350" Width="525">
```

```
    <UniformGrid>
        <Button Content="1" />
        <Button Content="2" />
        <Button Content="3" />
        <Button Content="4" />
        <Button Content="5" />
        <Button Content="6" />
        <Button Content="7" />
        <Button Content="8" />
        <Button Content="9" />
    </UniformGrid>
</Window>
```

图 13-22　UniformGrid 面板

（3）编译代码，运行的效果如图 13-22 所示。

13.5　创 建 窗 口

通过用户操作窗口中呈现的可视化数据，可以更加直接地与系统交互。窗口的类型有很多种，包括导航内容窗口、消息框、对话框等。本节将主要介绍创建一个自定义的对话框和不规则的窗体。

13.5.1　创建对话框

实际上，WPF 应用中已经内置了多种类型的对话框，如打开文件对话框（OpenFileDialog）、保存文件对话框（SaveFileDialog）和打印对话框（PrintDialog）等，这些对话框使用相对简单，只要参照相应的文档资料就可以轻易地创建成功。本节将要介绍的是如何创建一个自定义的对话框，而这种对话框在实际开发中使用才是最多的。

本范例创建一个自定义的关于对话框，操作步骤如下所示。

（1）打开 Visual Studio 2010 开发工具，创建一个 WPF 应用程序。

（2）创建一个窗体，名称为“AboutDialogBox.xaml”。在该窗体中创建一个简单的文本控件，代码如下所示。

```
<Window x:Class="AboutDialogBox"
     xmlns="http://schemas.microsoft.com/winfx/2006/xaml/presentation"
     xmlns:x="http://schemas.microsoft.com/winfx/2006/xaml"
     Title="AboutDialogBox" Height="200" Width="200">
    <Grid>
        <TextBlock FontSize="15">这是关于窗口.</TextBlock>
    </Grid>
</Window>
```

（3）回到主窗口中，创建一个菜单，在菜单中添加数据项，代码如下所示。

```
<Window x:Class="MainWindow6"
     xmlns="http://schemas.microsoft.com/winfx/2006/xaml/presentation"
     xmlns:x="http://schemas.microsoft.com/winfx/2006/xaml"
     Title="MainWindow" Height="350" Width="525">
    <Grid>
        <Menu Height="23" HorizontalAlignment="Left" Name="menu1" VerticalAlignment="Top">
            <MenuItem Header="帮助">
                <MenuItem Header="关于" Click="MenuItem_Click" />
            </MenuItem>
        </Menu>
    </Grid>
```

```
12. </Window>
```

【代码解析】

● 第 6 行：Menu 表示创建一个菜单导航控件。

（4）添加菜单中“关于”项目的鼠标单击事件，代码如下所示。

```
1.  private void MenuItem_Click(object sender, RoutedEventArgs e)
2.  {
3.      AboutDialogBox dlg = new AboutDialogBox();   // 创建 AboutDialogBox 对象
4.      dlg.Owner = this;        // 设置父窗体
5.      dlg.ShowDialog();        // 打开对话框
6.  }
```

【代码解析】

● 第 3 行：创建 AboutDialogBox 对象。

● 第 5 行：使用 ShowDialog()方法显示窗体。

（5）编译代码，运行的效果如图 13-23 所示。

图 13-23 创建对话框

13.5.2 创建不规则窗体

在 WPF 中，创建一个不规则的窗体相当容易，只要设置三个属性的值就可以实现。这三个属性的详细说明如下。

● WindowStyle：WindowStyle 表示窗口样式，值“None”表示设置成无边框的。

● Background：背景，值“Transparent”可以设置成背景色为空。

● AllowsTransparency：设置窗体允许透明，通过透明度 Opacity 或者 Opacitymask 对进行透明度设置。

本范例通过属性的设置，创建一个不规则的窗体，操作步骤如下所示。

（1）打开 Visual Studio 2010 开发工具，创建一个 WPF 应用程序。

（2）准备一张透明图片，用来描述窗体的形状，如播放器界面图片，并保存在项目的根目录中。

（3）在设计界面中创建一个 Image 图像控件和一个关闭按钮控件，代码如下所示。

```
<Window x:Class="MainWindow7"
        xmlns="http://schemas.microsoft.com/winfx/2006/xaml/presentation"
        xmlns:x="http://schemas.microsoft.com/winfx/2006/xaml"
        Title="MainWindow" Height="350" Width="525"
        SizeToContent="WidthAndHeight"
        MouseLeftButtonDown="Window_MouseLeftButtonDown"
        WindowStyle="None" AllowsTransparency="True" Background="Transparent">
    <Grid>
        <Image Source="player.png" Width="300" Height="275" />
        <Button Content="关闭" Height="23" HorizontalAlignment="Left"
                Margin="354,43,0,0" Name="button1" VerticalAlignment="Top"
                Width="39" Click="button1_Click" />
    </Grid>
</Window>
```

（4）添加窗体中鼠标按下事件代码，当鼠标按下时，可以拖动窗体到任意位置。代码如下所示。

```
private void Window_MouseLeftButtonDown(object sender, MouseButtonEventArgs e)
{
    this.DragMove();   // 设置拖动
}
```

【代码解析】

- 第 3 行：DragMove()方法表示拖动窗体。

（5）添加关闭按钮的单击事件，通过 Close()方法关闭当前窗体，代码如下所示。

```
private void button1_Click(object sender, RoutedEventArgs e)
{
    this.Close(); // 关闭窗体
}
```

（6）编译代码，运行的效果如图 13-24 所示。

【运行结果】使用鼠标可以拖动这个播放器的界面，单击“关闭”按钮，关闭窗体。

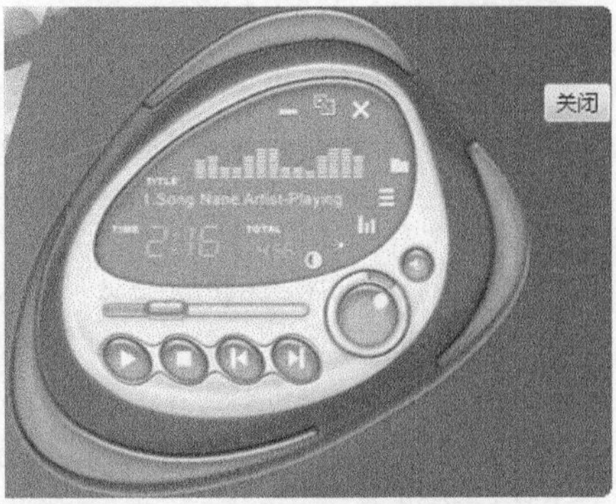

图 13-24　创建不规则窗体

小　结

本章主要介绍了有关 WPF 技术基本内容，其中包括了常用控件的使用、布局版式以及创建窗口。关于 WPF 技术的内容还有很多，由于篇幅所限不能一一介绍。本章只是为了帮助初学者初步了解 WPF 技术，从而能够引导读者去更好地研究 WPF 技术。

本章的重点是控件和布局面板的使用，难点在于深入的理解 WPF 框架体系，真正认识与传统 Windows 应用的区别。下一章将会介绍 WPF 框架体系中的一个子集——Sliverlight 富客户端技术。

习　题

13-1　什么是 WPF？简单描述下。

13-2　WPF 是用来做什么的？

13-3　WPF 的特性有哪些？

13-4　创建 WPF 有哪些步骤？分别是什么？

13-5　常用的控件有哪些？分别是什么？

13-6　布局有哪些版式？分别是什么？

上机指导

随着技术的不断更新，WPF 的技术在 C#开发过程中也越来越重要，WPF 中实现了真正的图形渲染技术。那么下面我们就来实际上机操作下吧！

实验一　创建 WPF 客户端应用

实验内容

根据 13.2 节内容，自己试着创建一个 WPF 客户端应用，并显示“欧耶！我创建了一个 WPF

客户端应用”。

实验目的

让读者亲自动手创建 WPF 客户端应用。

实验思路

打开 VS 编辑器，在新建项目中选择自己想要创建的项目。步骤可以参考 13.2 节内容。

实验二 登录

实验内容

创建一个基于 WPF 应用的登录界面程序，并判断用户名（admin）和密码（123）是否正确。

实验目的

巩固知识点——熟练使用各种控件。

实验思路

该题考察的是读者对基本控件的学习和应用。输入用户名和密码使用文本框控件，通过其 Text 属性可以获取输入的内容。核心代码如下：

```
private void btnLogin_Click(object sender, RoutedEventArgs e)
{
    if (txtUser.Text == "admin" && txtPwd.Text == "123")
    {
        MessageBox.Show("登录成功");
    }
    else
    {
        MessageBox.Show("用户名和密码错误");
    }
}
```

实验三 面板布局

实验内容

使用 StackPanel 面板布局，实现一个问答格式的文本描述。

实验目的

在学习布局版式中，分别有几种布局方式，本实验内容主要练习读者对 StackPanel 布局的使用。

实验思路

StackPanel 面板是一种堆积的布局，该题考察的是读者对 StackPanel 面板布局的理解和使用。核心代码如下：

```
<StackPanel>
    <TextBlock Margin="10" FontSize="20">x 选择自己喜欢的咖啡种类?</TextBlock>
    <TextBlock Margin="10">蓝山</TextBlock>
    <TextBlock Margin="10">摩卡</TextBlock>
    <TextBlock Margin="10">曼特宁</TextBlock>
    <TextBlock Margin="10">爱尔兰</TextBlock>
</StackPanel>
```

第 14 章 Silverlight 交互式开发技术

Silverlight 是 WPF 平台的一个子集，是一种客户端技术，以插件的形式运行在各种浏览器中。同时，Silverlight 也是一种创建丰富交互式应用程序的技术。本章将主要介绍 Silverlight 富媒体技术，包括界面语言 XAML、基础控件、多媒体应用、几何绘图等。

14.1 Silverlight 简介

Silverlight 是一种基于浏览器的客户端技术，是在.NET 框架中实现的。Silverlight 可以跨平台、跨浏览器实现，在 Web 上提供了丰富的交互式应用和媒体体验。

14.1.1 Silverlight 技术概述

通过前面章节的学习，已经了解到 ASP.NET 技术。ASP.NET 属于传统的 B/S（客户端/服务器）技术，客户端属于瘦客户端，也就是说在客户端只是呈现静态页面和结果，并不会承担更多的逻辑运算。所以，整个应用程序的几乎所有逻辑处理都会放到服务器端进行，即使是与数据无关的页面转换。对于用户来说，使用传统 Web 技术创建的页面，也会有交互性不好的缺陷，如页面之间切换时频繁刷新问题，处理数据时不得不面对枯燥的表单。

面对用户不断增长的新需求，Macromedia 公司开始提出 RIA（Rich Internet Application）技术的解决方案，该公司凭借流行的 Flash 平台，构建全新的富客户端架构，后来被 Adobe（2005 年收购 Macromedia）公司加以推广应用。

随后微软针对 RIA 技术的逐渐流行和 Flash 平台，推出了 Silverlight 技术，Silverlight 是作为 WPF 平台的一个子集发布的。同 Flash 技术一样，Silverlight 是一个浏览器的插件，可以跨平台、跨浏览器。目前，Silverlight 技术已经逐步成熟，并在各个领域出现了大量的互联网应用。

如图 14-1 所示展示的是一个国外的社交网站，该应用把所有与此人关联的朋友以网状的图形模式显示出来，打破了传统应用以单调的文字和列表形式表现。

按照官方的说法，微软的 Silverlight 技术还是主要针对企业应用开发，除了创建交互式丰富的网站，在构建企业级应用方面，应该有更大的优势。图 14-2 是某个大型公司使用 Silverlight 开发的一个股票的交易平台，相比较之前的平台，表现更加丰富，运行更加流畅，改善了用户操作的易用性。

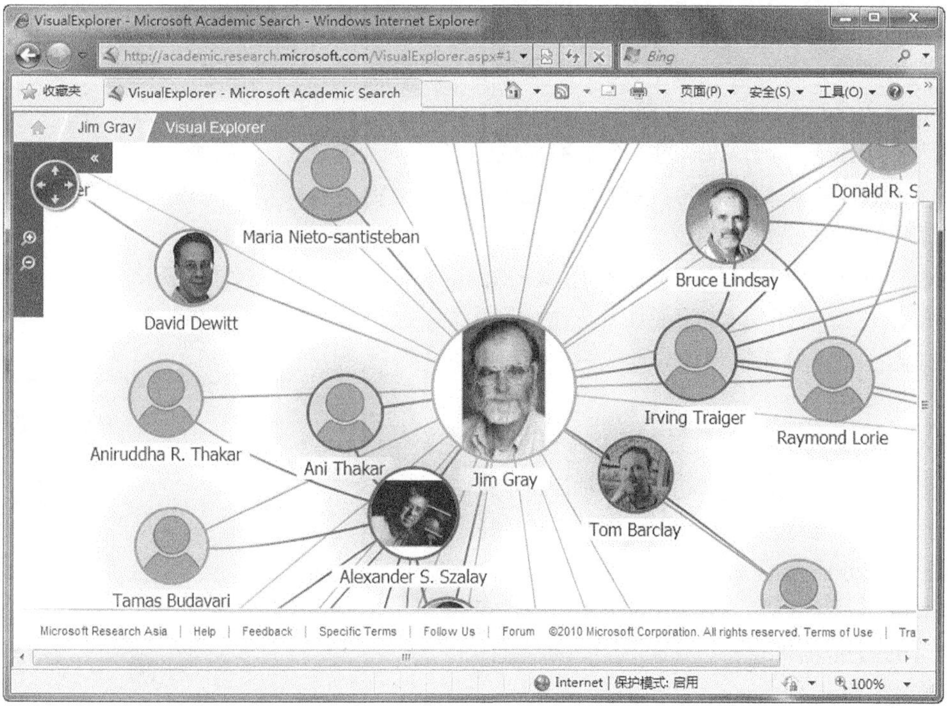

图 14-1 Silverlight 版本的社交网络应用

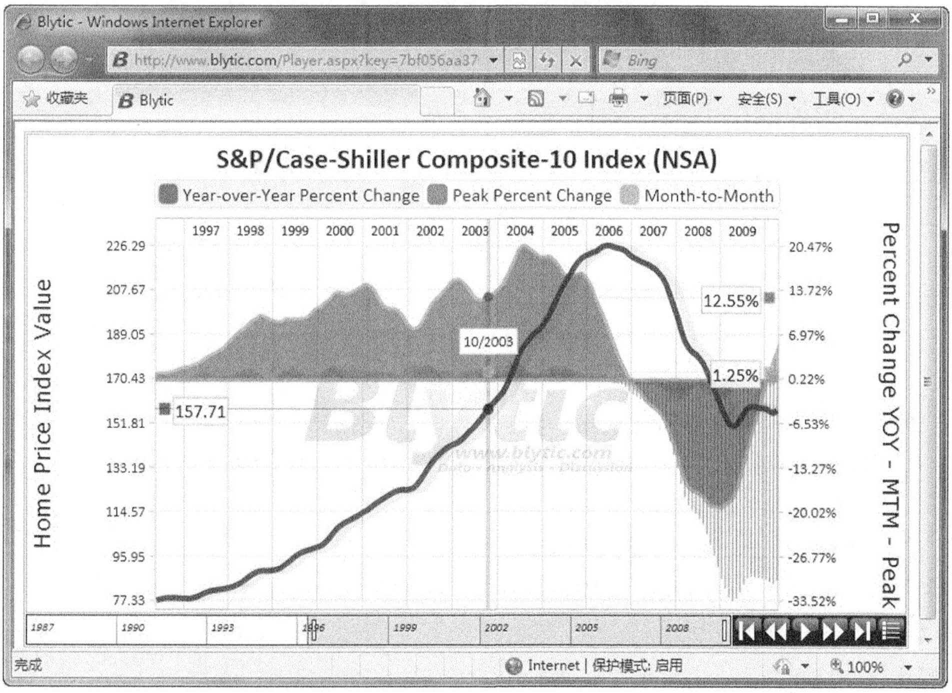

图 14-2 Silverlight 版本的股票交易平台

14.1.2 Silverlight 运行原理

Silverlight 是一个通过浏览器上的插件运行的客户端技术，用户不需要在自己的计算机上安装任何客户端程序，当然除了浏览器和 Silverlight 插件。微软 Windows Vista 以上版本的操作系统，都会默认安装 Silverlight 插件，除此之外的操作系统，需要手动下载（http://www.silverlight.net/getstarted/）或者在运行 Silverlight 程序时按照提示自动安装。

虽然 Silverlight 属于 WPF 的一个子集，但是也拥有属于自己的类库，被称为.Net Framework for Silverlight，这个类库是全新的，受.Net Framework 的支持。在开发 Silverlight 应用时，可以调用这个类库中的方法。

Silverlight 同 WPF 一样，界面使用 XAML 语言描述并构建，逻辑代码可以使用任何受.Net Framework 支持的语言编写，如 C#、VB.NET、C++.NET 等，甚至还可以使用一些动态语言，如 F#、Iron Python 等。

Silverlight 的运行原理和部署同 Flash 相似，编译器首先会把代码编译成 xap 文件，并部署到站点中，当使用者通过浏览器访问该站点，向服务器发送数据包请求时，服务器会把 xap 文件包及其相关资源下载到用户本地，下载完毕，在客户端会自动加载程序，并通过 Silverlight 插件运行。运行过程可以通过图 14-3 所示来描述。

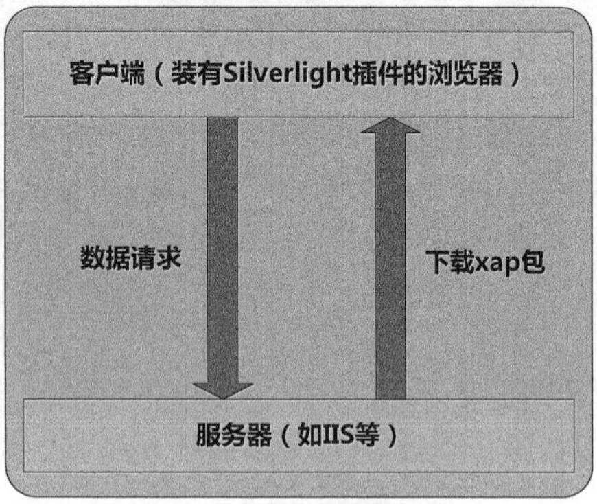

图 14-3　Silverlight 运行原理图

xap 文件实际上是一个压缩的数据包，其中包含了两个文件，一个是 xaml 界面描述文件，一个是编译的 dll 文件。xap 文件只需要下载一次，以后就可以直接运行，除非有新版本的程序需要更新。

14.1.3　Silverlight 结构体系

Silverlight 结构体系主要包括两个：界面元素和.Net for Silverlight 类库，如图 14-4 所示。

图 14-4 主要有三部分，最底层是浏览器主机，是运行 Silverlight 程序的载体，详细说明如下所示。

- 集成网络协议：通过该协议与服务器通信。
- DOM 集成：与本地浏览器交互。
- 应用程序服务：提供了启动、转载和维持 Silverlight 程序的主要服务。
- 安装程序：Silverlight 版本的自动更新。

中间是界面元素部分，包括了 UI 核心和媒体交互等。详细说明如下所示。

- UI 核心：对界面上的矢量图、动画、文本和图像等处理。
- 输入：接收用户的键盘、鼠标和墨迹的输入操作。
- 媒体：多媒体的处理，支持多种流行的媒体格式。

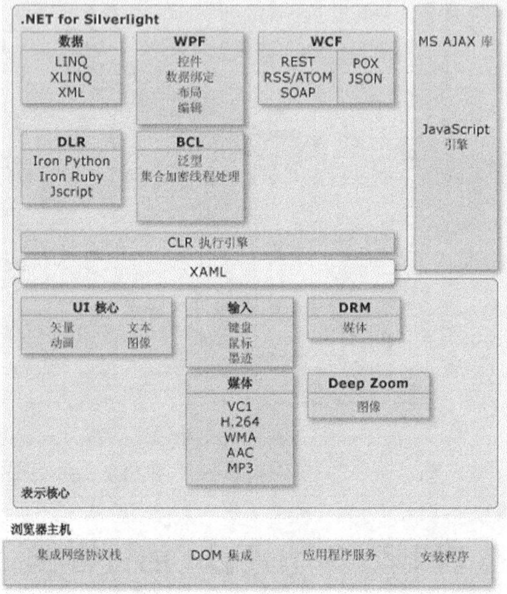

图 14-4　Silverlight 结构体系

● Deep Zoom：新版本中引入的技术，处理高分辨率图像，在不影响性能的同时，可以快速地放大和缩小图像，主要应用在摄影、广告和绘图等专业领域。

最上面是.Net for Silverlight，对客户端的数据处理提供了有效的支持。详细说明如下所示。

● 数据：提供了数据查询和处理技术。
● WPF：提供了和 WPF 同样功能的控件、布局和数据绑定功能。
● DLR：对动态语言的支持。
● BCL：支持泛型、集合加密线程处理等技术。

此外，通过.Net for Silverlight 还可以使用 AJAX 库和 JavaScript 引擎，以扩展需要的功能。

14.2 Silverlight 与 XAML 语言

XAML 是构建 Silverlight 应用界面的重要语言，有了 XAML 语言，界面的设计和逻辑代码就可以完全分离。本节将简要介绍 XAML 语言以及在 Silverlight 应用中的作用。

14.2.1 XAML 语言

可扩展应用程序标记语言（XAML）是一种声明性语言。具体来说，XAML 可以通过使用一种语言结构来显示多个对象之间的分层关系，并使用一种后备类型约定来支持类型扩展，以初始化对象并设置对象的属性。可以使用声明性 XAML 标记创建可见用户界面（UI）元素。然后，可以使用单独的代码隐藏文件来响应事件和处理您在 XAML 中声明的对象。XAML 语言支持在开发过程中在不同工具和角色之间互换源代码而不会丢失信息，如在 Visual Studio 和 Microsoft Expression Blend 之间交换 XAML 源代码。

XAML 文件是通常具有.xaml 文件扩展名的 XML 文件。下面的代码就是非常基本的 Silverlight XAML 文件的内容。

```
<UserControl x:Class="MySilverlight.Page"
  xmlns="http://schemas.microsoft.com/winfx/2006/xaml/presentation"
  xmlns:x="http://schemas.microsoft.com/winfx/2006/xaml">
  <Grid Background="OldLace">
  </Grid>
</UserControl>
```

说明

Expression Blend 是一种界面设计工具，功能类似于 Flash Professional 工具，可以布局页面中的元素，也可以制作动画。通过 Expression Blend 设计的界面或动画可以直接生成 xaml 语言导入到开发工具中。

14.2.2 XAML 与 Silverlight 关系

在 Silverlight 体系结构和 Silverlight 应用程序开发过程中，XAML 发挥着多种重要作用。

● XAML 是用于声明 Silverlight UI 及该 UI 中元素的主要格式。通常，项目中至少有一个 XAML 文件表示应用程序中用于最初显示的 UI 的“页面”比喻。其他 XAML 文件可能声明其他用于导航 UI 或模式替换 UI 的页。另外一些 XAML 文件可以声明资源，如模板或其他可以重用或替换的应用程序元素。

- XAML 是用于声明样式和模板的格式，这些样式和模板应用于 Silverlight 控件和 UI 的逻辑基础。您可以执行此操作来模板化现有控件，或作为为控件提供默认模板的控件作者来执行此操作。
- XAML 是用于为创建 Silverlight UI 和在不同设计器应用程序之间交换 UI 设计提供设计器支持的常见格式。最值得注意的是，Silverlight 应用程序的 XAML 可在 Expression Blend 产品与 Visual Studio 之间互换。
- WPF 还在 XAML 中定义其 UI。就与 WPF XAML 的关系而言，Silverlight XAML 使用共享的默认 XAML 命名空间，且对于其 XAML 词汇具有近似的 WPF 子集关系。因此，XAML 为 UI 在 Silverlight 与 WPF 之间迁移提供了一种有效途径，这样，就可以针对 Silverlight 执行 UI 设计，然后几乎无需重新设计 UI 图面即可将此相同设计迁移到 WPF。
- Silverlight XAML 定义 UI 的可视外观，而关联的代码隐藏文件定义逻辑。可以对 UI 设计进行调整，而不必更改代码隐藏中的逻辑。就此作用而言，XAML 简化了负责主要可视化设计的人员与负责应用程序逻辑和信息设计的人员之间的工作流。
- 由于支持可视化设计器和设计图面，因此，XAML 支持在早期开发阶段快速构造 UI 原型，并在整个开发过程中使设计的组成元素更可能保留为代码访问点，即使可视化设计发生了巨大变化也不例外。

根据在开发过程中所扮演的角色，可能无法广泛地与 XAML 语言或 XAML 语法交互。与 Silverlight XAML 交互的程度还取决于所使用的开发环境、是否使用交互式设计环境功能（如工具箱和属性编辑器）以及 Silverlight 应用程序的范围和目的。尽管如此，在开发 Silverlight 应用程序的过程中，还是可能能够使用基于文本的编辑器在元素级编辑 Silverlight XAML 文件。

14.3 创建 Silverlight 应用

本章开始将一步步使用 Visual Studio 2010 开发工具构建 Silverlight 应用程序，从最简单的使用基础控件开始，到编写绘制复杂的几何图形的代码。

14.3.1 安装 Silverlight 4 扩展升级

目前官方发布最新的稳定版本是 Silverlight 4，其中增加了很多新特性和功能，主要包括如下几点。

- 改善了 OOB 特性：允许跨域访问和运行本地应用，可以读取本地文件。增加了 WebBrowser 控件，使用该控件可以访问并显示外部网页。
- 媒体功能的改进：支持摄像头和麦克风的访问，增加媒体内容的版权保护。
- 文本功能增强：添加了富文本编辑控件，支持阿拉伯和西伯利亚等特殊文本格式，增加了更多事件。
- 控件功能增强：允许拖曳或者复制外部数据到应用中。

通过官方网站，可以下载“Microsoft Silverlight 4 Tools for Visual Studio 2010”，此安装包用于开发 Silverlight 4 应用程序的 Visual Studio 2010 外接程序。下载到本地，开始安装，安装步骤如下所示。

（1）双击打开安装包，出现软件更新安装向导的“欢迎使用”对话框，如图 14-5 所示。

（2）单击“下一步”按钮，出现“许可条款”对话框，如图 14-6 所示。

图 14-5　“欢迎使用”对话框

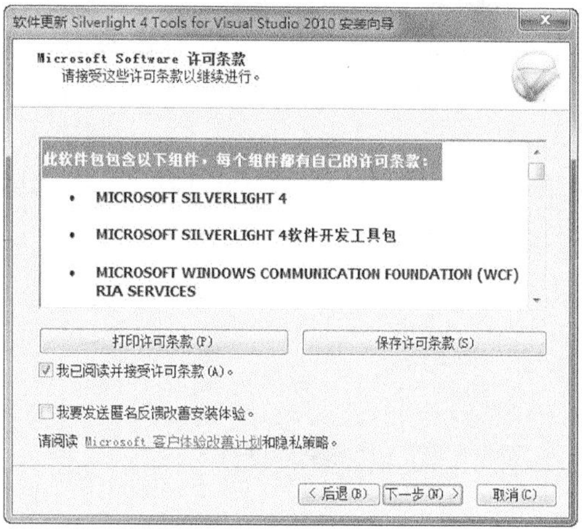

图 14-6　“许可条款”对话框

（3）选中“我已阅读并接受许可条款”复选框，单击“下一步”按钮，出现“安装进度”对话框，如图 14-7 所示。

（4）等待安装进度条到达 100%时，出现“完成安装”对话框，如图 14-8 所示。

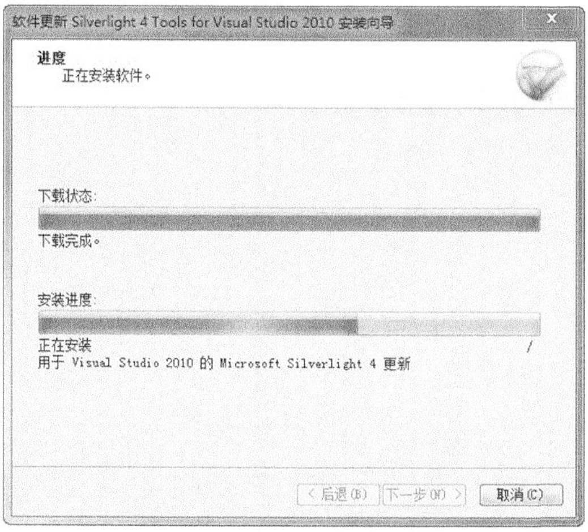

图 14-7　“安装进度”对话框

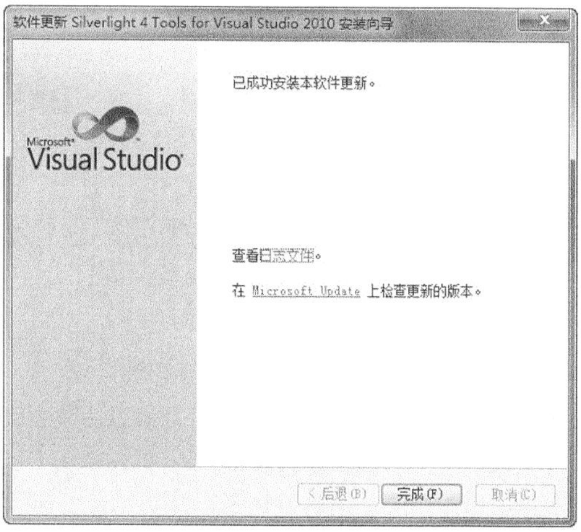

图 14-8　“完成安装”对话框

（5）单击“完成”按钮，关闭对话框，完成按钮。

14.3.2　创建一个 Silverlight 应用

本范例通过使用 Visual Studio 2010 开发工具创建一个文本控件，并显示简单的文本，操作步骤如下所示。

（1）打开 Visual Studio 2010 开发工具，单击菜单“文件”|“新建”|“项目”，出现“添加项目”对话框，如图 14-9 所示。

（2）选择“Sliverlight 应用程序”项目类型，修改默认的项目名称，单击“确定”按钮，出现“新建 Sliverlight 应用程序”对话框，如图 14-10 所示。

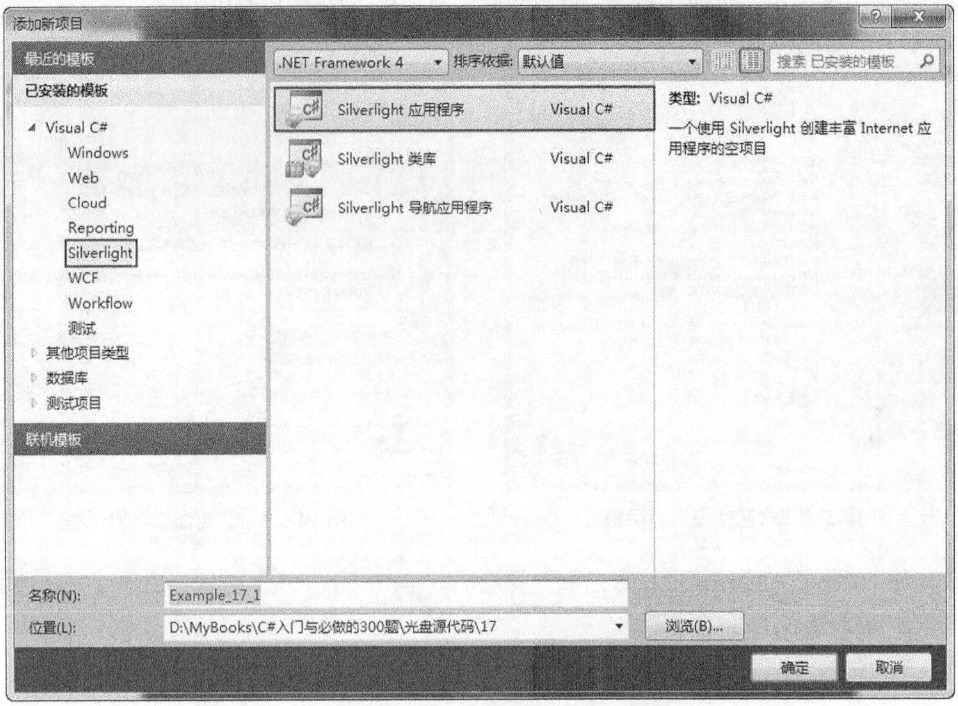

图 14-9　创建 Sliverlight 应用程序

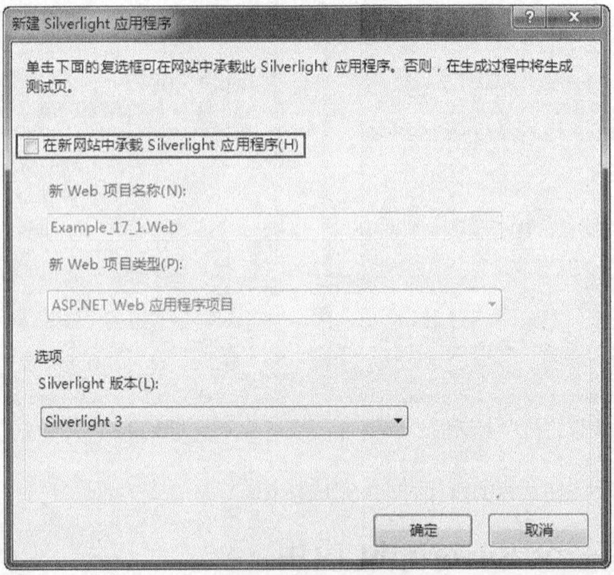

图 14-10　“新建 Sliverlight 应用程序”对话框

（3）去掉默认的“在新网站中承载 Sliverlight 应用程序”复选框，选择适当的 Sliverlight 版本，这里选择“Sliverlight 3”。单击“确定”按钮，系统会生成主框架代码，并自动转到设计界面。

说明

根据需求尽量选择较低的 Sliverlight 版本，以达到最大程度的兼容性。

（4）从左侧的“工具箱”面板中，选择 TextBlock 文本块控件，并按住鼠标左键拖放到设计视图中，如图 14-11 所示。

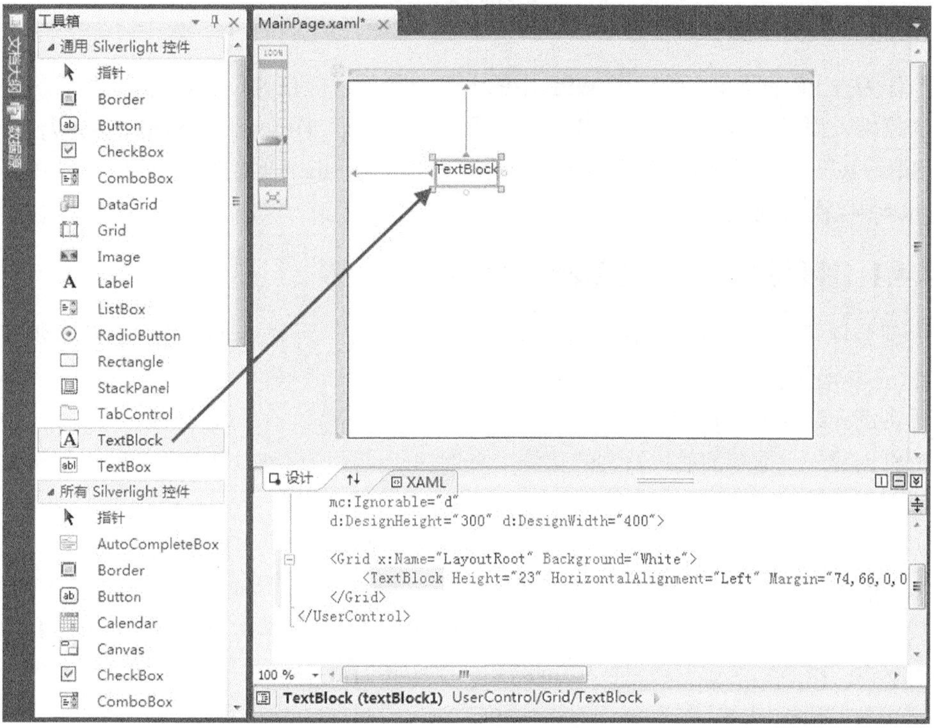

图 14-11　创建文本块控件

（5）选择刚刚在界面上创建好的文本块控件，在左侧的“属性”面板中修改 Text 文本内容属性，以及文字字体、大小和样式，如图 14-12 所示。

（6）使用快捷键“Ctrl+F5”或者单击菜单“调试”|“开始执行（不调试）”命令，开始编译代码，运行的效果如图 14-13 所示。

图 14-12　“属性”面板

图 14-13　运行结果

14.4 使用基础控件

虽然作为 WPF 的子集，使用了 WPF 中的一部分控件，但是 Silverlight 还是拥有另外一套比较独立的控件，而且，官方还在持续开发中。通过站点 http://silverlight.codeplex.com/，可以了解到有关 Silverlight 控件库的最新信息。本节将介绍一些 Silverlight 比较基础的控件，其中还包括了 Silverlight 4 中新增的控件。

14.4.1 日期（DatePicker）控件

在大部分项目中，日期和时间已经是必不可少的字段，所以日期控件也是必须要了解的。Silverlight 在早期的版本就已经提供了日期控件，不论是哪个版本，日期控件的用法基本相同，本节将通过实例介绍 Silverlight 3 中日期控件的使用。

本范例创建一个简单的航班查询的功能，查询功能按照城市和日期等关键信息筛选数据。操作步骤如下所示。

（1）打开 Visual Studio 2010 开发工具，创建一个 Silverlight 应用程序。

（2）从“工具箱”面板中创建 4 个文本控件、两个单选按钮、两个下拉框列表、两个日期控件和一个搜索按钮控件，调整每个控件的位置，设置控件的属性和数据，设计界面如图 14-14 所示。

（3）双击“搜索”按钮创建鼠标单击事件，代码如下所示。

```
private void btnSearch_Click(object sender, RoutedEventArgs e)
{
    // 获取航班类型
    string flightType = "";
    if (radioButton1.IsChecked.HasValue)
    {
        flightType = radioButton1.Content.ToString();
    }
    else
    {
        flightType = radioButton2.Content.ToString();
    }

    // 获取城市
    string departCity = comboBox1.SelectionBoxItem.ToString();
    string arriveCity = comboBox2.SelectionBoxItem.ToString();

    // 获取往返日期
    string goDate = datePicker1.Text;
    string backDate = datePicker2.Text;

    // 汇总航班信息
    string flightInfo = "航班类型:" + flightType + "\n";
    flightInfo += "出发城市:" + departCity + "\n";
    flightInfo += "到达城市:" + arriveCity + "\n";
    flightInfo += "出发日期:" + goDate + "\n";
```

```
27.     flightInfo += "返回日期:" + backDate;
28.
29.     // 弹出信息框
30.     MessageBox.Show("您预订的航班信息: \n" + flightInfo);
31. }
```

代码解析：

- 第 5 行：通过单选按钮的 IsChecked 属性的哈希值 HasValue 判断是否选中该项。
- 第 19、20 行：通过日期控件的 Text 属性获取选择的日期，类型为字符串。
- 第 23～26 行：字符“\n”为转义字符，表示换行符。

（4）编译代码，运行的效果如图 14-15 所示。

图 14-14 设计界面

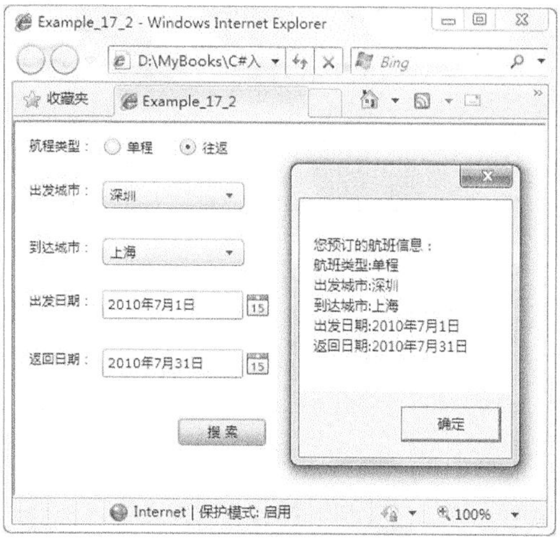

图 14-15 使用日期控件

运行程序后，选择航程类型、出发和到达城市、出发和返回日期，单击“搜索”按钮，系统会获取用户输入的信息。

14.4.2 自动完成（AutoCompleteBox）控件

自动完成控件是新增加的控件，可以根据用户输入的关键字，查找出匹配的数据，并以下拉列表的形式列出来，以帮助用户选择。

本范例在 14.4.1 小节的基础上，修改了城市选择控件。操作步骤如下所示。

（1）打开 Visual Studio 2010 开发工具，创建一个 Silverlight 应用程序。

（2）在主页面加载函数 MainPage()中添加备选城市数据，并添加到自动完成控件中，代码如下所示。

```
public MainPage()
{
    InitializeComponent();

    // 添加备选城市
    List<string> cities = new List<string>();
    cities.Add("北京");
    cities.Add("上海");
    cities.Add("广州");
```

```
10.     cities.Add("深圳");
11.     cities.Add("重庆");
12.
13.     // 添加到自动完成控件中
14.     autoCompleteBox1.ItemsSource = cities;
15.     autoCompleteBox2.ItemsSource = cities;
16. }
```

代码解析：

- 第 6 行：创建一个 List 类型的城市集合。
- 第 7～11 行：使用 Add()方法添加数据到 cities 集合中。
- 第 14、15 行：使用自动完成控件的 ItemsSource 属性绑定数据集。

（3）创建“搜索”按钮的鼠标单击事件，代码如下所示。

```
1.  private void btnSearch_Click1(object sender, RoutedEventArgs e)
2.  {
3.      // 获取航班类型
4.      string flightType = "";
5.      if (radioButton1.IsChecked.HasValue)
6.      {
7.          flightType = radioButton1.Content.ToString();
8.      }
9.      else
10.     {
11.         flightType = radioButton2.Content.ToString();
12.     }
13.
14.     // 获取城市
15.     string departCity = autoCompleteBox1.Text;
16.     string arriveCity = autoCompleteBox2.Text;
17.
18.     // 获取往返日期
19.     string goDate = datePicker1.Text;
20.     string backDate = datePicker2.Text;
21.
22.     // 汇总航班信息
23.     string flightInfo = "航班类型:" + flightType + "\n";
24.     flightInfo += "出发城市:" + departCity + "\n";
25.     flightInfo += "到达城市:" + arriveCity + "\n";
26.     flightInfo += "出发日期:" + goDate + "\n";
27.     flightInfo += "返回日期:" + backDate;
28.
29.     // 弹出信息框
30.     MessageBox.Show("您预订的航班信息：\n" + flightInfo);
31. }
```

代码解析：

- 第 15、16 行：通过自动完成控件的 Text 属性，获取用户输入的文本内容。

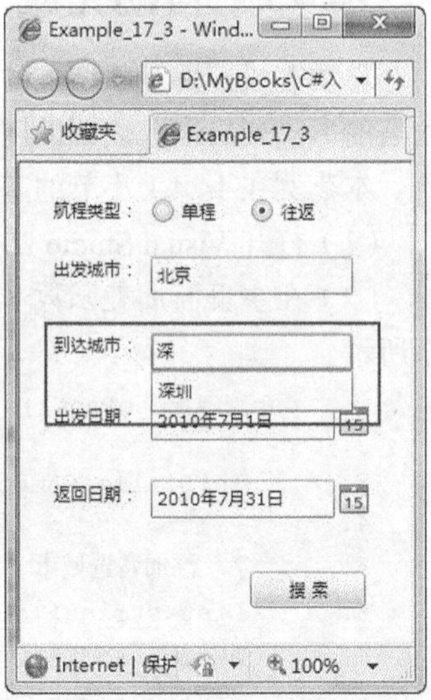

图 14-16　自动完成控件

（4）编译代码，运行的效果如图 14-16 所示。当在“出发城市”和“到达城市”中输入城市名称时，会自动依据关键字列出相关的备选城市列表。

运行程序后，在到达城市的文本框中输入第一个字，如“深”，系统会提示相关数据。

14.4.3　图像（Image）控件

图像控件的使用和在 WPF 中一样，不过本节重点介绍的是如何动态创建一个图片并使用相关属性缩放图片。通过本节的学习，读者可以了解到如何编辑图片。

本范例通过图像控件加载一个外部的图片，并使用 RenderTransform 缩放图片，操作步骤如下所示。

（1）打开 Visual Studio 2010 开发工具，创建一个 Silverlight 应用程序。

（2）在页面加载中，动态加载一个图片到图像控件中，代码如下所示。

```
1.  public MainPage()
2.  {
3.      InitializeComponent();
4.
5.      // 加载图片
6.      Uri uri = new Uri("owl.jpg", UriKind.Relative);
7.      BitmapImage bitImage = new BitmapImage(uri);
8.      image1.Source = bitImage;        // 设置 Source 属性
9.  }
```

代码解析：

- 第 7 行：通过创建 BitmapImage 对象，动态加载外部图片。

（3）双击滑块控件，创建滑块滑动时更新数据的事件。在事件中通过 RenderTransform 属性来缩放图像，代码如下所示。

```
1.  private void slider1_ValueChanged(object sender, RoutedPropertyChangedEventArgs
<double> e)
2.  {
3.      if (slider1 != null)
4.      {
5.          ScaleTransform st = new
ScaleTransform(); // 创建 ScaleTransform 对象
6.          st.ScaleX = slider1.Value;  // 设置
X 轴缩放
7.          st.ScaleY = slider1.Value;  // 设置
Y 轴缩放
8.          image1.RenderTransform = st;
9.      }
10. }
```

代码解析：

- 第 6、7 行：通过 ScaleTransform 对象的 ScaleX 和 ScaleY 属性，来设置图片的缩放系数。

（4）编译代码，运行的效果如图 14-17 所示。

运行程序后，用鼠标滑动缩放滑块，会改变图片的大小。

图 14-17　使用图像控件

14.4.4　网页浏览器（WebBrowser）控件

网页浏览器控件是 Silverlight 4 中新增加的，用来承载 Silverlight 插件中的静态 HTML 页面。

该控件只适用于在浏览器外运行的 Silverlight 程序，所以需要修改项目的属性才能在浏览器外运行。

本范例创建一个 WebBrowser 控件，操作步骤如下所示。

（1）打开 Visual Studio 2010 开发工具，创建一个 Silverlight 应用程序。

（2）在“Silverlight 版本”选项中选择“Silverlight 4”，如图 14-18 所示。

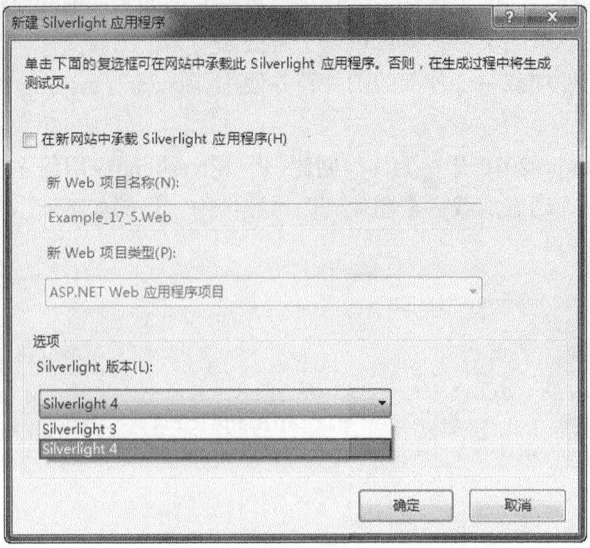

图 14-18　新建 Silverlight 应用程序

（3）在“解决方案资源管理器”面板中，右击项目名称，在菜单中单击“属性”命令，修改项目属性，如图 14-19 所示。

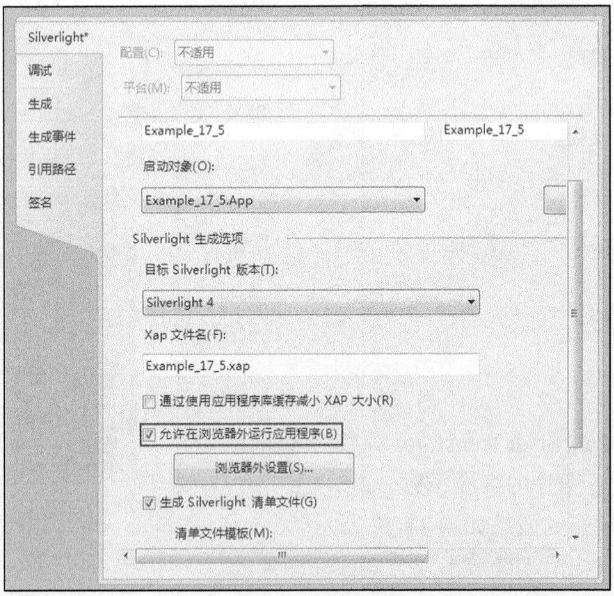

图 14-19　修改项目属性

（4）在界面中添加一个文本控件、一个“转到”按钮、一个输入网址的文本框控件以及一个 WebBrowser 控件，如图 14-20 所示。

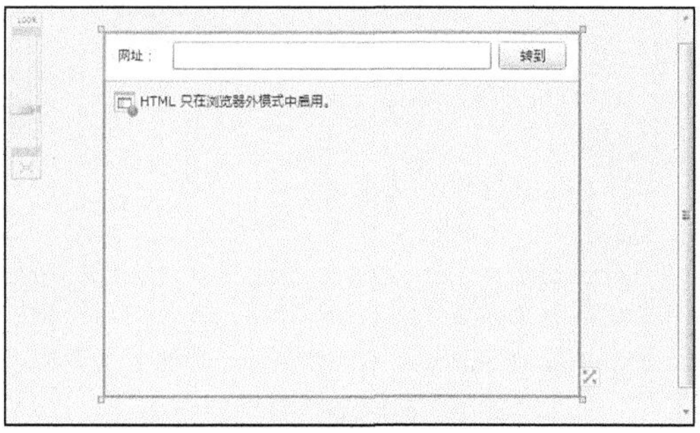

图 14-20　设计界面

（5）双击“转到”按钮，创建按钮的鼠标单击事件，代码如下所示。

```
private void button1_Click(object sender, RoutedEventArgs e)
{
    string uri = textBox1.Text;        // 声明 URI
    WB1.Navigate(new Uri(uri));        // 设置转向
}
```

（6）编译代码并运行，在文本框中输入网址，单击“转到”按钮，在 WebBrowser 控件内显示网页内容。

14.4.5　富文本编辑（RichTextBox）控件

RichTextBox 控件同样也是 Silverlight 4 新版本中才具有的控件，该控件支持格式化文本、增加超链接、内联图像和编辑其他多种格式的文本编辑控件。

本范例通过 RichTextBox 控件，创建一个简单的文本格式编辑功能，包括设置文本的粗体、斜体和下画线。操作步骤如下所示。

（1）打开 Visual Studio 2010 开发工具，创建一个 Silverlight 应用程序。

（2）在界面中创建三个按钮和一个 RichTextBox 控件，设计界面如图 14-21 所示。

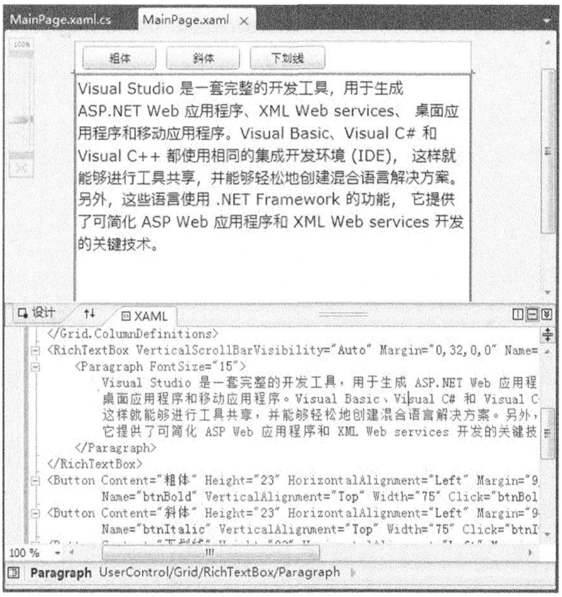

图 14-21　设计界面

（3）编写“粗体”按钮单击事件的代码，代码如下所示。

```
private void btnBold_Click(object sender, RoutedEventArgs e)
{
    if (myRTB != null) // 判断是否为空
    {
        if (myRTB.Selection.GetPropertyValue(Run.FontWeightProperty) is FontWeight &&
            ((FontWeight)myRTB.Selection.GetPropertyValue(Run.FontWeightProperty))
            == FontWeights.Normal)    // 判断选择的文本是否为粗体
        {
            myRTB.Selection.ApplyPropertyValue(Run.FontWeightProperty, FontWeights.Bold);
        }
        else
        {
            myRTB.Selection.ApplyPropertyValue(Run.FontWeightProperty, FontWeights.Normal);
        }

    }
}
```

（4）编写“斜体”按钮的单击事件，代码如下所示。

```
private void btnItalic_Click(object sender, RoutedEventArgs e)
{
    if (myRTB != null) // 判断是否为空
    {
        if (myRTB.Selection.GetPropertyValue(Run.FontStyleProperty) is FontStyle &&
            ((FontStyle)myRTB.Selection.GetPropertyValue(Run.FontStyleProperty))
            == FontStyles.Normal)         // 判断选择的文本是否为粗体
        {
            myRTB.Selection.ApplyPropertyValue(Run.FontStyleProperty, FontStyles.Italic);
        }
        else
        {
            myRTB.Selection.ApplyPropertyValue(Run.FontStyleProperty, FontStyles.Normal);
        }
    }
}
```

（5）编写“下画线”按钮的单击事件，代码如下所示。

```
private void btnUnderline_Click(object sender, RoutedEventArgs e)
{
    if (myRTB != null) // 判断是否为空
    {
        if (myRTB.Selection.GetPropertyValue(Run.TextDecorationsProperty) == null)
        {
            myRTB.Selection.ApplyPropertyValue(
                Run.TextDecorationsProperty, TextDecorations.Underline);    // 设置下划线
        }
        else
        {
            myRTB.Selection.ApplyPropertyValue(Run.TextDecorationsProperty, null);
        }
    }
}
```

（6）编译代码，运行的效果如图 14-22 所示。

图 14-22　使用富文本编辑控件

运行程序后，用鼠标选择一段文本，可以通过顶部按钮执行格式化文本命令。

14.5　Silverlight 多媒体应用

多媒体应用是区分传统 Web 技术的标准之一，Silverlight 可以支持多种媒体格式的播放，同时在新版本 Silverlight 4 中还增加了对本地资源设备的访问，如麦克风和摄像头等。

14.5.1　播放多媒体

Silverlight 的多媒体播放要依靠 MediaElement 对象，通过该对象可以播放 Windows Media 视频（WMV）、Windows Media 音频（WMA）和 MP3 文件等。通过 MediaElement 对象还可以控制播放的影片。

本范例通过 MediaElement 对象创建一个简易的多媒体播放器，操作步骤如下所示。

（1）打开 Visual Studio 2010 开发工具，创建一个 Silverlight 应用程序。

（2）在界面上添加三个按钮和一个 MediaElement 对象，三个按钮分别控制影片的播放、暂停和停止，界面 XAML 的代码如下所示。

```
<UserControl x:Class="MediaElementTest"
    xmlns="http://schemas.microsoft.com/winfx/2006/xaml/presentation"
    xmlns:x="http://schemas.microsoft.com/winfx/2006/xaml"
    xmlns:d="http://schemas.microsoft.com/expression/blend/2008"
    xmlns:mc="http://schemas.openxmlformats.org/markup-compatibility/2006"
    mc:Ignorable="d"
    d:DesignHeight="300" d:DesignWidth="400">

    <Grid x:Name="LayoutRoot" Background="White">
        <Grid.ColumnDefinitions>
            <ColumnDefinition Width="*" />
            <ColumnDefinition Width="*" />
            <ColumnDefinition Width="*"/>
        </Grid.ColumnDefinitions>
```

```
        <Grid.RowDefinitions>
            <RowDefinition Height="*" />
            <RowDefinition Height="Auto" />
        </Grid.RowDefinitions>
        <!--创建 MediaElement 组件 -->
        <MediaElement x:Name="media" Width="300" Height="300" Source="wildlife.wmv"
                Grid.Column="0" Grid.Row="0" Grid.ColumnSpan="3" />

        <!--停止按钮.-->
        <Button Click="StopMedia" Grid.Column="0" Grid.Row="1" Content="停止" />

        <!--暂停按钮 -->
        <Button Click="PauseMedia" Grid.Column="1" Grid.Row="1" Content="暂停" />

        <!--开始播放按钮 -->
        <Button Click="PlayMedia" Grid.Column="2" Grid.Row="1" Content="播放" />
    </Grid>
</UserControl>
```

（3）三个控制影片按钮的事件代码如下所示。

```
private void StopMedia(object sender, RoutedEventArgs e)
{
    media.Stop();     // 停止
}

private void PauseMedia(object sender, RoutedEventArgs e)
{
    media.Pause();     // 暂停
}

private    void    PlayMedia(object    sender,
RoutedEventArgs e)
{
    media.Play();     // 播放
}
```

图 14-23　播放多媒体

（4）编译代码，运行的效果如图 14-23 所示。

运行程序后，单击“播放”按钮，播放影片，“停止”按钮停止影片播放，“暂停”按钮暂停当前播放。

14.5.2　捕获本地设备资源

Silverlight 4 中新增加了一些对本地资源设备的访问，常用的就是网络摄像机和麦克风。本范例捕获本地的摄像头，操作步骤如下所示。

（1）打开 Visual Studio 2010 开发工具，创建一个 Silverlight 应用程序。

（2）界面中创建三个按钮，XAML 代码如下所示。

```
<UserControl x:Class=" MainPage2"
    xmlns="http://schemas.microsoft.com/winfx/2006/xaml/presentation"
    xmlns:x="http://schemas.microsoft.com/winfx/2006/xaml"
    xmlns:d="http://schemas.microsoft.com/expression/blend/2008"
    xmlns:mc="http://schemas.openxmlformats.org/markup-compatibility/2006"
    mc:Ignorable="d"
```

```
    d:DesignHeight="300" d:DesignWidth="400">

    <Grid x:Name="LayoutRoot" Background="White">
        <Grid.ColumnDefinitions>
            <ColumnDefinition Width="*" />
            <ColumnDefinition Width="*" />
            <ColumnDefinition Width="*" />
        </Grid.ColumnDefinitions>
        <Grid.RowDefinitions>
            <RowDefinition Height="*" />
            <RowDefinition Height="Auto" />
        </Grid.RowDefinitions>
        <!–绘制矩形区域 -->
        <Rectangle x:Name="webcamDisplay" Width="200" Height="200"
                   Grid.Column="0" Grid.Row="0" Grid.ColumnSpan="2" />
        <Button x:Name="btnStart" Grid.Column="0" Grid.Row="1" Content="开始"
                Click="btnStart_Click" />
        <Button x:Name="btnStop" Grid.Column="1" Grid.Row="1" Content="停止"
                Click="btnStop_Click" />
        <Rectangle x:Name="capturedDisplay" Width="200" Height="200"
                   Grid.Column="2" Grid.Row="0"/>
        <Button x:Name="btnCapture" Grid.Column="2" Grid.Row="1" Content="截屏"
                Click="btnCapture_Click" />
    </Grid>
</UserControl>
```

（3）设计界面如图 14-24 所示。

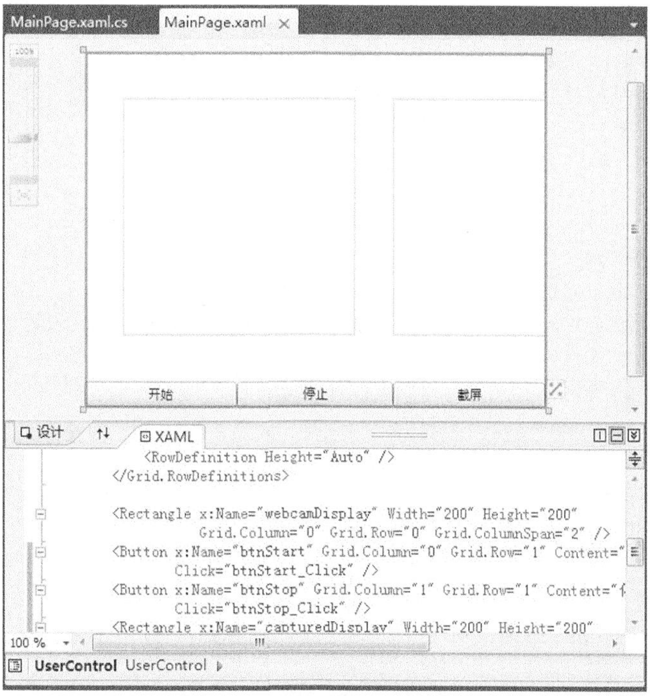

图 14-24　设计界面

（4）初始化代码如下所示。

```
private CaptureSource captureSource;
private ImageBrush capturedImage;

public MainPage()
{
    InitializeComponent();

    // 创建 CaptureSource 对象
    captureSource = new CaptureSource();
    // 获取本地的摄像头和录音设备上的资源
    VideoCaptureDevice webcam = CaptureDeviceConfiguration.GetDefaultVideoCaptureDevice();
   AudioCaptureDevice audio = CaptureDeviceConfiguration.GetDefaultAudioCaptureDevice();
    // 把本地资源填充到 CaptureSource 对象中
    captureSource.VideoCaptureDevice = webcam;
    captureSource.AudioCaptureDevice = audio;

    // 使用 VideoBrush 绘制摄像头上视频
    VideoBrush webcamBrush = new VideoBrush();

    // 设置视频捕获来源
    webcamBrush.SetSource(captureSource);

    // 完全填充到显示区域
    webcamDisplay.Fill = webcamBrush;

    // 创建 ImageBrush 对象，存储图片资源
    capturedImage = new ImageBrush();

    // 把 ImageBrush 对象完全填充到显示区域
    capturedDisplay.Fill = capturedImage;

    // 注册捕获事件
    captureSource.CaptureImageCompleted +=
        new EventHandler<CaptureImageCompletedEventArgs>(CaptureSource_CaptureImageCompleted);
    // 注册捕获失败事件
    captureSource.CaptureFailed +=
        new EventHandler<ExceptionRoutedEventArgs>(CaptureSource_CaptureFailed);
}
```

（5）开始和停止侦听网络摄像头，代码如下所示。

```
private void btnStart_Click(object sender, RoutedEventArgs e)
{
    if (CaptureDeviceConfiguration.RequestDeviceAccess() &&
        captureSource.VideoCaptureDevice != null)
    {
        try
        {
            captureSource.Start();          // 开始捕获
        }
        catch (InvalidOperationException ex)
        {
            // 提示信息
            MessageBox.Show("获取网络摄像机失败，请检查本地设备。");
```

```
        }
    }
}

private void btnStop_Click(object sender, RoutedEventArgs e)
{
    // 检查设备对象是否为空
    if (captureSource.VideoCaptureDevice != null)
    {
        captureSource.Stop();        // 停止捕获
    }
}
```

（6）捕获图片，代码如下所示。

```
private void btnCapture_Click(object sender, RoutedEventArgs e)
{
    // 检查设备对象是否为空，并且是否已经开启
    if (captureSource.VideoCaptureDevice != null &&
        captureSource.State == CaptureState.Started)
    {
        captureSource.CaptureImageAsync();
    }
}

private void CaptureSource_CaptureImageCompleted(object sender, CaptureImageCompletedEventArgs e)
{
    // 把获取结果保存在 capturedImage 对象中
    capturedImage.ImageSource = e.Result;
}

private void CaptureSource_CaptureFailed(object sender, ExceptionRoutedEventArgs e)
{
    // 处理捕获失败代码
}
```

（7）编译代码，在运行的界面中，单击“开始”按钮，从网络摄像机中捕获的本地影像会显示在上面的矩形区域中，单击“截屏”按钮，就会把当前的影像捕捉成静态图像，并显示在右边的矩形区域中。

14.6　Silverlight 中的几何绘图

在界面设计中，使用几何图形来代替枯燥的文字和表格，可以把设计意图更形象地表达出来，从而提高用户的交互性。Silverlight 中已经提供两种绘制几何图形的方法，一种是使用 Shape 对象绘图，另外一种则是借助 Geometry 对象来定义形状。本节将介绍在 Silverlight 应用中绘制图形的方法以及图形变换，在最后还简要介绍了如何创建三维透视。

14.6.1　使用 Shape 对象绘制图形

在 Silverlight 中，Shape 是一种允许您在屏幕中绘制形状的 UIElement 类型。由于它们是用户

界面 (UI) 元素，因此 Shape 对象可以在各种容器对象（如 Grid 和 Canvas）中使用。

使用 Shape 对象来绘制一个圆形，并填充颜色，操作步骤如下所示。

（1）打开 Visual Studio 2010 开发工具，创建一个 Silverlight 应用程序。

（2）界面的 XAML 代码如下所示。

```
1.  <UserControl x:Class="MainPage3"
2.      xmlns="http://schemas.microsoft.com/winfx/2006/xaml/presentation"
3.      xmlns:x="http://schemas.microsoft.com/winfx/2006/xaml"
4.      xmlns:d="http://schemas.microsoft.com/expression/blend/2008"
5.      xmlns:mc="http://schemas.openxmlformats.org/markup-compatibility/2006"
6.      mc:Ignorable="d"
7.      d:DesignHeight="300" d:DesignWidth="400">
8.       <!--创建 Canvas 对象，并在内部创建 Ellipse 圆形 -->
9.      <Canvas Height="300" Width="300">
10.         <Ellipse Canvas.Top="30" Canvas.Left="30"
11.             Fill="#FFFF0000" Height="150" Width="150"
12.             StrokeThickness="5" Stroke="#FF0000FF"/>
13.     </Canvas>
14. </UserControl>
```

代码解析：

- 第 10 行：创建一个 Ellipse 对象。
- 第 11 行：属性 Fill 意味着填充的颜色。
- 第 12 行：使用属性 StrokeThickness 可以设置边缘的厚度，Stroke 属性则指边框的颜色。

（3）编译代码，运行的效果如图 14-25 所示。

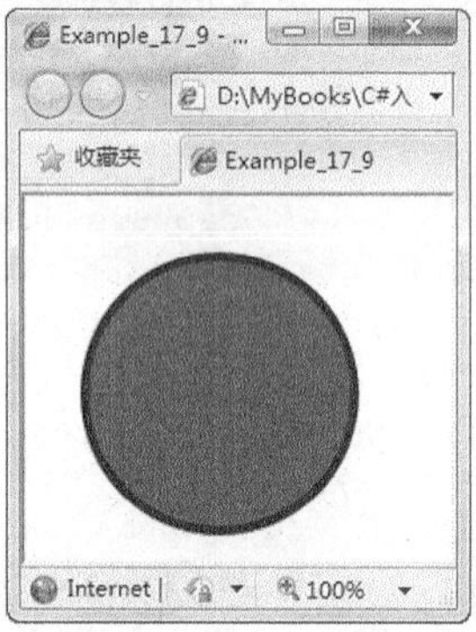

图 14-25　使用 Shape 对象绘制图形

14.6.2　使用 Geometry 对象定义形状

Geometry 对象（如 EllipseGeometry、PathGeometry 和 GeometryGroup）可以用于描绘二维 (2-D) 形状的几何图形。这些几何图形的描绘具有许多用途，例如，定义一个要绘制到屏幕的形状或者定义剪辑区域。Geometry 对象可以很简单（如矩形和圆），也可以是基于两个或更多个 Geometry 对象创建的复合形状。使用 PathGeometry 对象可以创建更复杂的几何图形，这些对象可用于描绘弧线和曲线。

本范例使用 Geometry 对象创建一个复合几何图形，操作步骤如下所示。

（1）打开 Visual Studio 2010 开发工具，创建一个 Silverlight 应用程序。

（2）界面的 XAML 代码如下所示。

```
<UserControl x:Class=" MainPage4"
    xmlns="http://schemas.microsoft.com/winfx/2006/xaml/presentation"
    xmlns:x="http://schemas.microsoft.com/winfx/2006/xaml"
    xmlns:d="http://schemas.microsoft.com/expression/blend/2008"
    xmlns:mc="http://schemas.openxmlformats.org/markup-compatibility/2006"
    mc:Ignorable="d"
    d:DesignHeight="300" d:DesignWidth="400">

    <Canvas>
        <Path Stroke="Black" StrokeThickness="1" Fill="#CCCCFF">
            <Path.Data>
                <!-- 使用 GeometryGroup 对象创建复合几何图形 -->
                <GeometryGroup FillRule="EvenOdd">
```

```
14.                 <LineGeometry StartPoint="10,10" EndPoint="50,30" />
15.                 <EllipseGeometry Center="40,70" RadiusX="30" RadiusY="30" />
16.                 <RectangleGeometry Rect="30,55 100 30" />
17.             </GeometryGroup>
18.         </Path.Data>
19.     </Path>
20.   </Canvas>
21. </UserControl>
```

代码解析：

- 第 13 行：使用 GeometryGroup 对象创建复合几何图形。
- 第 14 行：LineGeometry 对象表示创建直线。
- 第 15 行：EllipseGeometry 对象表示绘制椭圆形。
- 第 16 行：RectangleGeometry 对象表示绘制矩形。

（3）编译代码，运行的效果如图 14-26 所示。

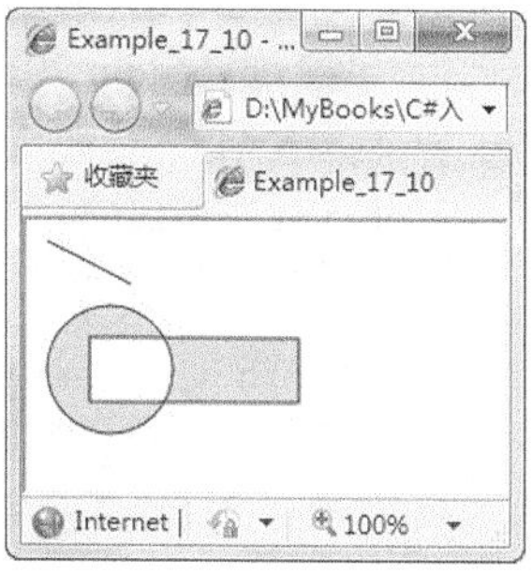

图 14-26 使用 Geometry 对象定义形状

14.6.3 图形变换

在 Silverlight 中使用二维 (2-D) Transform 类来旋转、按比例缩放、扭曲和移动（平移）对象。

本范例通过设置 Rectangle 对象的 RotateTransform 属性，将图形旋转一定的角度，操作步骤如下所示。

（1）打开 Visual Studio 2010 开发工具，创建一个 Silverlight 应用程序。

（2）界面的 XAML 代码如下所示。

```
1.  <UserControl x:Class="MainPage5"
2.      xmlns="http://schemas.microsoft.com/winfx/2006/xaml/presentation"
3.      xmlns:x="http://schemas.microsoft.com/winfx/2006/xaml"
4.      xmlns:d="http://schemas.microsoft.com/expression/blend/2008"
5.      xmlns:mc="http://schemas.openxmlformats.org/markup-compatibility/2006"
6.      mc:Ignorable="d"
7.      d:DesignHeight="300" d:DesignWidth="400">
8.
9.      <Canvas>
10.         <Rectangle Width="200" Height="200" Fill="#008000"
11.                    Canvas.Top="50" Canvas.Left="50">
12.             <Rectangle.RenderTransform>
13.                 <RotateTransform Angle="45" CenterX=
"100" CenterY="100" />
14.             </Rectangle.RenderTransform>
15.         </Rectangle>
16.     </Canvas>
17. </UserControl>
```

代码解析：

- 第 12 行：在 RenderTransform 属性中，可以设置对图形的变换。
- 第 13 行：RotateTransform 对象表示旋转图形，CenterX 和 CenterY 表示旋转中心的坐标。

（3）编译代码，运行的效果如图 14-27 所示。

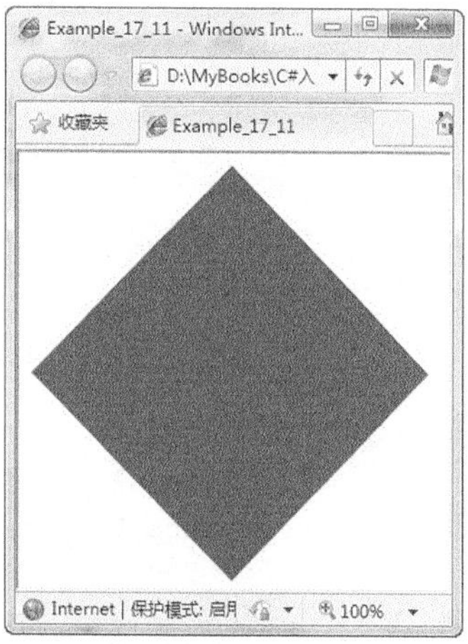

图 14-27 图形变换

14.6.4 创建三维透视转换

在 Silverlight 对象中，除了 X 和 Y 坐标外，几乎都还有 Z 坐标。这说明在 Silverlight 应用中，对三维视图的创建有更好的支持。

本范例通过 Projection 属性动态地设置三维坐标变换，创建一个三维透视。操作步骤如下所示。

（1）打开 Visual Studio 2010 开发工具，创建一个 Silverlight 应用程序。

（2）界面的 XAML 代码如下所示。

```
<UserControl x:Class="MainPage6"
    xmlns="http://schemas.microsoft.com/winfx/2006/xaml/presentation"
    xmlns:x="http://schemas.microsoft.com/winfx/2006/xaml"
    xmlns:d="http://schemas.microsoft.com/expression/blend/2008"
    xmlns:mc="http://schemas.openxmlformats.org/markup-compatibility/2006"
    mc:Ignorable="d"
    d:DesignHeight="300" d:DesignWidth="400">

    <Canvas>
        <Rectangle x:Name="rect" Width="200" Height="200" Fill="#008000"
                Canvas.Top="20" Canvas.Left="18">
        </Rectangle>
        <Slider x:Name="xSlider" Canvas.Left="288" Canvas.Top="20"
                Height="23" Width="100" Value="0"
                Maximum="180" Minimum="-180" SmallChange="1"
                ValueChanged="xSlider_ValueChanged" />
        <Slider x:Name="ySlider" Canvas.Left="288" Canvas.Top="70"
                Height="23" Width="100" Value="0"
                Maximum="180" Minimum="-180" SmallChange="1"
                ValueChanged="ySlider_ValueChanged" />
        <Slider x:Name="zSlider" Canvas.Left="288" Canvas.Top="120"
                Height="23" Width="100" Value="0"
                Maximum="180" Minimum="-180" SmallChange="1"
                ValueChanged="zSlider_ValueChanged" />
    </Canvas>

</UserControl>
```

（3）分别创建三个滑块的滑动事件，变换事件的代码如下所示。

```
public partial class MainPage : UserControl
{
    private PlaneProjection planProj;

    public MainPage()
    {
        InitializeComponent();

        planProj = new PlaneProjection();    // 创建 PlaneProjection 对象
    }

    private void xSlider_ValueChanged(object sender, RoutedPropertyChangedEventArgs<double> e)
    {
        planProj.RotationX = xSlider.Value;  // 设置 X 轴方向
        rect.Projection = planProj;
    }

    private void ySlider_ValueChanged(object sender, RoutedPropertyChangedEventArgs<double> e)
```

```
19.     {
20.         planProj.RotationY = ySlider.Value;        // 设置 Y 轴方向
21.         rect.Projection = planProj;
22.     }
23.
24.     private void zSlider_ValueChanged(object sender, RoutedPropertyChangedEventArgs
<double> e)
25.     {
26.         planProj.RotationZ = zSlider.Value;
                                         // 设置 Z 轴方向
27.         rect.Projection = planProj;
28.     }
29. }
```

代码解析：

- 第 9 行：创建一个 planProj 对象。
- 第 14 行：设置 RotationX 值为滑块当前的数值。

（4）编译代码，运行的效果如图 14-28 所示。

运行程序后，单击右侧的滑块，会改变图形的透视效果。

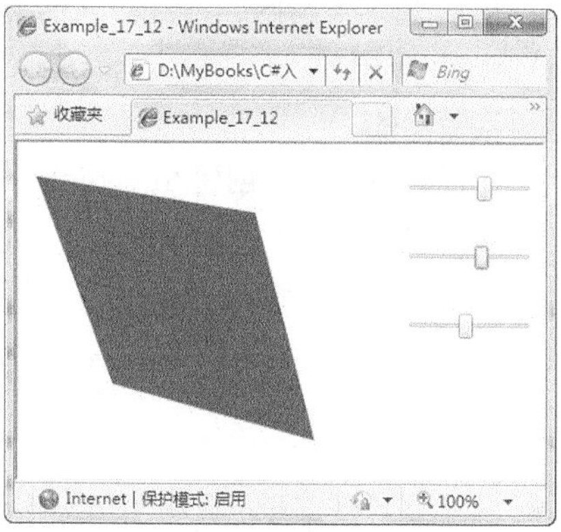

图 14-28　三维透视转换

小　　结

从介绍 Silverlight 技术，到基础控件的使用，从多媒体的创建，再到绘制几何图形，本章系统地介绍了 Silverlight 技术和应用。有关 Silverlight 技术的内容还有很多，由于篇幅所限，不能一一深入探讨，但是通过本章的学习，读者可以对 Silverlight 有一个清晰的认识，相信对以后的学习有更大的帮助。

基础控件在创建企业级应用中有很大用途，所以控件的灵活使用是本章的重点。本章的难点是几何绘图以及如何使用几何图形来构建页面，如何设计出更加人性化的图形界面，提高使用者的操作体验才是关键。下一章将要介绍有关反射的知识。

习　　题

14-1　什么是 Silverlight 技术？用自己的话描述一下。

14-2　XAML 语言有什么特点？

14-3　XAML 和 Silverlight 有哪些关系？

14-4　创建一个 Silverlight 应用的步骤有哪些？

14-5　如何使用 Shape 对象绘制图形？

14-6　Silverlight 技术可以应用到哪些地方，举例说明？

上机指导

Silverlight 交互式开发技术在应用上是很广泛的。从基础控件的使用，多媒体的创建，再到绘制几何图形，都是读者需要熟悉掌握的。

实验一　创建一个 Silverlight 应用

实验内容

根据 14.3 节的内容，自己试着创建一个 Silverlight 应用，并显示“欧耶！我亲手创建了一个 Silverlight 应用”。

实验目的

让读者亲自动手创建 Silverlight 应用。

实验思路

打开 VS 编辑器，在新建项目中选择自己想要创建的项目。步骤可以参考 14.3 节的内容。

实验二　添加项目数据

实验内容

创建一个项目管理系统中添加项目数据的功能片段，要求至少需要添加项目名称、项目开始日期和结束日期。

实验目的

巩固知识点——日期控件的使用。

实验思路

通过日期控件的 Text 属性，可以获取用户选择的日期值，但是该值是字符串的类型，需要转换为日期类型。核心代码如下：

```
private void btnCreate_Click(object sender, RoutedEventArgs e)
{
    string projName = txtProjectName.Text.Trim();
    DateTime dtFrom = DateTime.Parse(dpFrom.Text);
    DateTime dtTo = DateTime.Parse(dpTo.Text);
    // 保存项目
}
```

实验三　绘制图形

实验内容

在界面上绘制一个椭圆形，并将其旋转 90 度。

实验目的

巩固知识点——对图形转换特性的掌握和应用。

实验思路

每个图形组件都可以通过设置本身的 RenderTransform 属性任意转换，包括旋转、拉伸、移动等。核心代码如下：

```
<Canvas Height="300" Width="300">
    <Ellipse Canvas.Top="30" Canvas.Left="30"
             Fill="#FFFF0000" Height="80" Width="150"
             StrokeThickness="5" Stroke="#FF0000FF">
        <Ellipse.RenderTransform>
            <RotateTransform CenterX="70" CenterY="105" Angle="90" />
        </Ellipse.RenderTransform>
    </Ellipse>
</Canvas>
```